通信与网络技术

（第2版）

主 编 黄一平

北京邮电大学出版社
www.buptpress.com

内容简介

本书比较全面地介绍了现代通信系统的理论和主要技术。本书结合本课程职业教育课程改革经验进行修编,注重新技术和工程实际应用,注重实践和实训。本书以话音在不同通信系统和通信网络传输为主线,数字通信、光纤通信和通信网络等理论知识分为4个模块进行介绍:模块一,数字通信系统概述;模块二,话音在数字通信系统中的传输;模块三,话音在光纤通信系统中的传输;模块四,现代通信网。每个模块安排内容提要、本章重点、教学导航、知识链接、知识小结、思考题、实训项目等。内容通俗易懂,易于学习,利于掌握职业技能。

本书可作为高职高专院校通信类、电子信息类专业的教学用书,也可作为通信工程技术人员的技术参考书。

图书在版编目(CIP)数据

通信与网络技术/黄一平主编. --2版. --北京:北京邮电大学出版社,2012.8

ISBN 978-7-5635-3094-6

Ⅰ.①通… Ⅱ.①黄… Ⅲ.①通信网—高等职业教育—教材 Ⅳ.①TN915

中国版本图书馆CIP数据核字(2012)第121013号

书　　名:通信与网络技术(第2版)
主　　编:黄一平
责任编辑:彭　楠
出版发行:北京邮电大学出版社
社　　址:北京市海淀区西土城路10号(邮编:100876)
发 行 部:电话:010-62282185　传真:010-62283578
E-mail:publish@bupt.edu.cn
经　　销:各地新华书店
印　　刷:北京源海印刷有限责任公司
开　　本:787 mm×1 092 mm　1/16
印　　张:13.25
字　　数:328千字
版　　次:2012年8月第1版　2012年8月第1次印刷

ISBN 978-7-5635-3094-6　　定　价:29.00元

·如有印装质量问题,请与北京邮电大学出版社发行部联系·

前　言

现代社会已经进入了信息时代，作为信息时代基础的通信与网络技术也走入了人们的日常生活，通信技术名词（如 IP、CDMA、3G、GPRS、因特网等）已成为人们日常谈资。通信与网络技术已经渗透到社会的许多行业的职业岗位中，因此通信与网络技术也成为高职高专院校学生就业必备的重要能力之一。为了让高职高专院校学生建立通信系统和通信网的整体概念，从通信技术角度对其基本概念、基本原理有一定的理解，我们编写了本书。

目前，通信与网络技术方面本科教材很多，但适合高职高专学生学习特点的教材十分短缺。因此，编写一本重视理论与实际的结合，避免烦琐的数学推导，着重于应用，注重实际操作技能，力求通顺易懂的通信与网络技术类教材，是当今高职高专教学上的一个迫切要求。为了适应这一要求，本书从高职学生认知水平出发，结合多年来的课程改革实践经验，力求编写出方便教学、符合高职学生学习特点的应用型教材。

本教材内容模块化，从通信相关职业岗位的技能要求出发，以话音在通信系统和通信网络传输处理过程为主线，将数字通信技术原有知识进行综合和整理，通过 4 个模块进行介绍。每个模块根据不同内容设计不同类型的实训项目，实训项目引进通信与网络的真实案例。各模块引入的通信与网络的内容：数字程控交换系统、光传输 SDH 系统、基于 SDH 的通信网络等。本书内容安排如下。

模块一　数字通信系统概述

本模块介绍通信系统的基本概念、通信系统基本组成、几种常用的通信方式及通信系统的主要性能指标。该模块实训项目 1：数字程控交换系统认识，实训采用真实通信设备，体会电话通信的过程，了解数字通信概念。

模块二　话音在数字通信系统中的传输

本模块以话音在数字通信系统中传输过程为例，将以下数字通信理论知识综合和梳理，通信理论知识包括：数字基带传输系统及数字频带传输系统、用来传输模拟语音信号常用的脉冲编码调制原理及其应用、时分复用与多路数字电话系统原理、基带传输常用传输码型的编解码方法、几种数字调制与解调原理、各种数字调制解调方法、特点和应用。该模块实训项目2:话音在数字通信系统中的传输,实训采用通信原理实验设备,通过分析测试话音在数字基带通信系统中的传输及话音在数字频带通信系统中的传输,深入体会数字通信系统工作原理。

模块三　话音在光纤通信系统中的传输

本模块以话音在光纤通信系统中传输过程为例,重点介绍以下问题:光纤通信的基本概念、话音在光纤通信系统传输原理、光纤和光缆、光纤通信中光源和光检测器、光纤通信中光无源器件、数字光纤传输的两种体制。该模块实训项目3:话音在光纤通信系统中的传输,实训采用光纤通信实验设备,通过分析测试话音在光纤通信系统中的传输,深入体会光纤通信系统工作原理。

模块四　现代通信网

本模块介绍现代通信网的基本概念及构成、通信网的交换技术、通信网的体系结构、通信网的发展史、主要网络简介。该模块实训项目4:现代通信网结构体系认识,实训操作在搭建好的真实现代通信网结构平台上完成,真实体会现代通信网络结构体系及其工作机理。

本书在重点介绍数字通信与网络技术相关知识的同时,注重突出结构的合理性与完整性及内容的先进性与实用性,减少了不必要的数学推导,理论内容以够用为度,注意实际应用。

本书由北京信息职业技术学院黄一平任主编,并编写模块一和模块二,北京信息职业技术学院崔德伟编写模块三,李学礼编写模块四。本书的编写得到了刘连青的全力指导,刘连青提供了许多建设性建议并审阅了全稿。同时本书得到北京信息职业技术学院领导的大力支持和帮助。在此一并表示最诚挚的谢意!

由于通信技术发展迅猛,作者水平有限,加上时间仓促,书中难免有错误和不妥之处,敬请广大读者批评指正

编　者

目　　录

模块一　数字通信系统概述

内容提要

本模块需要掌握的理论知识为通信系统的基本概念、通信系统组成、常用的通信方式及通信系统的主要性能。

本章重点

1. 通信的基本概念，数字通信的特点；
2. 通信系统的组成及各组成部分的主要功能；
3. 常用的通信传输方式和通信系统分类；
4. 通信系统的主要性能指标；
5. 通信发展趋势简介。

教学导航

课程名称	通信与网络技术	课程代码	EC043H
任务名称	数字通信系统概述	建议学时	10

学习内容：

依据给出的通信系统组成框图，正确理解现代通信的基本概念、现代通信的发展状况和基本特征。能描述各种通信系统的特点及其应用。以数字程控交换系统为例学习和理解以上理论知识。

能力目标：

1. 能根据通信系统组成框图，正确描述现代通信基本概念、现代通信基本特征及现代通信的特点。
2. 能正确描述数字程控交换设备的硬件组成，会分析各组成部分的功能，能找出与通信系统模型的对应关系。
3. 能画出数字程控交换机网络结构图，实现在数字程控交换机平台上的通话。
4. 会计算数字通信系统有效性和可靠性指标。

教学组织：

1. 采用“教学做一体化”教学模式，在通信实验/实训室上课。
2. 理论学习结合实训内容来理解，使学习者能将实际数字程控交换系统与理论模型对应起来。

1.1 通信系统构成

1.1.1 通信系统的一般模型

从古到今，人类的社会活动总离不开信息的传递和交换，这种信息的传递和交换的过程称为通信。人们可以用语言、文字、数据或图像等不同的形式来表达信息。

实现通信的方式很多，随着社会的需求、生产力的发展和科学技术的进步，目前越来越依赖于利用“电”来传递消息的电通信方式，当今，在自然科学领域涉及“通信”这一术语时，一般指“电通信”。

通信是从一地向另一地传递和交换信息。实现信息传递所需的一切技术设备和传输媒质的总和称为通信系统。近代通信系统种类繁多，形式各异，但无论哪种通信系统，都是完成从一地到另一地的信息传递或交换。在这样一个总的目的下，把通信系统概括为一个统一的通信系统模型，该模型包括信源、发送设备、信道、接收设备、信宿和噪声源。模型框图如图 1-1 所示。

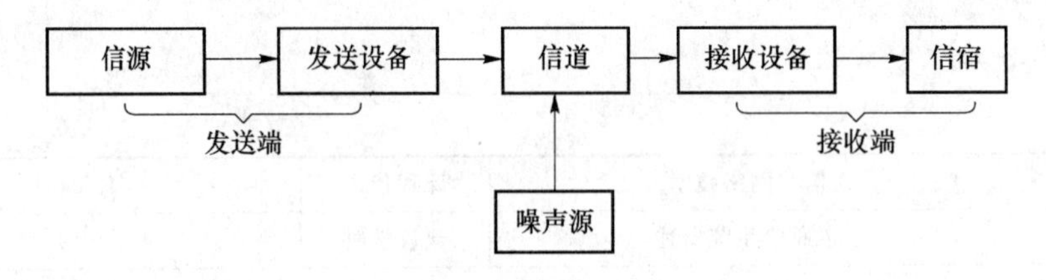

图 1-1　通信系统模型

模型中各部分的功能如下。

(1) 信源。信源是消息的产生地，其作用是把各种消息转换成原始电信号，称为消息信号或基带信号。电话机、电视摄像机和电传机、计算机等各种数字终端设备都是信源。前者属于模拟信源，输出模拟信号；后者是数字信源，输出离散的数字信号。

(2) 发送设备。发送设备的基本功能是将信源和信道匹配起来，即将信源产生的消息信号变换成适合在信道中传输的信号。变换方式是多种多样的，在需要频谱搬移的场合，调制是最常见的变换方式。对数字通信系统来说，发送设备常常又可分为信源编码与信道编码。

(3) 信道。信道是指传输信号的物理媒质。在无线信道中，信道可以是大气；在有线信道中，信道可以是明线、电缆或光纤。有线信道和无线信道均有多种物理媒质。

(4) 噪声源。噪声源不是人为加入的设备，而是通信系统中各种设备及信道中所固有的，并且是人们所不希望的。噪声的来源是多样的，可分为内部噪声和外部噪声，且外部噪声往往是从信道引入的。为了分析方便，把噪声源视为各处噪声的集中表现而抽象加入到信道。

(5) 接收设备。接收设备的基本功能是完成发送设备的反变换,即进行解调、译码、解码等。它的任务是从带有干扰的接收信号中正确恢复出相应的原始基带信号,对于多路复用信号,还包括解除多路复用,实现正确分路。

(6) 信宿。信宿是传输信息的归宿点,其作用是将复原的原始信号转换成相应的消息。

1.1.2 数字通信系统

如图 1-1 所示的信源发出的消息虽然有多种形式,但可分为两大类:一类称为连续消息;另一类称为离散消息。连续消息指消息的状态连续变化或是不可数的,如语音、活动图片等。离散消息则指消息的状态是可数的或离散的,如符号、数据等。

消息的传递是通过它的物质载体——电信号来实现,即把消息寄托在电信号的某一参量上(幅度、频率或相位)。按信号参量的取值方式可把信号分为两类,即模拟信号和数字信号。

凡信号参量的取值是连续的或取无穷多个值的,如图 1-2 (a)所示,且直接与消息相对应的信号,均称为模拟信号,如电话机送出的语音信号、电视摄像机输出的图像信号等。模拟信号有时也称连续信号,这个连续是指信号的某一参量可以连续变化,或者在某一取值范围内可以取无穷多个值,而不一定在时间上也连续,如图 1-2 (b)所示的抽样信号。

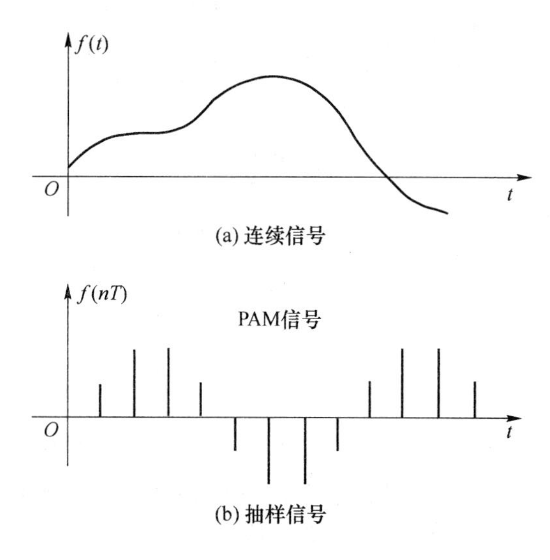

图 1-2 模拟信号波形

凡信号参量只能取有限个值,且常常不直接与消息相对应的信号,如图 1-3(a)所示,均称为数字信号,如电报信号、计算机输入/输出信号、脉冲编码调制(PCM)信号等。数字信号有时也称离散信号,这个离散是指信号的某一参量是离散变化的,而不一定在时间上也离散,如图 1-3(b)所示的二进制相移键控(2PSK)信号。

因此,按照信道中传输的是模拟信号还是数字信号,可相应地把通信系统分为模拟通信系统和数字通信系统。

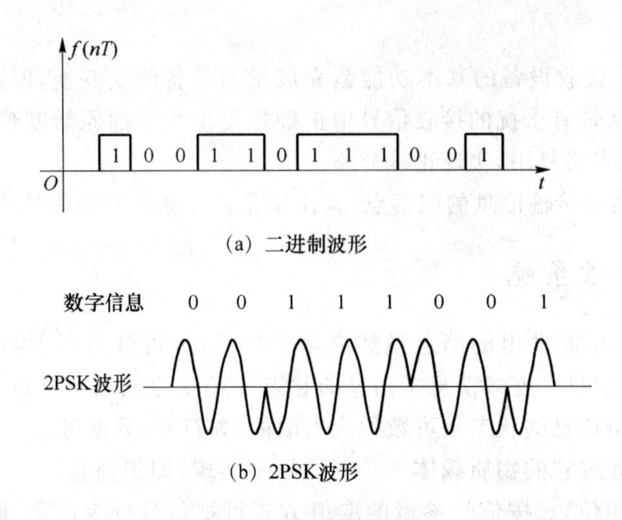

(a) 二进制波形

(b) 2PSK波形

图 1-3　数字信号波形

数字通信系统是利用数字信号来传递信息的通信系统,如图 1-4 所示。数字通信系统主要由信源编码/译码、信道编码/译码、数字调制/解调、数字复接、同步及加密电路组成。

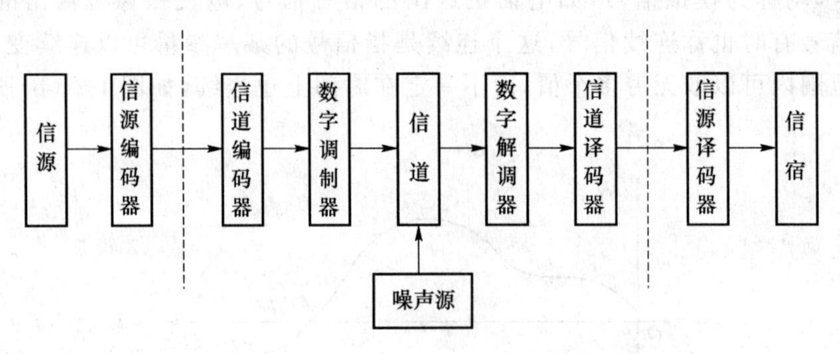

图 1-4　数字通信系统模型

模型中各部分的功能如下。

(1) 信源编码。信源编码的作用是:设法减少码元数目和降低码元速率,即数据压缩;当信息源给出的是模拟语音信号时,信源编码器将其转换成数字信号,以实现模拟信号的数字化传输。

(2) 信源译码。信源译码是信源编码的逆过程。

(3) 信道编码与译码。数字信号在信道传输时,由于噪声、衰落及人为干扰等,将会引起差错。为了减少差错,信道编码器对传输的信息码元按一定的规则加入保护成分(监督元),组成所谓"抗干扰编码"。接收端的信道译码器按一定规则进行解码,从解码过程中发现错误或纠正错误,从而提高通信系统抗干扰能力,实现可靠通信。

(4) 加密与解密。在需要实现保密通信的场合,为了保证所传信息的安全,人为将被传输的数字序列扰乱,即加上密码,这种处理过程称为加密。在接收端利用与发送端相同的密码复制品对收到的数字序列进行解密,恢复原来信息,称为解密。

(5) 数字调制与解调。数字调制是指把数字基带信号的频谱搬移到高频处,形成适合在信道中传输的频带信号。基本的数字调制方式有振幅键控(ASK)、频移键控(FSK)、绝对相移键控(PSK)、相对(差分)相移键控(DPSK)。对这些信号可采用相干解调或非相干解调还原为数字基带信号。对高斯噪声下的信号检测，一般用相关器接收机或匹配滤波器实现。

(6) 同步与数字复接。同步是保证数字通信系统有序、准确、可靠工作不可缺少的前提条件。同步是使收、发两端的信号在时间上保持步调一致。

数字复接是依据时分复用基本原理把若干个低速数字信号合并成一个高速的数字信号，以扩大传输容量和提高传输效率。

目前，无论是模拟通信还是数字通信，在不同的通信业务中都得到了广泛的应用。但是，数字通信的发展速度已明显超过模拟通信，成为当代通信技术的主流。与模拟通信相比，数字通信更能适应现代社会对通信技术越来越高的要求，其特点如下。

(1) 抗干扰能力强。在模拟通信中，为保证接收信号有一定的幅度，需要及时将传输信号放大，但与此同时叠加于信号上的噪声也放大，如图 1-5(a)所示。

由于模拟信号的幅度值是连续的，因此很难把与信号处于同一频带内的噪声分开。随着传输距离的增加，噪声积累越来越大，将使传输质量严重恶化。

在数字通信中，由于数字信号的幅度值为有限个数的离散值，在传输过程中受到噪声干扰虽然也要叠加噪声，但当噪声比还没有恶化到一定程度时，在适当的距离将信号再生成原发送的信号，如图 1-5(b)所示。因此，数字通信方式可做到无噪声积累，故可实现长距离、高质量的传输。

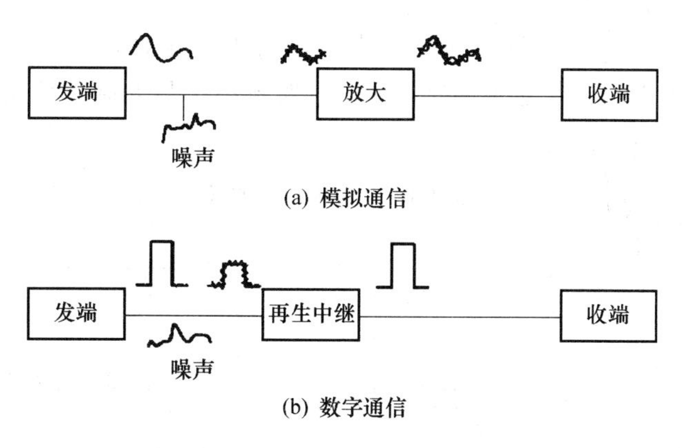

图 1-5 模拟通信与数字通信抗干扰性能比较

(2) 差错可控。可以采用信道编码技术降低误码率，提高传输可靠性。

(3) 易于与各种数字终端接口，用现代计算技术对信号进行处理、加工、变换、存储，从而形成智能网。

(4) 易于集成化，从而使通信设备微型化。

(5) 易于加密处理，且保密强度高。但是，数字通信的许多优点都是以比模拟通信占据更宽的系统频带为代价而换取的。以电话为例，一路模拟电话通常只占据 4 kHz 带宽，但一路接近同样话音质量的数字电话可能要占据 20～60 kHz 的带宽，因此数字通信的频带利用率不高。

另外，由于数字通信对同步要求高，因而系统设备比较复杂。不过，随着新的宽带传输信道(如光导纤维)的采用、窄带调制技术和超大规模集成电路的发展，数字通信的这些缺点已经弱化。随着微电子技术和计算机技术的迅猛发展和广泛应用，数字通信在今后的通信方式中必将逐步取代模拟通信而占主导地位。

1.2 通信系统分类及通信方式

1.2.1 通信的网络形式

通信的网络形式通常可分为3种:两点间直通方式、分支方式和交换方式。

1. 按通信业务分类

按通信业务,通信系统分为话务通信和非话务通信。电话业务在电信领域中一直占主导地位,属于人与人之间的通信。近年来,非话务通信发展迅速,非话务通信主要是分组数据业务、计算机通信、数据库检索、电子信箱、电子数据交换、传真存储转发、可视图文及会议电视、图像通信等。由于电话通信最为发达,因而其他通信常常借助于公共的电话通信系统进行。

未来的综合业务数字通信网中,各种用途的消息都能在一个统一的通信网中传输。此外,还有遥测、遥控、遥信和遥调等控制通信业务。

2. 按调制方式分类

根据是否采用调制,可将通信系统分为基带传输和频带传输。基带传输是将未经调制的信号直接传送,如音频市内电话。频带传输是对各种信号调制后传输的总称。表1-1列出了一些常见的调制方式。

表1-1 常见的调制方式

<table>
<tr><th colspan="3">调制方式</th><th>用 途</th></tr>
<tr><td rowspan="6">连续调制</td><td rowspan="3">线性调制</td><td>常规双边带调制</td><td>广播</td></tr>
<tr><td>抑制载波双边带调幅</td><td>立体声广播</td></tr>
<tr><td>单边带调幅(SSB)</td><td>载波通信、无线电台、数传</td></tr>
<tr><td rowspan="2">非线性调制</td><td>残留边带调幅(VSB)</td><td>电视广播、数传、传真</td></tr>
<tr><td>频率调制(FM)</td><td>微波中继、卫星通信、广播</td></tr>
<tr><td></td><td>相位调制(PM)</td><td>中间调制方式</td></tr>
<tr><td rowspan="8">数字调制</td><td rowspan="3">数字调制</td><td>幅度键控(ASK)</td><td>数据传输</td></tr>
<tr><td>相位键控</td><td>数据传输</td></tr>
<tr><td>相位键控(PSK、DPSK、QPSK等)</td><td>数据传输、数字微波、空间通信</td></tr>
<tr><td rowspan="2">脉冲数字调制</td><td>其他高效数字调制(QAM、
最小频移键控(MSK)等)</td><td>数字微波、空间通信</td></tr>
<tr><td>PCM</td><td>市话、卫星、空间通信</td></tr>
<tr><td rowspan="3"></td><td>增量调制(DM)</td><td>军用、民用电话</td></tr>
<tr><td>差分脉冲编码调制(DPCM)</td><td>电视电话、图像编码</td></tr>
<tr><td>编码方式自适应差分脉冲编码调制(ADPCM)、
自适应预测编码(APC)、线性预测编码(LPC)</td><td>中低速数字电话</td></tr>
</table>

3. 按信号特征分类

按照信道中所传输的是模拟信号还是数字信号，相应地把通信系统分为模拟通信系统和数字通信系统。

4. 按传输媒质分类

按传输媒质，通信系统可分为有线通信系统和无线通信系统。有线通信系统是用导线（如架空明线、同轴电缆、光导纤维、波导等）作为传输媒质完成通信的，如市内电话、有线电视和海底电缆通信等。无线通信系统是依靠电磁波在空间传播达到传递消息的目的，如短波电离层传播、微波视距传播和卫星中继等。

5. 按工作波段分类

按通信设备的工作频率不同，可分为长波通信、中波通信、短波通信和远红外线通信等。表 1-2 列出了通信使用的频段、常用的传输媒质及主要用途。

表 1-2　通信波段与常用传输媒质

频率范围	波长	符号	传输媒质	用途
3 Hz～30 kHz	104～108 m	甚低频（VLF）	有线线对、长波无线电	音频、电话、数据终端长距离导航
30～300 kHz	103～104 m	低频（LF）	有线线对、长波无线电	导航、信标、电力线通信
300 kHz～3 MHz	102～103 m	中频（MF）	同轴电缆、短波无线电	调幅广播、业余无线电
3～30 MHz	10～102 m	高频（HF）	同轴电缆、短波无线电	移动无线电话、短波广播定点军用通信、业余无线电
30～300 MHz	1～10 m	甚高频（VHF）	同轴电缆、米波无线电	电视、调频广播、空中管制、车辆、通信、导航
300 MHz～3 GHz	10～100 cm	特高频（UHF）	波导、分米波无线电	微波接力、卫星和空间通信、雷达
3～30 GHz	1～10 cm	超高频（SHF）	波导、厘米波无线电	微波接力、卫星和空间通信、雷达
30～300 GHz	1～10 mm	极高频（EHF）	波导、毫米波无线电	雷达、微波接力、射电天文学
10^7～10^8 GHz	3×10^{-5}～3×10^{-4} cm	紫外可见光、红外	光纤、激光空间传播	光通信

工作波长和频率的换算公式为

$$\lambda=\frac{c}{f}=\frac{3\times10^{8}\ \mathrm{m/s}}{f\ \mathrm{Hz}} \tag{1-1}$$

式中，λ 为工作波长；f 为工作频率；c 为光速。

6. 按信号复用方式分类

传输多路信号有 3 种复用方式，即频分复用、时分复用和码分复用。频分复用是用频谱搬移的方法使不同信号占据不同的频率范围；时分复用是用脉冲调制的方法使不同信号占据不同的时间区间；码分复用是用正交的脉冲序列分别携带不同信号。传统的模拟通信中都采用频分复用，随着数字通信的发展，时分复用通信系统的应用愈来愈广泛，码分复用主要用于空间通信的扩频通信中。

1.2.2　通信方式

前述通信系统是单向通信系统，但在多数场合下，信源兼为信宿，需要双向通信。如果通信双方共用一个信道，就必须用频率或时间分割的方法来共享信道。下面对通信方式作简单介绍。

1. 按消息传递的方向与时间关系分

对于点与点之间的通信，按消息传递的方向与时间关系，通信方式可分为单工、半双工及全双工通信3种。

单工通信是指消息只能单方向传输的工作方式，只占用一个信道，如图1-6（a）所示。例如，广播、遥测、遥控、无线寻呼等就是单工通信方式的例子。

半双工通信是指通信双方都能收发消息，但不能同时进行收和发的工作方式，如图1-6(b)所示。例如，使用同一载频的对讲机，收发报机以及问询、检索、科学计算等数据通信都是半双工通信方式。

全双工通信是指通信双方可同时进行收发消息的工作方式。一般情况下，全双工通信的信道必须是双向信道，如图1-6（c)所示。普通电话、手机都是最常见的全双工通信方式，计算机之间的高速数据通信也是这种方式。

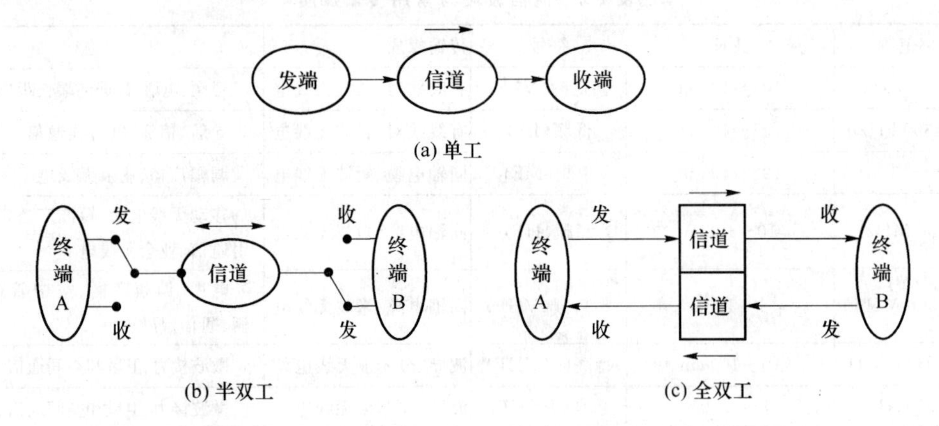

图1-6 单工、半双工和全双工通信方式

2. 按数字信号排序分

在数字通信中，按数字信号代码排列的顺序可分为并行传输和串行传输。

并行传输是将代表信息的数字序列以成组的方式在两条或两条以上的并行信道上同时传输，如图1-7(a)所示。并行传输的优点是节省传输时间，但需要传输信道多、设备复杂、成本高，一般适用于计算机和其他高速数字系统，特别适用于设备间的近距离通信。

串行传输是数字序列以串行方式逐个在一条信道上传输，如图1-7(b)所示。一般的远距离数字通信都采用这种传输方式。

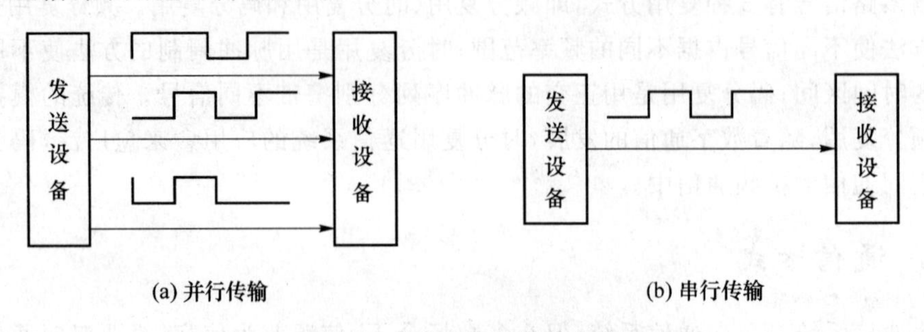

图1-7 并行和串行传输方式

3. 按通信网络形式分

通信的网络形式通常可分为 3 种，即两点间直通方式、分支方式和交换方式，如图 1-8 所示。

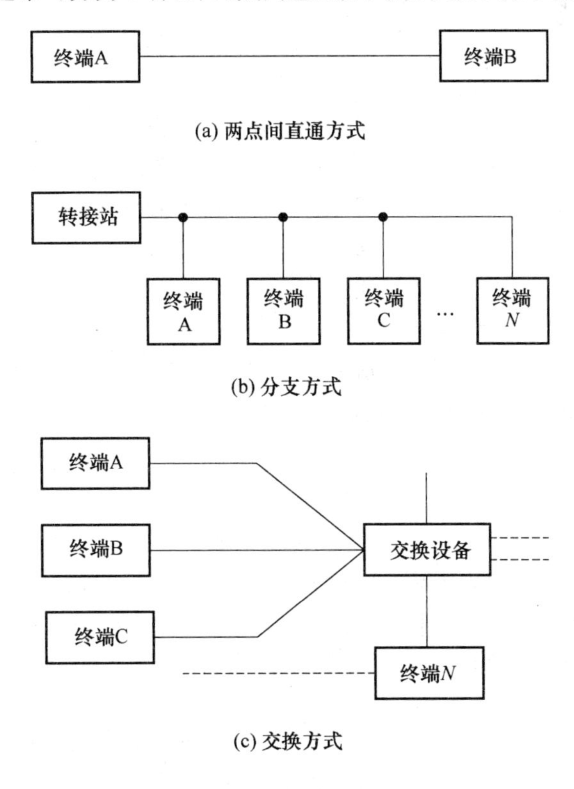

(a) 两点间直通方式

(b) 分支方式

(c) 交换方式

图 1-8　按网络形式划分的通信方式

1.3　通信系统主要性能指标

1.3.1　一般通信系统的性能指标

一般通信系统的性能指标如下。

(1) 有效性。指通信系统传输消息的“速率”问题，即快慢问题。

(2) 可靠性。指通信系统传输消息的“质量”问题，即好坏问题。

(3) 适应性。指通信系统使用时的环境条件。

(4) 经济性。指系统的成本问题。

(5) 保密性。指系统对所传信号的加密措施。

(6) 标准性。指系统的接口、各种结构及协议是否合乎国家、国际标准。

(7) 维修性。指系统是否维修方便。

(8) 工艺性。指通信系统各种工艺要求。

本书只研究通信系统的有效性和可靠性。

对于模拟通信，系统的有效性和可靠性可用系统频带利用率和输出信噪比来衡量。对于数字通信，系统的可靠性和有效性可用误码率和传输速率来衡量。

1.3.2 有效性指标

1. 码元传输速率

码元传输速率(R_B)简称传码率，又称符号速率等。它表示单位时间内传输码元的数目，单位是波特(Baud)。例如，若 1 s 内传 2 400 个码元，则传码率为 2 400 Baud。

数字信号有多进制和二进制之分，但码元速率与进制数无关，只与传输的码元(T_b)有关，即

$$R_B=\frac{1}{T_b} \tag{1-2}$$

通常，在给出系统码元速率时，有必要说明码元的进制，多进制(N)码元速率(R_{BN})与二进制码元速率(R_{B2})之间，在保证系统信息速率不变的情况下，可相互转换，转换关系式为

$$R_{B2}=R_{BN}\,\mathrm{lb}N \tag{1-3}$$

2. 信息传输速率

信息传输速率(R_b)简称传信率，又称比特率。它表示单位时间内传递的平均信息量或比特数，单位是比特/秒，可记为 bit/s 或 bps。每个码元或符号通常都含有一定比特数的信息量，因此码元速率和信息速率有确定的关系，即

$$R_B=\frac{R_b}{\mathrm{lb}\,M} \tag{1-4}$$

式中，M 为符号的进制数。例如，码元速率为 1 200 Baud，采用八进制($M=8$)时，信息速率为3 600 bit/s；采用二进制($M=2$)时，信息速率为 1 200 bit/s。可见，二进制的码元速率和信息速率在数量上相等，有时简称为数码率。

例 1-1 已知二进制数字信号在 2 min 内共传送了 72 000 个码元，

(1) 问其码元速率和信息速率各为多少？

(2) 如果码元宽度不变(即码元速率不变)，但改为八进制数字信号，则其码元速率为多少？信息速率又为多少？

解 (1) 在 2×60 s 内传送了 72 000 个码元，

$$R_{B2}=72\,000/(2\times60)=600\text{ Baud}$$

$$R_{b2}=R_{B2}=600\text{ bit/s}$$

(2) 若改为八进制，则

$$R_{B8}=72\,000/(2\times60)=600\text{ Baud}$$

$$R_{b8}=R_{B8}\,\mathrm{lb}\,8=1\,800\text{ bit/s}$$

1.3.3 可靠性指标

衡量数字通信系统可靠性的指标是差错率，常用误码率和误信率表示。

误码率(码元差错率，P_e)是指发生差错的码元数在传输总码元数中所占的比例，更确切地说，误码率是码元在传输系统中被传错的概率，即

$$P_e=\frac{\text{错误码元}}{\text{传输总码元数}}$$

误信率(信息差错率,P_b)是指发生差错的比特数在传输总比特数中所占的比例,即

$$P_b=\frac{错误比特数}{传输总比特数}$$

显然,在二进制中有 $P_b=P_e$。

例 1-2　已知某八进制数字通信系统的信息速率为 12 000 bit/s,在收端半小时内共测得出现了 216 个错误码元,试求系统的误码率。

解

$$R_{b8}=12\,000\ \text{bit/s}$$

$$R_{B8}=R_{b8}/\text{lb}\ 8=4\,000\ \text{Baud}$$

$$P_e=\frac{216}{4\,000\times30\times60}=3\times10^{-5}$$

1.4　现代通信发展趋势

在过去三四十年间,对数据传输需求的增长以及大规模集成电路的发展,促进了数字通信的发展。目前,数字通信在卫星通信、光纤通信、移动通信、微波通信等领域有了新的进展。下面介绍现代通信的现状和未来发展趋势。

1. 通信技术发展的历史

通信技术发展史上的重要事件是,1837 年莫尔斯发明有线电报,到 1844 年已能传送 40 英里。1858 年大西洋海底电缆第一次解决了越洋通信,但原始的电缆带宽极窄,传输 90 个字的电报需要 67 min。1864 年麦克斯韦尔提出了著名的电磁辐射方程。1876 年贝尔发明电话。1887 年德国赫兹以卓越的实验证明了电磁波的存在。1895 年马可尼发明了无线电报,并于 1901 年首次完成了横跨大西洋的无线电通信。1904 年弗莱明发明了真空二极管。1907 年李·德·福尔斯特发明了真空三极管。1918 年 FM 无线广播、超外差接收机相继问世。1925 年开始采用三路载波电话、多路通信。1936 年调频无线广播开播。1937 年发明了 PCM 原理,1938 年电视(TV)广播开播。1940—1945 年第二次世界大战刺激了雷达和微波通信系统的发展。1948 年发明了晶体管,仙农提出了信息论,通信统计理论开始建立。1950 年时分多路应用于电话。1956 年建设了越洋电缆。1957 年前苏联发射了第一颗人造地球卫星。1958 年美国发射了第一颗通信卫星。1960 年发明了激光。1961 年发明了集成电路。1962 年发射了第一颗同步通信卫星,PCM 进入实用阶段。1960—1970 年彩电问世,阿波罗宇宙飞船登月,数字传输理论和技术得到了迅速发展,出现了高速数字计算机。1970—1980 年大规模集成电路出现和发展,国际商用卫星通信建立,程控交换机进入实用阶段,第一条光纤通信系统投入运用,微处理机在通信领域的应用迅速发展。1980 年以后,用超大规模集成电路(VLSI)制成了长波长光通信系统广泛应用,综合业务数字网(ISDN)崛起。

现代无线通信应用发展的标志是蜂窝无线和个人通信系统的建立和发展,20 世纪 70 年后期为第一代无线通信系统(模拟,频分多址(FDMA));80 年代为第二代窄带数字系统的广泛应用(时分多址(TDMA)、码分多址(CDMA));第三代移动通信系统采用智能信号

处理技术的宽带数字系统(CDMA);第四代移动通信系统是多功能集成的宽带移动通信系统(CDMA、OFDM),可提供的最大带宽为100 Mbit/s。第四代移动通信将以宽带(超宽带)、接入因特网、具有多种综合功能的系统形态出现。

2. 国内外通信系统的现状

数字化、大容量、远距离、高效率、多信源及保密性、可靠性、智能化等为现代通信系统的特点。

(1) 有线通信系统(架空明线、对称电缆、中小同轴电缆和海缆)

有线通信系统是各国国内长途干线的主要通信手段。国内,目前的有线通信系统以光缆(光纤)通信为主导,无论是长途干线或市内局间均已用光缆更换。国内近几年来也在迅速发展光纤通信系统。目前已建成各种光纤通信线路数千千米,并在研制各种类型的大容量光纤通信系统和光纤局域网。

(2) 微波中继通信系统

微波中继通信系统在国内外均是一种重要的通信手段。目前,国外在数字化、大容量、更高频段(接近毫米波)和无人管理方面均已取得很大进展,在 40 MHz 的标准频道间隔内可传送 1 920~7 680 路 PCM 数字电话,实现了在 40 MHz 带宽内传输 4×140 Mbit/s 多路通信。国内已新建了很多微波中继专用通信网,我国 5 万多千米的微波中继通信线路中,3/5用于通信,2/5 用于广播 TV 传送,至 2000 年前国内已新建了 10 多万千米的微波中继线路。但我国数字微波通信系统目前仍比较落后,现在正在大力发展。

(3) 光纤通信系统

光纤通信系统具有通信容量大、成本低,且抗干扰能力强的特点,与同轴电缆相比可节省大量有色金属和能源。自 1997 年世界第一个光纤通信系统在芝加哥投入使用以来,光纤通信发展极为迅速,世界各国广泛采用光纤通信系统,大西洋、太平洋的海底光纤通信系统已经开通使用。目前,某些发达国家长途电话及市话中继系统的光纤通信网已基本建成。今后将集中发展用户光纤通信网(即个人通信网)。

至今,我国光纤通信系统累计光缆长度已近达 10 万多千米。目前,除了扩充、改造原有的同轴电缆载波线路,以充分发挥其作用外,不再敷设同轴电缆,全部采用光纤通信的新技术,预计未来十年内光缆还将增加 10 万千米。

光纤通信的发展方向为大力开发单模、长波长、大容量数字传输光缆通信和相干光通信。

(4) 卫星通信系统

自 1965 年第一颗国际通信卫星投入商用以来,卫星通信得到了迅速发展。现在,第七代国际通信卫星(IS-VII)即将投入使用,卫星通信的使用范围已遍布全球。仅国际卫星通信组织拥有数十万条话路,80%的洲际通信业务和 100%的远距离 TV 传输均采用卫星通信,它已成为国际通信的主要传输手段。同时,卫星通信已进入国内通信领域,许多发达国家和发展中国家均拥有国内卫星通信系统。

我国自 20 世纪 70 年代起,开始将卫星通信用于国际通信,从 1985 年开始发展国内卫星通信,至今已发射了 7 颗同步通信卫星,连同租借的国际卫星转发器,已拥有 30 多个转发器,与 182 个国家和地区开通了国际通信业务,并初步组织了国内公用卫星通信网及若干专用网。目前,卫星通信大量使用模拟调制及频分多路和频分多址。部分使用数字及时分多址和码分多址。

(5) 移动通信系统

移动通信系统是现代通信系统中发展最为迅速的一种通信手段。它是随着汽车、飞机、轮船、火车等交通工具的发展而同时发展起来的。近十年来,在微电子技术和计算技术的推动下,移动通信从过去简单的无线对讲或广播方式发展成为一个有线、无线融为一体,固定移动相互连通的全国规模的通信系统。在电信工业中,移动通信所占比例名列前三,仅次于电话、数据通信。

目前,欧美各国蜂窝式公用移动通信系统的用户已有数百万,专用调度系统的移动用户亦有数百万。我国公用移动通信系统处于发展初期,专用移动通信系统及无线寻呼在近几年也发展迅速。目前,广泛用于政府、军事、外交、气象等部门,尤其是军事部门。

(6) 计算机通信系统(网)

计算机与通信的结合是通信网发展的一个新阶段。目前国外计算机通信网已相当发达,组成了全国性的大型计算机网,使信息得到充分的利用。国内也已开始建设数字网和计算机网。

(7) 扩频通信系统

扩频通信系统是20世纪70年代中期迅速发展起来的一种新型通信系统,抗干扰能力、抗衰落能力、抗多径能力是上述其他通信系统无与伦比的。目前,国外扩频通信系统发展相当迅速,尤其是中、长波和超短波已相当成熟,已生产出各种类型的扩频通信系统,并广泛用于多个领域,尤其是资源探测、交通管理部门(如GPS系统)和军事部门(如海湾战争)均用到这种通信系统。目前在国外,短波跳频通信主要用于军事。我国自20世纪80年代以来亦开展了扩频通信系统的研制工作,在中波和超短波的扩频通信方面也已有产品用于军事通信,而短波跳频通信正处于理论探讨和实验阶段。

3. 现代通信系统的发展趋势

现代通信系统主要朝着宽频带、大容量、远距离、多用户、高保密性、高效率、高可靠性、高灵活性的数字化、智能化、综合化的方向发展。具体如下。

(1) 数字通信系统是一个必然趋势,尤其是大容量的数字微波中继通信系统将成为近年来干线通信系统的发展方向。

(2) 卫星通信系统可以实现多址通信,是最理想的通信手段。而数字卫星通信系统将是今后卫星通信系统的重要发展方向,主要技术发展和应用方向如下。

卫星电视直播成为卫星应用产业的支柱产业。卫星通信网与互联网和陆基电信网的相互融合正在扩展卫星通信的新领域。卫星互联网内容传送和宽带接入服务等数据传递业务成为推动市场繁荣的新动力,使卫星通信应用向综合化方向发展。卫星数字音频广播是即将崛起的新兴产业。卫星宽带数据接入将出现重大发展。静止轨道Ka频段卫星将得到发展,Ku与Ka混合网络是近期成功的关键。

(3) 随着信息量的不断膨胀,尤其是信息源的种类不断增加,要求宽频带、大容量。而光纤的频带极宽,一根头发丝那样细的光纤可以同时传输10亿路电话或1千万套TV,这决不是用很粗的电缆而只能传输几百路电话所能比拟的,且成本低,可以节省大量宝贵的金属。因此,光纤通信系统将用于未来的干线通信和多种有线通信,这是必然的发展趋势。

以高速光传输技术、宽带光接入技术、节点光交换技术、智能光联网技术为核心,并面向IP互联网应用的光波技术已构成了今天的光纤通信研究热点。在未来的一段时间里,人们将继续研究和建设各种先进的光网络,并在验证有关新概念和新方案的同时,对下一代光传送网的关键技术进行更全面、更深入的研究。从技术发展趋势角度看,波分复用(WDM)技术将朝着更多的信道数、更高的信道速率和更密的信道间隔方向发展。从应用角度看,光网络则朝着面向 IP 互联网、能融入更多业务、能进行灵活的资源配置和生存性更强的方向发展,尤其是为了与近期需求相适应,光通信技术在基本实现了超高速、长距离、大容量的传送功能的基础上,将朝着智能化的传送功能发展。

(4) 由于移动通信具有灵活性、机动性,又可以实现多址及便于组网,故移动通信系统尤其是数字移动通信系统,其主要发展方向如下。

① 移动网增加数据业务。1xEV-DO、HSDPA(CDMA2000 标准系列中专门提供高速分组数据业务的无线标准通信技术)等技术的出现使移动网的数据速率逐渐增加,在原来的移动网上叠加,覆盖可以连续;另外,全球微波接入互操作(WiMAX, Worldwide Interoperability for Microwave Access)的出现加速了新的 3G 增强型技术的发展。

② 固定数据业务增加移动性。无线局域网(WLAN)等技术的出现使数据速率提高,固网的覆盖范围逐渐扩大,移动性逐渐增加;移动通信、宽带业务和无线保真(WiFi, Wireless Fidelity)的成功,促成 802.16/WiMAX 等多种宽带无线接入技术的诞生。

(5) 为了实现多点与多点之间的网络通信,以数据传输为主的计算机通信网将成为通信自动化的一种重要手段,从而使基于这一重要手段的综合业务数字网(N-ISDN 或 B-ISDN)成为今后新型综合通信系统的重要发展方向。

(6) 除上述多种现代通信系统外,还有一种抗干扰能力极强,能充分利用有限的无线电频谱资源,军用战术通信的最主要手段,在民用通信中亦有发展前途的扩频通信系统,也将是今后的重要发展方向。

(7) 与扩频通信系统同等重要的,为实时和窄带的数据无线提供迅速而可靠的通信手段,非常适于军事指挥、工业控制及生产调度的一种最新型通信方式——分组无线网,也将是今后着力发展的重要方向。

(8) 在上述通信系统或通信方式的基础上,正在迅速崛起,可以真正实现在任何时间、任何空间、任何地点、任何对象以任何方式进行信息交换的个人通信系统,也是现代通信系统的重要发展方向。

4. 现代通信系统中的关键技术

现代通信的主要要求可以归纳为大容量、远距离、多用户、抗干扰、安全保密等。根据这些要求,在现代通信系统中必须解决如下关键技术问题。

(1) 信道编码技术

从信道传输质量来看,希望在噪声干扰的情况下,编码的信息在传输过程中差错愈小愈好。为此,就要求传输码有检错和纠错的能力,欲使检错(纠错)能力强,就要求信道的冗余度大,从而使信道的利用率降低,同时信道传输速率与信息码速率一般不等,有时相差很大,这是在设计通信系统时必须注意的问题。

欲提高信道利用率,就要求采用性能优良的纠错码。例如,RS 码纠错能力强。

(2) 现代调制解调技术

有效利用频谱是无线通信发展到一定阶段所必须解决的问题。且随着大容量和远距离数字通信的发展,尤其是卫星通信和数字微波中继通信,其信道是带限的和非线性的,使得传统的数字调制解调技术面临新的挑战，这就需要进一步研究一种或多种新的调制解调方式来充分节省频谱和高效率地利用有限的频带，如现代的恒包络数字调制解调技术和扩展频谱调制解调技术。

(3) 信道复用技术

欲在同一信道内传输千百条话路，就需要利用信道复用技术。将输入的众多不同信息源来的信号，在发信端进行合并后，在信道上传输，到达收信端时又将其分开，恢复为原多路信号的过程称为复接和分接，简称复用。理论上，只要使多路信号分量之间相互正交，就能实现信道复用。常用的复用方式主要有频分复用(FDM)、时分复用(TDM)、码分复用(CDM)和空分复用(SDM)4 种。数字通信中实现复用的关键是解决多种多样的同步问题。

(4) 多址技术

现代通信是多点间的通信，在多用户之间的相互通信时，除了传统的交换方式外，人们需要在任何地点、任何时间，能够与任意对象交换信息，往往采用多址方式予以实现。例如，卫星通信就是通过通信卫星与地球上任意一个或多个地球站进行通信，而无需专门的交换机的多址方式。多址方式有 FDMA、TDMA、CDMA(扩频通信就是这种多址方式)、空分多址(SDMA)等。

(5) 通信协议

在当今的信息社会里，现代通信不仅是本国范围内的通信，而且是超越国界的。因此，在国内通信中需要规定统一的多种标准，以避免在通信过程中造成相互间的干扰，或因通信线路(系统)的接口不同而无法进行通信。国际上成立了专门的机构——国际电报电话咨询委员会(CCITT)——现已更名为国际电信联盟(ITU)和国际无线电咨询委员会(CCIR)。这两个机构开展工作几十年来，分别制定了一系列各国必须遵守的国际通信标准，并制定了为世界各国通信工作者所公认的众多协议和建议。随着目前通信体制日新月异的发展，仍然还有许多新开发的领域需要制定新的标准，如 ISDN 和多种网路的协议等。在设计各种通信系统时，这是必须注意的关键问题。

(6) 其他技术

在设计一个通信系统时，除了上述关键技术外，还有一些对通信质量关系重大的技术，如纠错编码技术、交换技术、多媒体技术、网络监控和管理技术。随着现代通信事业的迅猛发展，尤其是在当前通信从系统向网络过渡的发展时期，新技术更是层出不穷，有待加强学习、研究和不断开发。

知识小结

1. 通信系统由信源、发送设备、信道、接收设备、信宿和噪声源等组成。其中，噪声源不是人为实现的实体，但在实际通信系统中又是客观存在的。

2. 人类的社会活动总离不开信息的传递和交换，这种信息的传递和交换过程称为通信。人们可以用语言、文字、数据或图像等不同的形式来表达信息。

3. 信号是用来携带信息的载体。信号基本上可分为两大类：模拟信号和数字信号。模拟信号的特点是信号参量的取值是连续的，数字信号的特点是信号参量的取值是离散的。

4. 数字通信系统是利用数字信号来传递信息的通信系统。数字通信的特点是抗干扰能力强、差错可控、易于与各种数字终端接口、易于集成化、易于加密处理，且保密强度高。

5. 常用的通信传输方式：按消息传递的方向与时间关系分为单工、半双工及全双工通信；按数字信号代码排列的顺序可分为并行传输和串行传输；按通信的网络形式分为两点间直通方式、分支方式和交换方式。

6. 常用通信系统分类：按通信业务分为有话务通信和非话务通信；根据是否采用调制可分为基带传输和频带传输；按信道中所传输的是模拟信号还是数字信号可分为模拟通信系统和数字通信系统；按传输媒质可分为有线通信系统和无线通信系统；按通信系统传输多路信号的复用方式分为频分复用、时分复用和码分复用。

7. 一般通信系统的性能指标归纳起来有以下方面：有效性、可靠性、适应性、经济性、保密性、标准性、维修性、工艺性等。对于模拟通信，系统的有效性和可靠性具体可用系统频带利用率和输出信噪比来衡量。对于数字通信系统，系统的可靠性和有效性具体可用误码率和传输速率来衡量。

思 考 题

1-1　什么是通信？常见的通信方式有哪些？

1-2　什么是数字通信？数字通信的优缺点是什么？

1-3　试画出通信系统的模型，并说明各部分的作用。

1-4　衡量通信系统的主要性能指标是什么？对于数字通信系统用什么来表述？

1-5　某数字通信系统在 1 min 内传送了 360 000 个四进制码元，求该系统码元速率和信息速率。

1-6　某数字通信系统，其传码率为 8.448 MBaud，它在 5 s 时间内出现了 4 个误码，求其误码率。

实训项目 1　数字程控交换系统认识

任务一　程控交换机硬件系统的认识

经过不断发展完善，数字程控交换机已广泛用于电话网络中，成为电话交换局的核心设备。本任务以小型独立局配置工作为载体，阐述了数字程控交换机的结构和工作原理。

实训目的

1. 熟悉数字程控交换机结构；
2. 了解电话局所用数字程控交换机硬件配备及电缆连接情况；
3. C&C08 型数字程控交换机交换模块机框及单板的分类；
4. C&C08 型数字程控交换机交换模块中主节点和 HW 线的配置。

实训设备

1. 数字程控交换机
2. 以太网络计算机房
3. 数字程控交换系统软件

数字程控交换机简介

通信的目的是实现信息的传递。在通信系统中,信息以电信号或光信号的形式传输。一个通信系统至少应由终端和传输媒介组成,如图 1-9 所示。终端将含有信息的消息(如话音、图像、计算机数据等)转换成可被传输媒介接受的信号形式,同时将来自传输媒介的信号还原成原始消息;传输媒介则把信号从一个地点传送至另一个地点。这样一种仅涉及两个终端的单向或交互通信方式称为点对点通信。

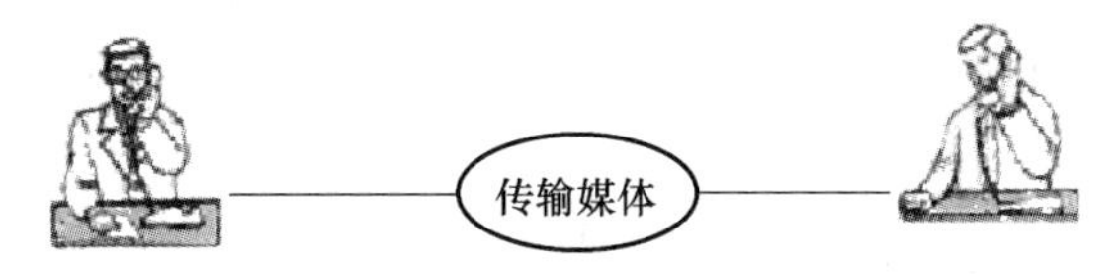

图 1-9　点对点通信

当存在多个终端,且希望它们中的任何两个都可进行点对点通信时,最直接的方法是把所有终端两两相连,如图 1-10 所示。这样的连接方式称为全互连式。全互连式连接存在如下缺点。

(1) 当存在 N 个终端时,需用 $N(N-1)/2$ 条线对,线对数量以终端数的平方增加。

(2) 当这些终端分别位于相距很远的两地时,两地间需要大量的长线路。

(3) 每个终端都有 $N-1$ 对线与其他终端相接,因而每个终端需要 $N-1$ 个线路接口。

(4) 当增加第 $N+1$ 个终端时,必须增设 N 对线路。当 N 较大时,无法实用化。

(5) 由于每个用户处的出线过多,因此维护工作量较大。

如果在用户分布密集的中心安装一个设备——交换机(switch,也称交换节点),每个用户的终端设备经各自的专用线路连接到交换机上(如图 1-11 所示),就可以克服全互连式连接存在的问题。

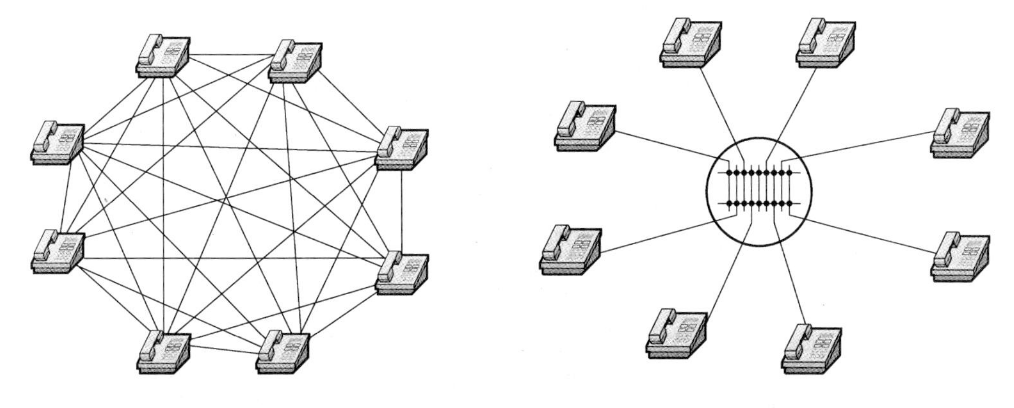

图 1-10　多用户全互连式连接　　　图 1-11　用户通过交换机连接

在图 1-11 中,当任意两个用户之间要交换信息时,交换机将这两个用户的通信线路连通。用户通信完毕,两个用户间的连线就断开。有了交换设备,N 个用户只需要 N 对线就可以满足要求,线路的投资费用大大降低,用户线的维护也变得简单容易。尽管这样增加了交换设备的费用,但它的利用率很高,相比之下,总的投资费用将下降。

由此可知,交换机的作用是完成各个用户之间的接续,即当任意两个用户要通话时,由交换机将其连通,通话完毕将线路拆除,供其他用户使用。

程控交换机是传统话音业务中最先进的一种设备,由于程序控制的运用,更先进的通信网络的出现才成为可能。

程控交换机按其交换网络接续方式、交换信息的类型及控制方式的不同,可以进行如下所示的分类。

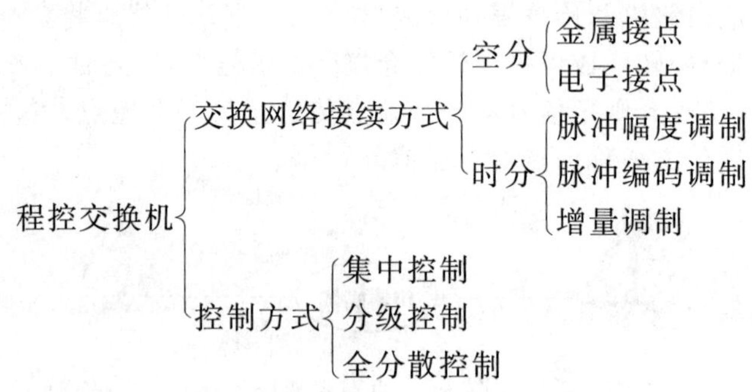

电话交换机的任务是完成任意两个电话用户之间的通话接续。

程控交换机的控制系统是由计算机来控制的交换机,将控制程序放在存储器中,在计算机控制下启动这些程序完成交换机的各项工作。程控交换机又分空分模拟程控交换机和时分数字程控交换机。时分数字程控交换机的话路系统是时分的,交换的是 PCM 的数字信号。它是当前最为流行的交换机,通常称为数字程控交换机。

数字程控交换机的基本组成如图 1-12 所示。它的话路系统包括用户电路、用户集线器、数字交换网络、模拟中继器和数字中继器。此外,还专门设置了多频收/发码器、按钮收号器和音信号发生器,还有一些为非话业务服务的接口电路。由此看出,它不仅增加了许多新的功能,而且加强了对外部环境的适应性。

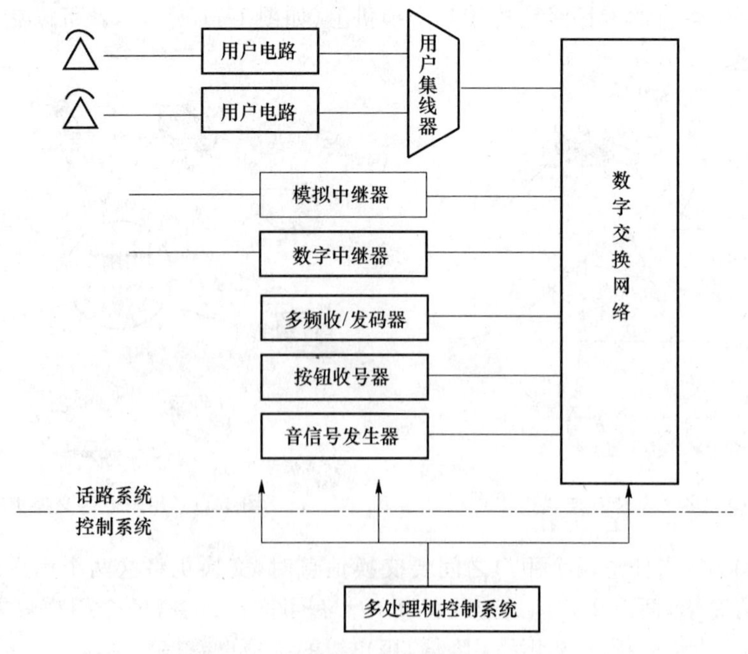

图 1-12 程控数字交换机的基本组成

它的构造与空分的交换网络有很大区别，它不再采用金属接点或电子接点，而是用存储的方式进行数字交换。它取消了绳路，增强了用户电路的功能，用户电路不仅担负了绳路的馈电、监视和振铃功能，而且增加了模/数转换和数/模转换功能。因为目前在用户线上传输的还是模拟信号，而交换网络是数字电路，故要将模拟信号变成数字信号后才能送入交换网络进行交换。

为了适应模拟环境和数字环境的需要，数字程控交换机增加了许多接口设备，如模拟中继器、数字中继器等。

用户集线器可集中话务量，提高线路利用率。在模拟交换机中，它并入交换网络，未单独表示；但在数字交换机中，则需单独列出。在全数字化的交换机中，每个用户电路都采用了单路编译码器，出来的是数字信号，因而用户集线器也只能采用数字接线器。

数字交换机的控制系统采用多处理机的分散控制方式。这种控制方式不仅增加了可靠性、灵活性，而且为实现模块化结构打下了基础。

根据前述程控交换机的基本结构，结合拨打电话的过程，给出程控交换机处理一次电话呼叫的简要流程，如图 1-13 所示。根据呼叫流程图，程控交换机处理一次电话呼叫过程如下。

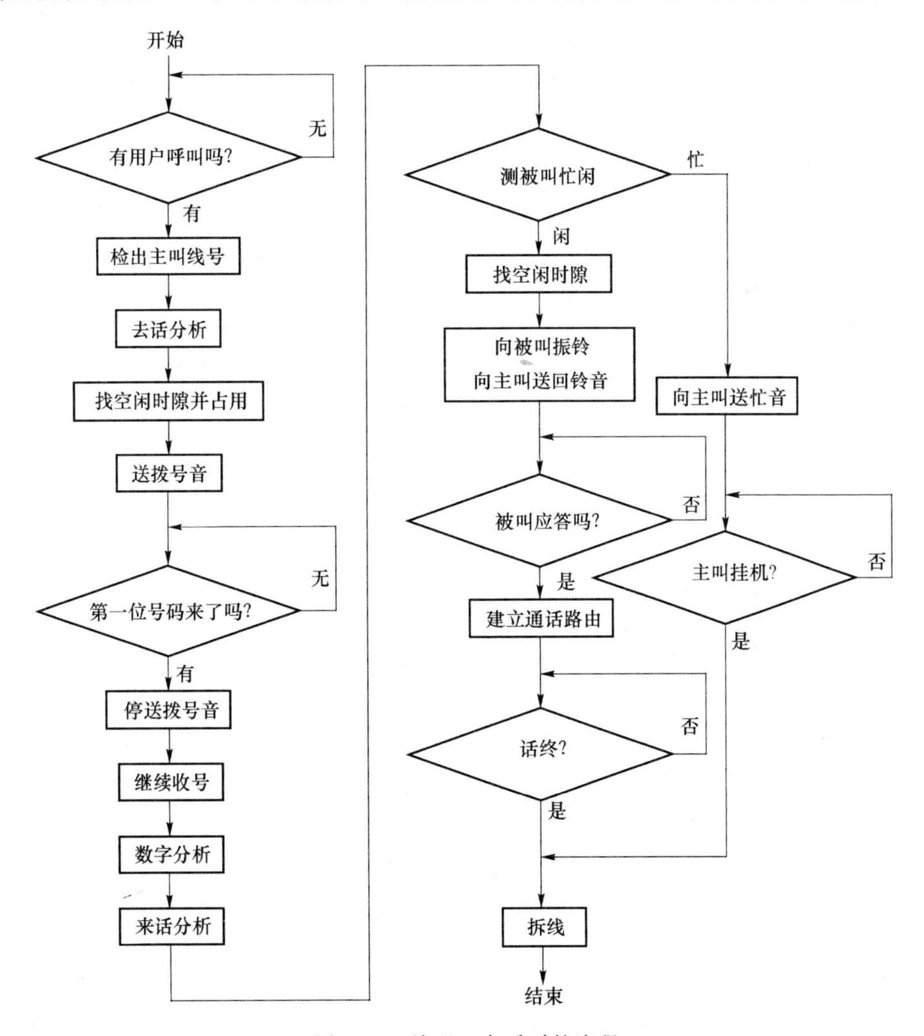

图 1-13　处理一次呼叫的流程

(1) 主叫摘机到交换机送拨号音

程控交换机按一定周期执行用户线扫描程序,对用户电路扫描点进行扫描,检测出摘机呼出的用户,并确定呼出用户的设备号。

(2) 收号和数字分析

程控交换机中脉冲号码由用户电路接收,扫描检出并识别后收入相应存储器,在收到第一位号的第一个脉冲后,停发拨号音。双频号码一般由双频处理电路板接收识别。

(3) 来话分析至向被叫振铃

若数字分析的结果是呼叫本局,则在收号完毕和数字分析结束后,根据被叫号码从存储器找到被叫用户的数据(包括被叫用户的设备、用户类别等),而后根据用户数据执行来话分析程序进行来话分析,并测被叫用户忙闲。

(4) 被叫应答双方通话

被叫摘机应答由扫描检出,由预先已选好的空闲路由建立主被叫两用户的通话电路。同时,停送铃流和回铃音信号。通话电源一般经由各自的用户电路提供。

(5) 话终挂机、复原

双方通话时,一般由其用户电路监视是否话终挂机。如主叫先挂机,由扫描检出,通话路由复原,向被叫送忙音,被叫挂机后其用户电路复原,停送忙音。

呼叫接续及其对应的呼叫处理程序如图 1-14 所示。

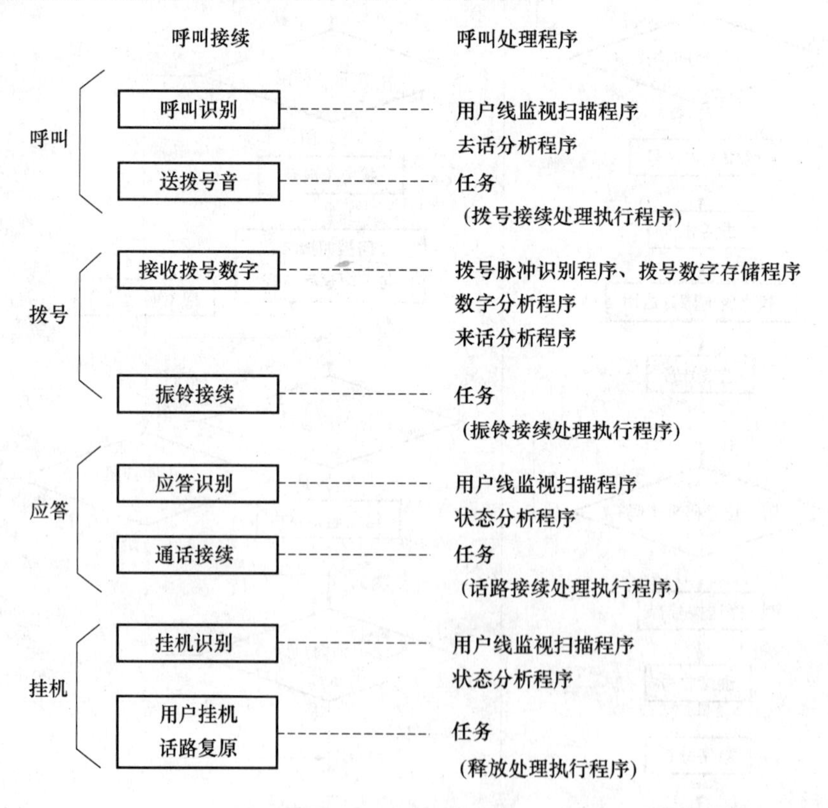

图 1-14　呼叫接续与对应的呼叫处理程序

实训步骤

数字程控交换机是采用全数字三级控制方式,无阻塞全时分交换系统。语音信号在整个过程中实现全数字化。同时,为满足实验方对模拟信号认识的要求,也可以根据用户需要配置模拟中继板。

实训维护终端通过局域网(LAN)方式和交换机的后管理服务器(BAM)通信,完成对程控交换机的设置、数据修改、监视等来达到用户管理的目的。

1. 实训平台数字程控交换系统总体配置图

数字程控交换系统总体配置图如图 1-15 所示。

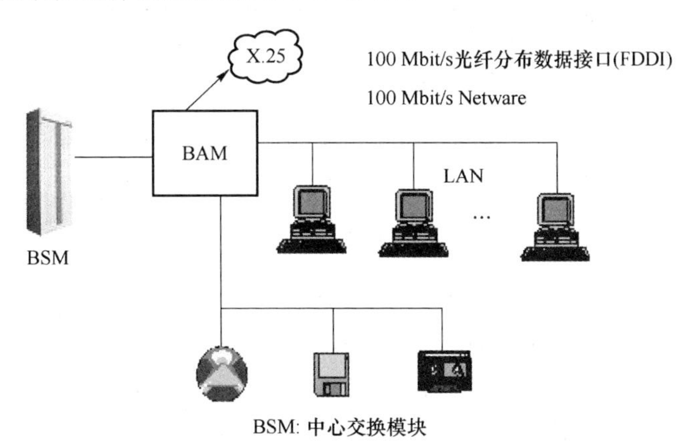

图 1-15　数字程控交换系统总体配置图

2. 华为数字程控交换机的硬件层次结构

华为 C&C08 在硬件上具有模块化的层次结构。整个硬件系统可分为以下 4 个等级。

① 单板。单板是 C&C08 数字程控交换系统的硬件基础,是实现交换系统功能的基本组成单元。

② 功能机框。当安装有特定母板的机框插入多种功能单板时就构成了功能机框,如交换模块(SM)的主控框、用户框和中继框等。

③ 模块。单个功能机框或多个功能机框组合就构成了不同类别的模块,如 SM 由主控框、用户框(或中继框)等构成。

④ 交换系统。不同的模块按需要组合在一起就构成了具有丰富功能和接口的交换系统,如图 1-16 所示。

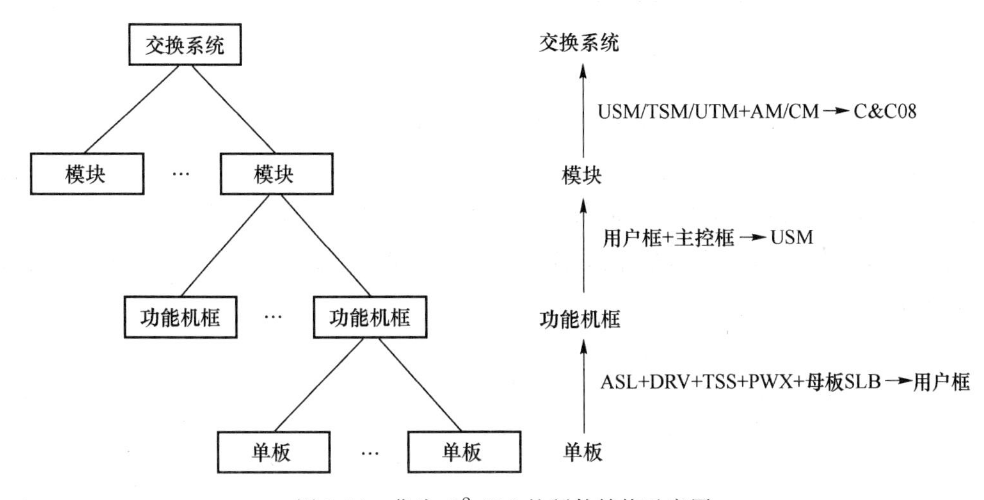

图 1-16　华为 C&C08 的硬件结构示意图

3. 程控交换实训平台配置

本实训平台由如下六大部分组成：BAM、主控框、时钟框（无）、中继框、用户框、实训用（机柜）终端。程控交换实训平台配置图如图 1-17 所示。

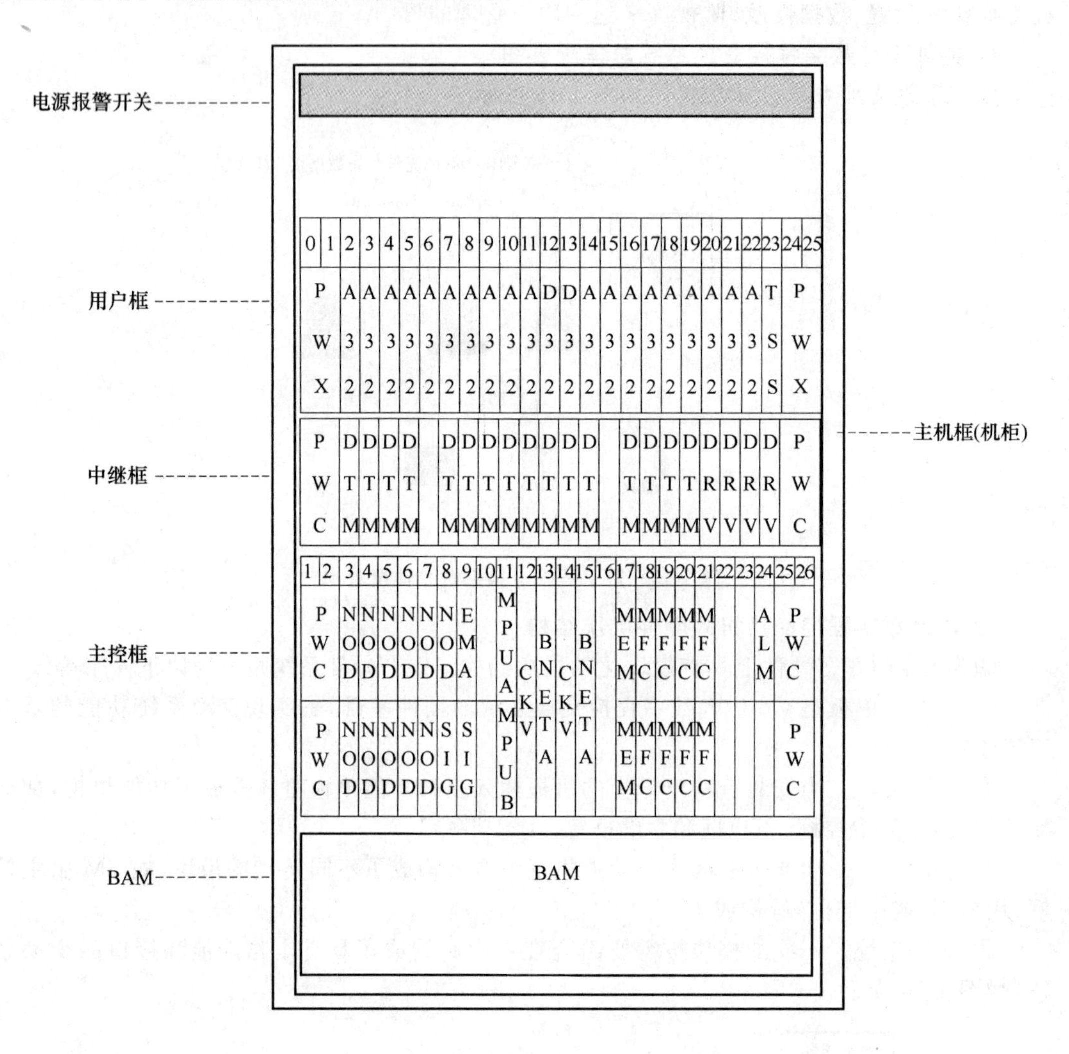

图 1-17　程控交换实训平台配置图

单板及机框结构如图 1-18 所示。

① BAM 的配置

BAM 系统由前后台主控板（MCP）通信板、工控机、加载电缆等组成。BAM 通过 MCP 卡与主机交换数据，并通过集线器挂接多个工作站，如图 1-19 所示。BAM 的配置如表 1-3 所示。

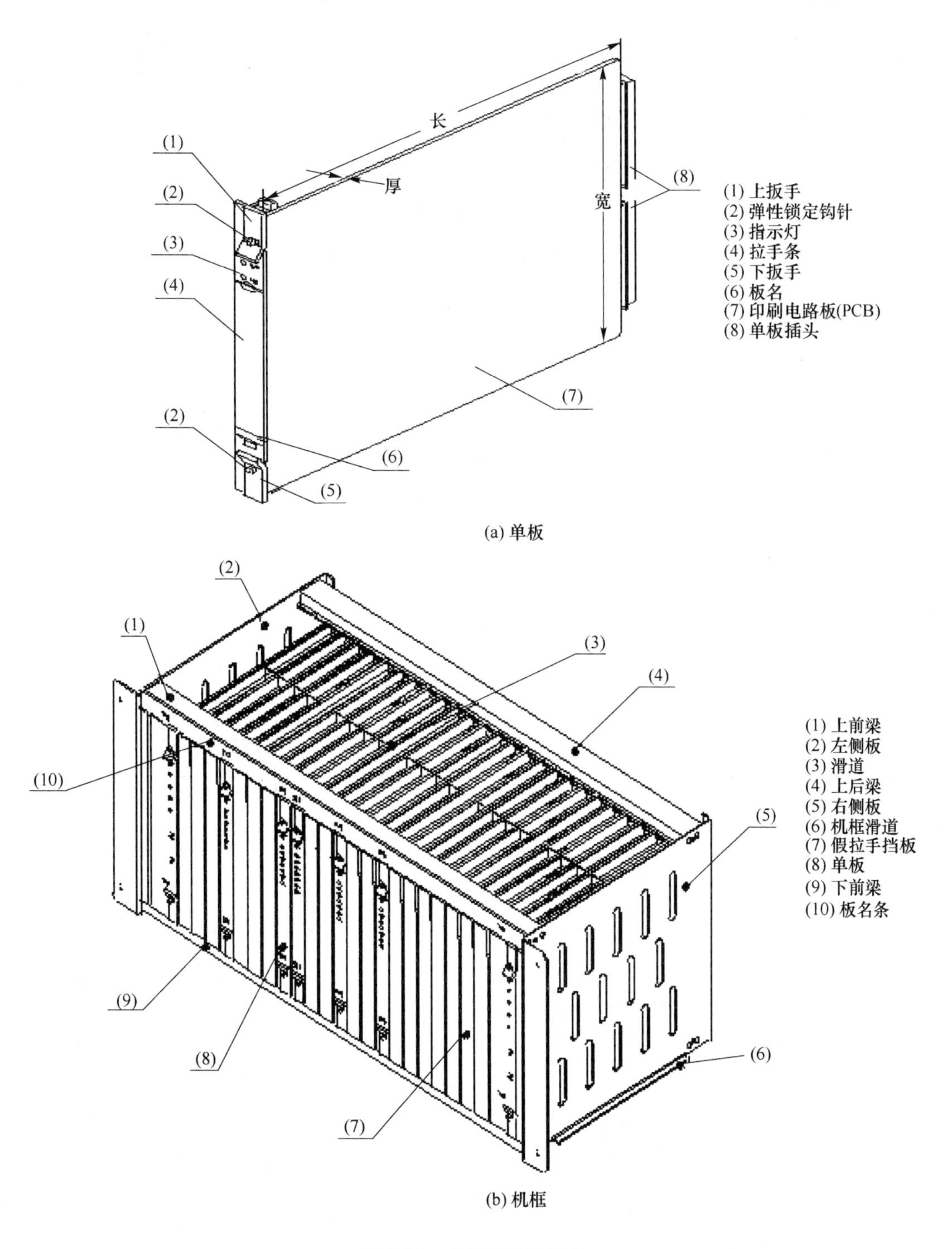

(a) 单板

(b) 机框

图 1-18　单板及机框结构

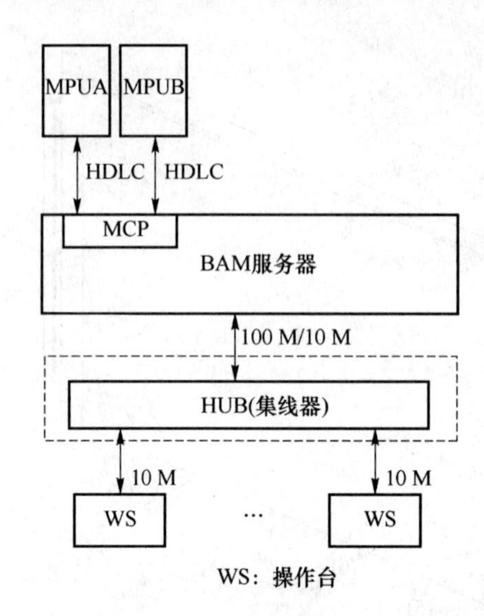

图 1-19 BAM 配置图

表 1-3 BAM 配置

名 称	规 格	配 置
前后台通信板	C805MCP	2
加载电缆	AM06FLLA 8 芯双绞加载电缆	2
网络终接器	50 Ω 网络终接器	2
工控机	C400 以上/128 M /2×10 G 以上/640 M MO/CDROM/MODEM/网卡	1
工具软件	中文 Windows NT Server 4.0	1
工具软件	MS SQL Server 7.0	1

② 主控框配置

主控框负责整机的设备管理和接续，包括主处理机板（MPU）、双机倒换板（EMA）、主节点板（NOD）、数字信号音板（SIG）、模块内交换网板（BNET）、时钟驱动板（CKV）、多频互控板（MFC）、协议处理板（LAP）。主控框的单板配置如图 1-20 所示。

1	2	3	4	5	6	7	8	9	10	11	12	13	14	15	16	17	18	19	20	21	22	23	24	25	26
PWC		NOD	NOD	NOD	NOD	NOD	NOD	EMA		MPUA	CKV	BNETA	CKV	BNETA		MEM	MFC	MFC	MFC	MFC			ALM	PWC	
PWC		NOD	NOD	NOD	NOD	NOD	SIG	SIG		MPUB						MEM	MFC	MFC	MFC	MFC				PWC	

图 1-20 主控框的单板配置图

主控框的单板功能如表 1-4 所示。

表 1-4　主控框的单板功能

PWC	二次电源板	MEM	内存板
MPU	主控单元	MFC	多频互控板
BMA	紧急自动倒换板	ALM	告警板
NOD	主节点板	CKV	时钟驱动板
SIG	数字信号音板	BNET	模块内交换网板

③ 数字中继框配置

数字中继框配置如图 1-21 所示，包括数字中继板(DTM)、双音收号及驱动板(DRV)。中继框共 16 个 DTM 槽位，DTM 板的数量根据所需中继数配置。

P	D	D	D	D		D	D	D	D	D	D	D	D		D	D	D	D	D	D	D	D	P
W	T	T	T	T		T	T	T	T	T	T	T	T		T	T	T	T	R	R	R	R	W
C	M	M	M	M		M	M	M	M	M	M	M	M		M	M	M	M	V	V	V	V	C

图 1-21　数字中继框配置图

4. 用户框配置

本程控交换实训平台系统采用 32 路用户框，配置如下。

框内可插 2 块 PWX、19 块 ASL32(简称 A32)、2 块 DRV32(简称 D32)，共 608 个用户。整框的板位结构如图 1-22 所示，包括模拟用户板(ASL)、双音收号及驱动板(DRV)。每块模拟用户板(ASL)可提供 32 路模拟用户。

0	1	2	3	4	5	6	7	8	9	10	11	12	13	14	15	16	17	18	19	20	21	22	23	24	25
P		A	A	A	A	A	A	A	A	A	A	D	D	A	A	A	A	A	A	A	A	A	T	P	
W		3	3	3	3	3	3	3	3	3	3	3	3	3	3	3	3	3	3	3	3	3	S	W	
X		2	2	2	2	2	2	2	2	2	2	2	2	2	2	2	2	2	2	2	2	2	S	X	

图 1-22　32 路用户框板位结构图

实训报告

1. 观察数字程控交换设备的机架结构；
2. 画出程控交换实训平台机框及单板配置图；
3. 简述交换模块中 MPU 板、NOD 板、SIG 板、BNET 板、DTM 板和 ASL 的功能；
4. 记录交换机主要单板运行灯的变化；

单　板	状态变化	灯的变化
MPU		
NOD		
SIG		
BNET		
DTM		
ASL		

5. 体会数字程控交换机进行通话的过程，说明该系统和数字通信系统模型的对应关系。

任务二　程控交换机出入中继硬件连接

实训目的

通过本实训了解程控交换机出入中继的相关接口。

实训设备

1. 程控交换机一套
2. DDF 架
3. 电话机

实训步骤

通过现场实物讲解了解 CC08 交换机出入中继的基本连线。

1. 程控交换机局内接口、局间 2M 接口在 DDF 架上的连线

2M 接口在 DDF 架上的连线如图 1-23 所示。

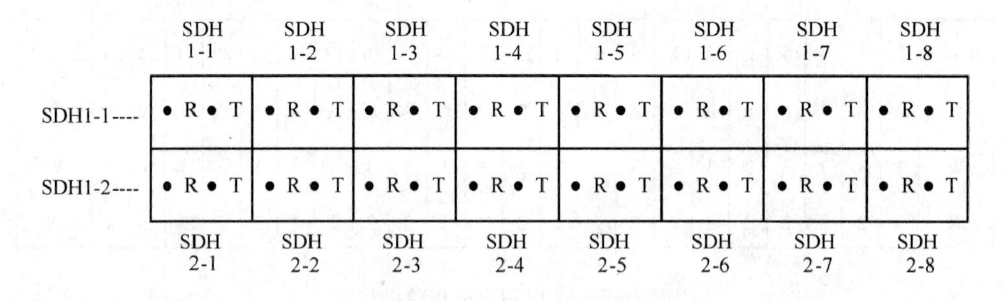

图 1-23　2M 接口在 DDF 架上的接线端子图

局内、局间连接示意图如图 1-24 所示。

2. 用户框 A32 用户接口板位置

本程控交换实训平台系统采用 32 路用户框，配置如下。

① 框内可插两块 PWX、19 块 ASL32(简称 A32)、两块 DRV32(简称 D32)，共 608 个用户。整框的板位结构如图 1-25 所示。

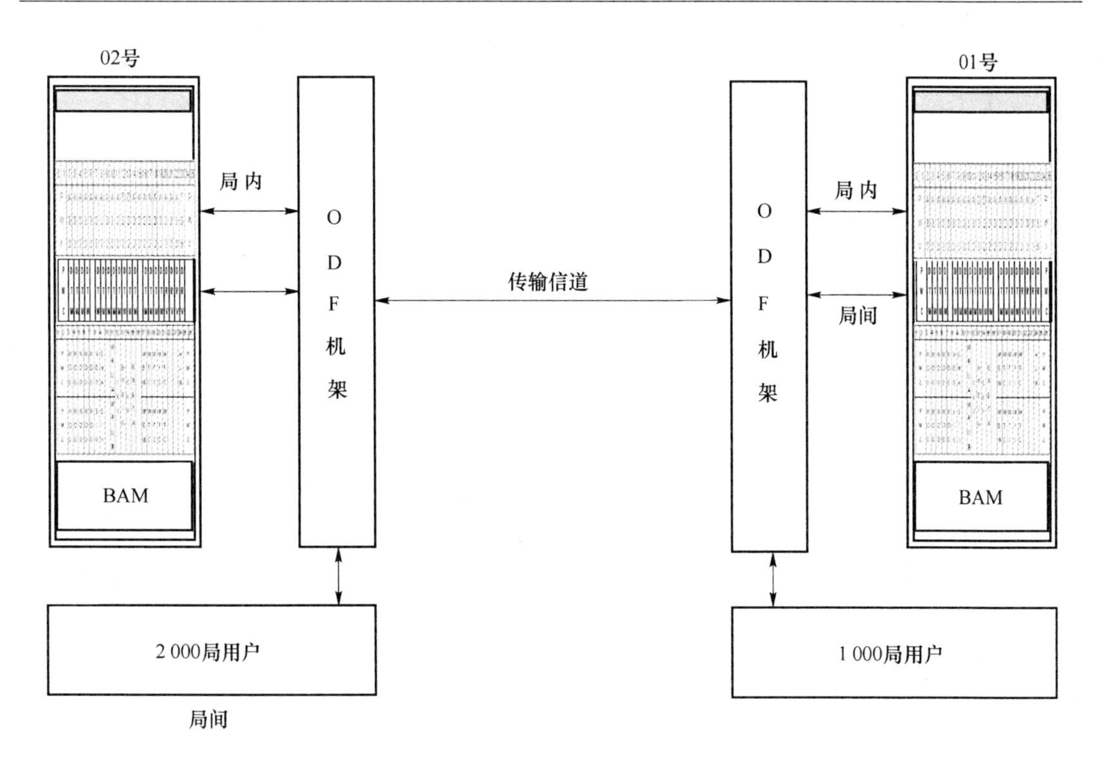

图 1-24　局内、局间连接示意图

0	1	2	3	4	5	6	7	8	9	10	11	12	13	14	15	16	17	18	19	20	21	22	23	24	25
P		A	A	A	A	A	A	A	A	A	A	D	D	A	A	A	A	A	A	A	A	A	T	P	
W		3	3	3	3	3	3	3	3	3	3	3	3	3	3	3	3	3	3	3	3	3	S	W	
X		2	2	2	2	2	2	2	2	2	2	2	2	2	2	2	2	2	2	2	2	2	S	X	

图 1-25　整框的板位结构图

本程控交换实训平台系统在 2 号、3 号槽位配置了两块 A32 用户接口单板。在实际运营中，可根据用户数配置多个用户框。

② 用户框各板

ASL32 板：32 路用户电路板，提供 32 路用户电路接口。

DRV32 板：双音驱动板，提供 32 路 DTMF 双音多频信号的收发和解码，并对 ASL32 板提供驱动电路。

PWX 板：二次电源板，为用户框提供±12 V、±5 V 工作电压，～75 V 铃流信号。

TSS 板：测试板，测试用户内外线。

③ 模拟用户板(ASL)

ASL 板在 MPU 控制下完成对用户线状态的检测和上报。它是用户模块的终端电路部分，按照所接模拟用户线的数目可分为 16 路模拟用户板和 32 路模拟用户板。ASL 板的结构和指示灯含义如图 1-26 所示。

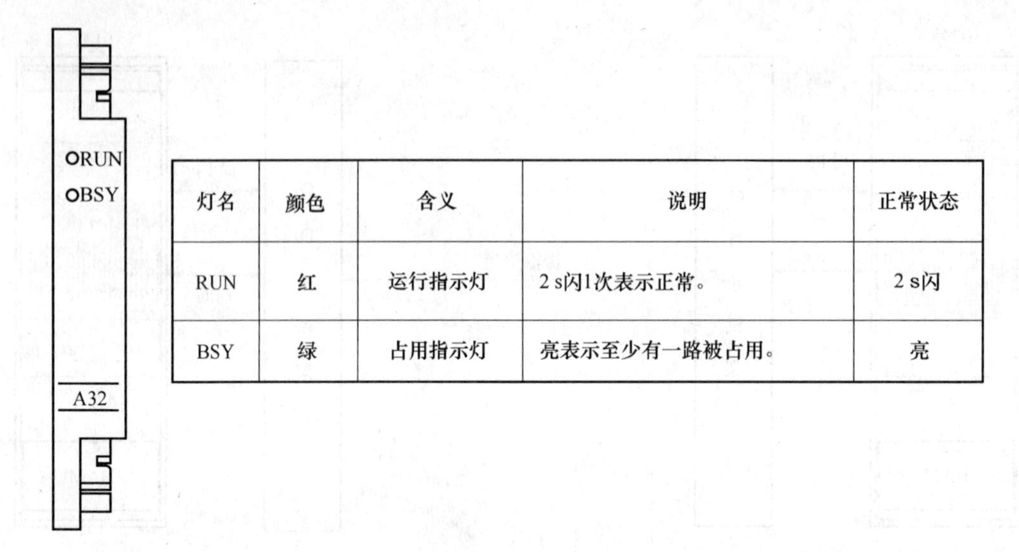

灯名	颜色	含义	说明	正常状态
RUN	红	运行指示灯	2 s闪1次表示正常。	2 s闪
BSY	绿	占用指示灯	亮表示至少有一路被占用。	亮

图 1-26　ASL 板的结构和指示灯含义图

观察用户框背板 2、3 号槽位(ASL)插座送到 DDF 架用户电缆，观察 DDF 架配线盒送到用户话机(双绞线)过程。注意观察双绞线上的编号。

3. 数字中继框

数字中继框如图 1-27 所示。

P	D	D	D	D		D	D	D	D	D	D	D	D		D	D	D	D	D	D	D	D	P
W	T	T	T	T		T	T	T	T	T	T	T	T		T	T	T	T	R	R	R	R	W
C	M	M	M	M		M	M	M	M	M	M	M	M		M	M	M	M	V	V	V	V	C

图 1-27　数字中继框图

每块 C805DTM 提供 2 路 E1 接口，可以配合不同的单板软件和不同的协议处理板配置成几种接口。

DTM 板用于实现局间数字中继的对接。可提供 2 路 E1(32 时隙)PCM 接口与其他交换机相接；能从上级局提取 8 K 时钟送交换机系统作为参考时钟源，以便与其他交换机同步；可为不同协议接口提供物理链路。DTM 板与不同设备配合，可支持不同的业务。通过在后端终端的数据管理系统中进行设置，可以把 DTM 板设置成下列单板。

- 数字中断(DT)板：当局间使用 No. 1 信令时，将 DTM 板设为 DT 板，此时需要在主控框 MFC 槽位插 MFC 板。
- 电话用户部分(TUP)板：当局间使用 No. 7 信令且传送电话业务时，将 DTM 板设为 TUP 板，此时需要在主控框 MFC 槽位插 NO7 板或 LAPN7 板。
- ISDN 用户部分(ISUP)板：当局间使用 No. 7 信令且传送 ISDN 业务时，将 DTM 板设为 ISUP 板，此时需要在主控框 MFC 槽位插 LAPN7 板。
- V5. 1、V5. 2 接口(V5TK)板：使用 V5. 1 或 V5. 2 接口实现与接入网的对接时，将 DTM 板设为 V5TK 板，此时需要在主控框 MFC 槽位插 LAPV5 板和双音信号收发板(DTR)。

DTM 板的结构和指示灯含义如图 1-28 所示。

灯名	颜色	含义	说明	正常状态
RUN	红色	运行指示灯	2 s 闪 1 次表示运行正常； 灭表示 DTM 与 NOD 通信失败。	2 s 闪
CRC1	绿色	第 1 路 CRC4 检验出错指示灯	亮表示第 1 路 CRC4 检验出错； 灭表示检验正常。	灭
LOS1	绿色	第 1 路信号失步指示灯	亮表示第 1 路信号失步； 灭表示信号正常。	灭
SLP1	绿色	第 1 路信号滑帧指示灯	亮表示第 1 路信号有滑帧； 灭表示信号正常。	灭
RFA1	绿色	第 1 路信号远端告警指示灯	亮表示第 1 路信号远端告警； 灭表示信号正常。	灭
CRC2	绿色	第 2 路 CRC4 检验出错指示灯	亮表示第 2 路 CRC4 检验出错； 灭表示检验正常。	灭
LOS2	绿色	第 2 路信号失步指示灯	亮表示第 2 路信号失步； 灭表示信号正常。	灭
SLP2	绿色	第 2 路信号滑帧指示灯	亮表示第 2 路信号有滑帧； 灭表示信号正常。	灭
RFA2	绿色	第 2 路信号远端告警指示灯	亮表示第 2 路信号远端告警； 灭表示信号正常。	灭
MODE	绿色	工作方式指示灯	亮表示 DTM 工作在 CAS(1 号信令)方式； 灭表示工作在 CCS(7 号信令)方式。	灭

图 1-28　DTM 板的结构和指示灯含义

数字中继板(DTM)在数字中继框 2 号槽位，注意观察数字中继框背板 2 号槽位 2 路 E1 接口 4 条线，即 XT0、XT1 与 XR0、XR1 是 2 路 E1 共 4 条中继线。

实训报告

1. 对照实训设备，画出数字程控交换局内、局间连接示意图。
2. 简述用户框内 A32 用户接口板的主要功能。
3. 简述数字中继框内数字中继板(DTM)2 路 E1 功能。
4. 说出 C&C08 程控交换机局间使用的传输介质。
5. 分别画出局内通话连接示意图、局间通话连接示意图。

模块二　话音在数字通信系统中的传输

内容提要

本模块需要掌握的理论知识为：数字基带传输系统及数字频带传输系统；用来传输模拟语音信号常用的脉冲编码调制原理及其应用，时分复用与多路数字电话系统原理，基带传输常用传输码型的编解码方法；几种数字调制与解调原理；各种数字调制解调方法、特点和应用。

本章重点

1. 抽样的概念及抽样定理；
2. PCM 编解码的概念及实现方法；
3. 时分复用的概念及时分多路复用系统的构成；
4. PCM30/32 路系统的时隙分配及帧结构方式；
5. PCM 高次群数字复接的概念及复用系统的构成；
6. 数字基带信号传输系统组成及各部分的作用；
7. 数字基带传输系统常用传输码型的种类、特点和应用；
8. 数字频带传输系统组成及各部分的作用；
9. 数字频带传输系统中常用的数字调制与解调方法、原理及其特点。

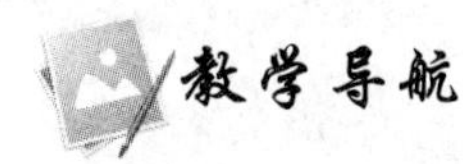

课程名称	通信与网络技术	课程代码	EC043H
任务名称	话音在数字通信系统中的传输	学时	22

学习内容：

1. 学习话音信号在数字基带和数字频带传输系统的传输过程和传输原理，建立数字通信系统概念。
2. 画出数字频带传输系统和数字基带传输系统通信模型，正确描述各组成部分的功能，并对数字基带传输系统和数字频带传输系统进行分析与测试。

能力目标：

1. 能够运用所学通信系统的概念，画出数字通信系统的组成框图，并能叙述各组成部分的作用，能搭建数字通信系统。
2. 能够运用模数/数模转换理论，在数字通信原理综合实验平台上实现模拟信号与数字信号相互转换。
3. 能熟练运用示波器测量数字基带信号，会进行 AMI、HDB3、CMI 等码型变换。
4. 能熟练运用数字复接基本原理，用多路信号构成帧。会解释二次群准同步帧结构图。
5. 能正确使用仪器测试数字调制系统的性能，会画不同调制方式调制后的波形图。
6. 能熟练运用话音信号在数字通信系统中传输的相关知识，搭建两部模拟电话机间数字基带传输电路和数字频带传输电路，画出话音在数字基带传输和数字频带传输系统中的信号流程框图及各测试点波形图。

续表

教学组织：
1. 采用“教学做一体化”教学模式，在通信实验/实训室上课； 2. 教学场地配有专用实验台、常用电子测量仪器； 3. 理论学习结合实训内容来理解，使学习者能将实际系统与理论模型对应起来； 4. 重视在数字基带传输和数字频带传输系统中各测试点波形对应关系。

2.1　数字基带传输系统

话音在数字通信系统中的传输可以分为两种方式：话音在数字基带通信系统中传输和话音在数字频带通信系统中传输。

来自数据终端的原始数据信号，如计算机输出的二进制序列、电传机输出的代码，或来自模拟信号经数字化处理后的脉冲编码调制(PCM)码组等都是数字信号。这些信号往往包含丰富的低频分量，甚至直流分量，因而称为数字基带信号。在某些具有低通特性的有线信道中，特别是在传输距离不太远的情况下，数字基带信号可以直接传输，称为数字基带传输。而大多数信道(如各种无线信道和光信道)，则是带通型的，数字基带信号必须经过载波调制，把频谱搬移到高载处才能在信道中传输，这种传输称为数字频带(调制或载波)传输。

数字基带通信系统电路框图如图 2-1 所示。话音在数字基带通信系统中传输主要由电话接口模块、话音编解码模块、帧复接解复接模块、线路编解码模块等系统模块组成。

图 2-1　数字基带通信系统电路框图

由图 2-1 可以看出，在数字基带通信系统中，通信过程如下。

从用户电话 1 向用户电话 2 的信号流程为：用户电话接口 1→话音编码(PCM)→信号复接→线路编码(HDB_3/CMI)→基带传输信道→线路解码→信号解复接→话音解码→用户电话接口 2。

用户电路也称为用户线接口电路(SLIC，Subscriber Line Interface Circuit)。其一般具有 B(馈电)、R(振铃)、S(监视)、C(编译码)、H(混合)、T(测试)、O(过压保护)7 项功能。

话音编码器采用 PCM，将模拟电信号转换为数字电信号。信号复接电路采用时分复用方式，将多路信号合为一路信号。线路编码电路采用 HDB_3 编码或 CMI 编码方式，将二进制序列数字信号转换为适合电缆信道传输的 HDB_3 或 CMI 码型的电信号。

下面将分别对图 2-1 中各组成部分的工作原理进行分析和学习。

2.1.1 脉冲编码调制(PCM)

通信系统可以分为模拟系统和数字系统两类,而且可以把模拟信号数字化后,用数字通信方式传输。为了在数字通信系统中传输模拟消息,发送端首先应将模拟信号抽样,使其成为一系列离散的抽样值,然后再将抽样值量化为相应的量化值,并经编码变化成数字信号,用数字通信方式传输,在接收端则相应地将接收到的数字信号恢复成模拟信号。利用抽样、量化、编码来实现模拟信号的数字传输框图,如图 2-2 所示,对应的 PCM 单路抽样、量化、编码波形图如图 2-3 所示。

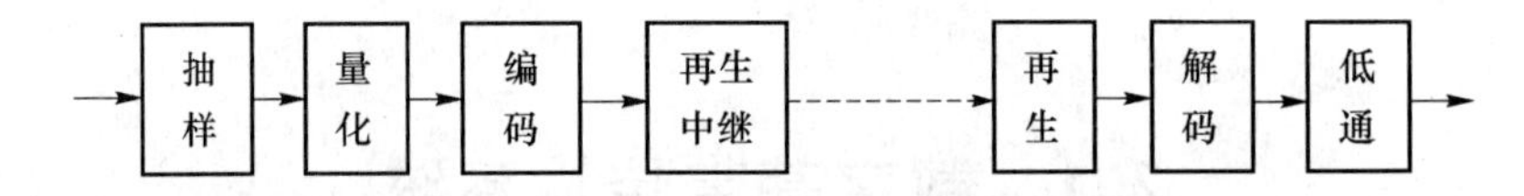

图 2-2 PCM 通信系统

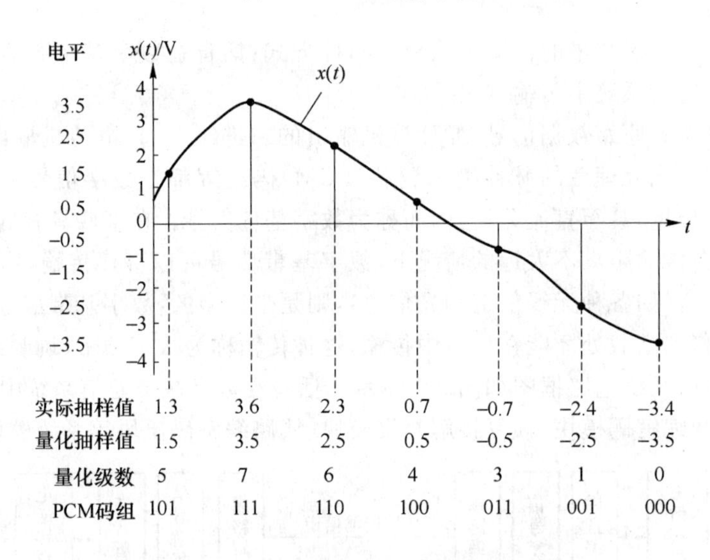

图 2-3 PCM 单路抽样、量化、编码波形图

1. 抽样

模拟信号不仅在幅度取值上是连续的,而且在时间上也是连续的,为了使模拟信号数字化,首先要在时间上对模拟信号进行离散化处理,该过程由抽样完成,抽样过程如图 2-3 所示。将时间上连续的模拟话音信号 $m(t)$ 送至一个抽样门电路。抽样门电路的开和关由抽样脉冲信号 $S_T(t)$ 控制。当 $S_T(t)$ 到来时,抽样电路接通,模拟信号通过抽样门输出,使模拟信号在时间上离散化。样值信号 $s(t)$ 的包络线与原模拟信号波形相似,即样值信号含有原始模拟信号的信息,也称此样值信号为脉冲幅度调制(PAM,Pulse Amplitude Modulation)信号。PAM 信号的幅度取值是连续的,因此它仍是模拟信号。

将模拟信号抽样后,信号在信道上所占用的时间被压缩了。这为时分复用奠定了基础,也给数字化提供了条件。同时,还应考虑在接收端要能从样值信号 PAM 中恢复出原始信号的信息;否则,PCM 通信无法实现。为达到上述要求,$S_T(t)$ 的抽样时间间隔 T_s 不能太长，必须满足抽样定理。

由于抽样定理是模拟信号数字化的理论基础，因此在讨论模拟信号的数字传输之前，有必要证明该定理的正确性。

抽样定理表明，一个频带限制在$(0, f_H)$内的时间连续信号$m(t)$如果以$\frac{1}{2f_H}$的间隔对它进行等间隔抽样，则$m(t)$将被所得到的抽样值完全确定。下面证明这个定理。

如图 2-4 所示，其抽样脉冲$S_T(t)$是单位冲激脉冲序列，样值信号$s(t)$是抽样时刻nT的模拟话音信号$m(t)$的瞬时值$m(nT)$。一个频带限制在$(0, f_H)$Hz 的模拟信号$m(t)$，$m(t)$和$S_T(t)$相乘。乘积函数便是均匀间隔为T s 的样值信号$s(t)$，表示模拟话音信号$m(t)$的抽样，即有

$$s(t)=m(t)S_T(t) \tag{2-1}$$

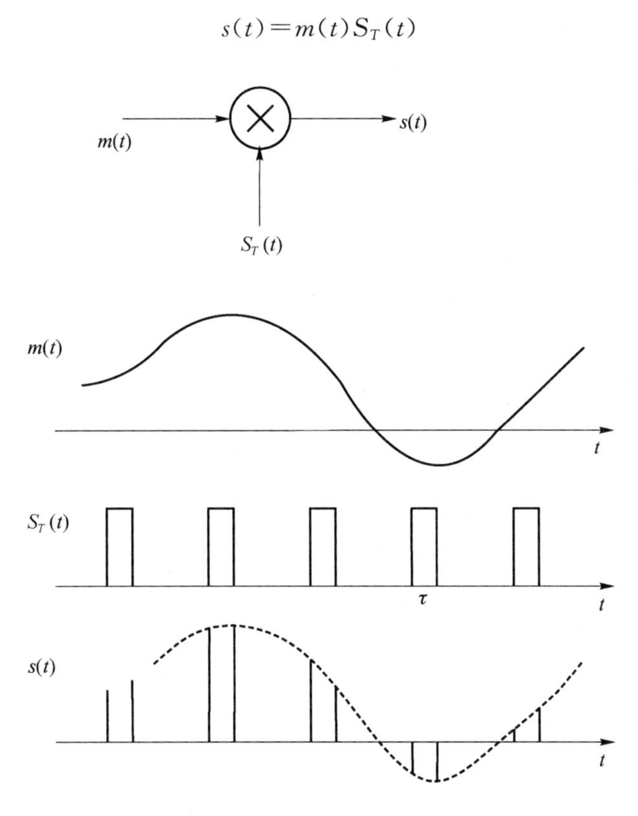

图 2-4　抽样时的样值序列波形图

上述关系如图 2-5 所示，假设$m(t)$、$S_T(t)$和$s(t)$的频谱分别为$M(f)$、$S_T(f)$、$S(f)$。按照频谱卷积定理，$m(t)S_T(t)$的傅里叶变换是$M(f)$和$S_T(f)$的卷积。

经数学分析推导可知，抽样后的样值信号的频谱$S(f)$由无限个分布在f_S各次谐波左右的上下边带组成，而其中位于$n=0$处的频谱就是抽样前的话音信号频谱$M(f)$的本身，如图 2-5(b) 所示。为了恢复出原始话音信号，只要$f_S \geqslant 2f_H$或$T \leqslant \frac{1}{2f_S}$就周期性地重复而不重叠，在接收端用低通滤波器把原语音信号$(0, f_H)$滤出，即完成原始话音信号的重建。注意，若抽样间隔$T > \frac{1}{2f_H}$，则$M(f)$和$S_T(f)$的卷积在相邻的周期内存在重叠（也称混叠），

如图 2-5(c)所示，因此不能由 $S(f)$ 恢复 $M(f)$。

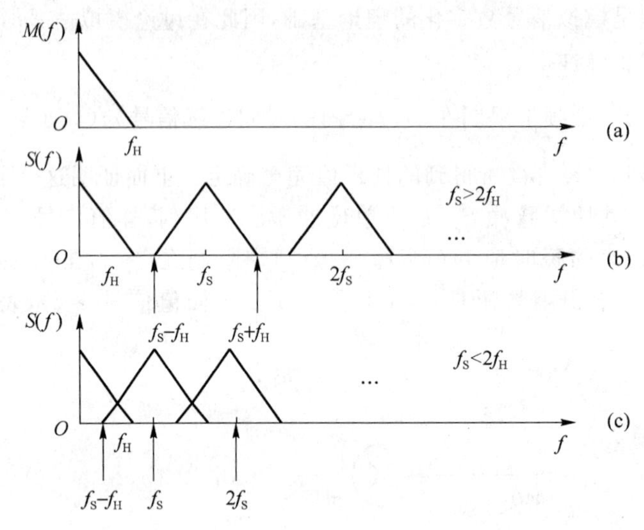

图 2-5　抽样时的样值序列频谱

在话音信号的频带限制在$(0, f_H)$下，抽样速率的最小值 $f_{Smin}=2f_H$。当 $f_S=2f_H$ 时防卫带为 0，这时对重建原始信号所需低通滤波器的要求过严。因此应留出一定的防卫频带。

例如，话音信号的最高频率限制在 3 400 Hz，$f_{smin}=2\times3\,400\ \text{Hz}=6\,800\ \text{Hz}$，因此规定话音信号的抽样速率为

$$f_S=8\,000\ \text{Hz},\qquad T=\frac{1}{8\,000\ \text{Hz}}=125\ \mu\text{s}$$

应当指出，抽样速率 f_S 不是越高越好，f_S 太大，将会降低信道的复用率，只要能满足 $f_S\geqslant2f_H$的要求即可。

$f_S\geqslant2f_H$ 的结论是在假定话音信号的频带限制在$(0, f_H)$的条件下得到的。如果话音信号的频带限制在 f_L 与 f_H 之间(其中，f_L 为信号最低频率，f_H 为信号最高频率)，则要求这种信号的抽样速率是多少?

对带通型信号的抽样速率 f_S 如果仍按 $f_S\geqslant2f_H$ 的条件来选择，虽然能满足样值序列频谱不产生重叠的要求，但将降低信道频带的利用率。因此，应尽量设法使得既不会产生重叠又能降低抽样频率，以减小信道的传输频带。

带通型信号的抽样定理为，如果模拟信号 $F(t)$是带通型信号，频率限制在 f_L 和 f_H 之间，带宽 $B=f_H-f_L$，则其最低必须的抽样速率为

$$f_S=\frac{1}{T_S}=\frac{2f_H}{n+1}\tag{2-2}$$

式中 n 为$\frac{f_H}{B}$的整数部分。下面分情况来论证带通型抽样定理。

(1) 当 $B\leqslant f_L<2B$ 时，如果满足

$$\begin{cases}f_S-f_L\leqslant f_L\\2f_S-f_H\geqslant f_H\end{cases}$$

即

$$\begin{cases} f_S \leqslant 2f_L \\ f_S \geqslant f_H \end{cases} \tag{2-3}$$

则各个边带互不重叠，如图 2-5(a)所示。

(2) 当 $2B \leqslant f_L < 3B$ 时，如能满足

$$\begin{cases} 2f_S - f_L \leqslant f_L \\ 3f_S - f_H \geqslant f_H \end{cases}$$

即

$$\begin{cases} f_S \leqslant f_L \\ f_S \geqslant \dfrac{2}{3} f_H \end{cases} \tag{2-4}$$

则各边带互不重叠。在这种情况下，$f_S \leqslant 2f_H$ 也不致使各个变带重叠，如图 2-6(b)所示。

(3) 当 $nB \leqslant f_L < (n+1)B$ 时，即一般情况，如图 2-6(c)所示，抽样频率应满足

$$\begin{cases} nf_S - f_L \leqslant f_L \\ (n+1)f_S - f_H \geqslant f_H \end{cases}$$

$$\begin{cases} f_S \leqslant \dfrac{2f_L}{n} \\ f_S \geqslant \dfrac{2f_H}{n+1} \end{cases}$$

或

$$\frac{2f_H}{n+1} \leqslant f_S \leqslant \frac{2f_L}{n} \tag{2-5}$$

式(2-5)给出了所需的最低抽样频率为

$$f_S = \frac{2f_H}{n+1}$$

这就是带通抽样定理的论证。满足式(2-5)，就满足了不重叠的条件。如果进一步使各边带之间的间隔相等，即可求出抽样频率 f_S。从图 2-5(c)可得边带间隔

$$f_L - (nf_S - f_L) = [(n+1)f_S - f_H] - f_H$$

故

$$f_S = \frac{2(f_L + f_H)}{2n+1} \tag{2-6}$$

例 2-1 求 60 路超群信号 312～552 kHz 的抽样频率。

解

$$B = f_m - f_L = 552 - 312 = 240\ \text{kHz}$$

$$f_L / B = 312/240 = 1.3$$

即取 $n=1$，故

$$f_{S下限} = \frac{2f_m}{n+1} = 552\ \text{kHz}$$

$$f_{S上限} = \frac{2f_L}{n} = 624\ \text{kHz}$$

按式(2-6)求得

$$f_S=2(f_L+f_m)/(2n+1)=\frac{2}{3}(312+552)=576\ \text{kHz}$$

应当知道,如果 $f_L<B$,则带通型抽样定理不再适用,仍应按低通型信号处理,即 $f_S\geqslant 2f_H$ 的要求来选择抽样速率。

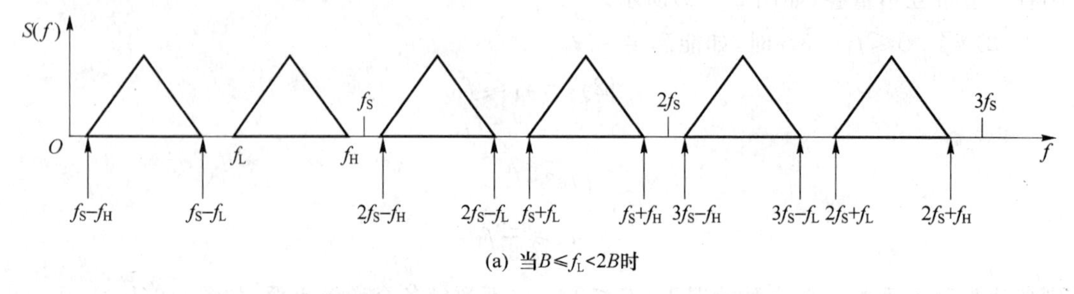

(a) 当$B\leqslant f_L<2B$时

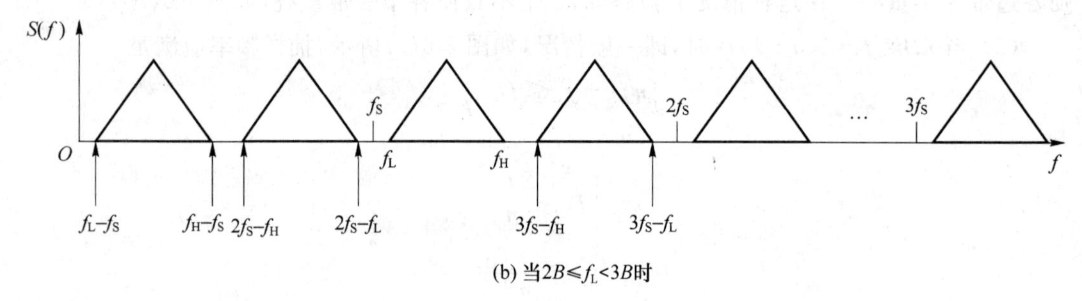

(b) 当$2B\leqslant f_L<3B$时

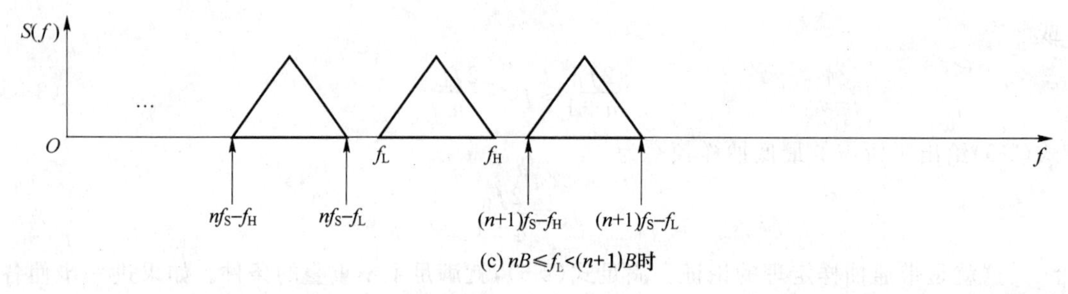

(c) $nB\leqslant f_L<(n+1)B$时

图 2-6　带通型信号的抽样频率选择

2. 量化

模拟信号进行抽样后,其抽样值还是随机信号幅度连续变化的。当这些连续变化的抽样值通过噪声信道传输时,接收端不能准确地估值所发送的抽样。如果发送端用预先规定的有限个电平表示抽样值,且电平间隔比干扰噪声大,则接收端将有可能准确地估值所发送的样值。因此,有可能消除随机噪声的影响。利用预先规定的有限个电平来表示模拟抽样值的过程称为量化。

抽样是把一个时间连续的信号变换成时间离散的信号,而量化是抽样信号的幅度离散化的过程。如图 2-7(a)所示为线性连续系统输入与输出关系的直线。在此,被一个阶梯特性曲线所代替。图中,两个相邻的离散值之差称为量阶,阶梯曲线就是量化器的工作曲线。而用阶梯曲线代替原来的直线会产生误差,这就是量化误差。这对信号来说相当于一种噪声,故也称量化噪声。它等于量化器输入的模拟值和与之对应的输出量化值之差。该量化误差的最大瞬时值等于$\frac{1}{2}$个量阶。总的变化范围是从$-\frac{1}{2}$个量阶到$+\frac{1}{2}$个量阶,如

图 2-7(b)所示。图 2-7(c)则是量化误差作为时间的函数所呈现的变化。

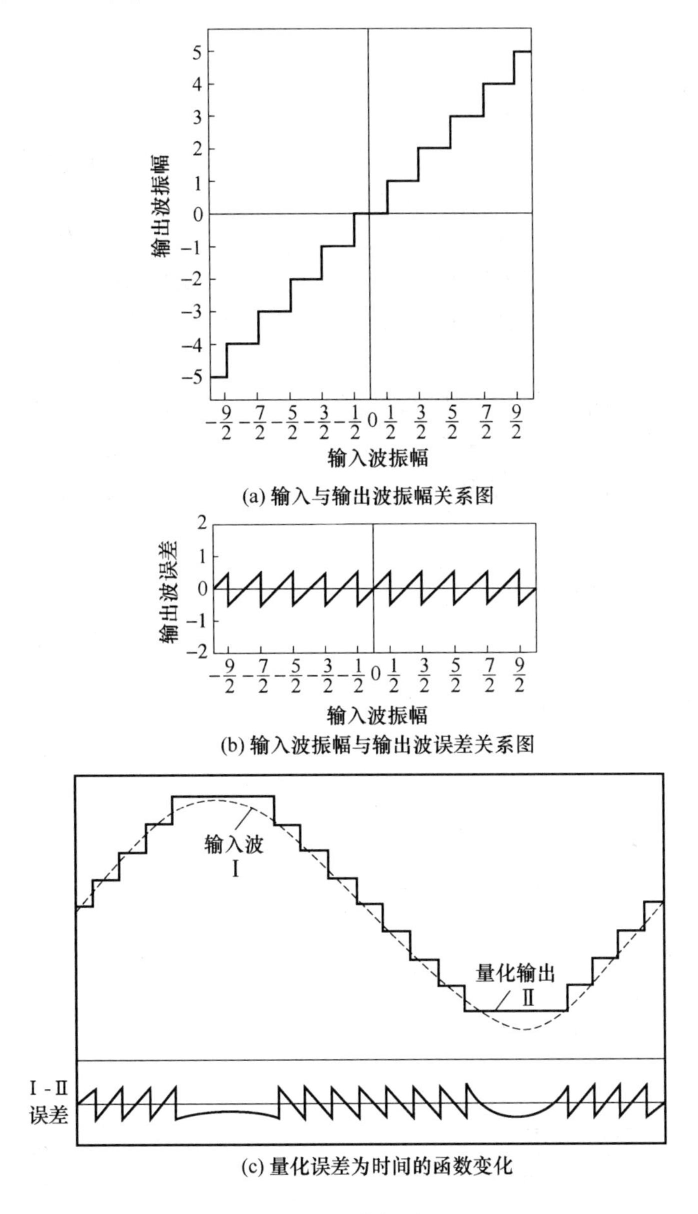

(a) 输入与输出波振幅关系图

(b) 输入波振幅与输出波误差关系图

(c) 量化误差为时间的函数变化

图 2-7　量化的原理

上述量化方法的量阶是常数,所以也称均匀量化,根据这种量化所进行的编码称为线性编码。量阶取值必须根据具体的情况而定,原则是保证通信的质量要求。

在实际通信中,均匀量化是不适宜的。因为在均匀量化中量阶的大小是固定的,与输入的样值大小无关。这样,当输入小信号时和输入大信号时量化噪声相同。因此小信号的“信号与量化噪声比”小,而大信号的“信号与量化噪声比”大。这对小信号来说是不利的。为了提高小信号的信噪比,可以将量阶取多,即将量化阶再细分,这样大信号的信噪比也同样提高,但结果是使数码率提高,要求用频带更宽的信道来传输。

采用非均匀量化器是改善小信号信噪比的一种有效方法。例如,话音信号的特点为,大声说话对应的电压值比小声的电压值约大 10 000 倍，而大声的概率很小，主要是小声信号。所以，对这样的信号必须使用非均匀量化器。其特点是：输入小信号时量阶小；输入大信号时量阶大。这样，在整个输入信号的变化范围内得到几乎一样的信噪比，而总的量化阶可比均匀量化时还少。由此缩短了码字的长度，提高了通信效率。

图 2-8 为非均匀量化原理图。其基本思想是在均匀量化前先让信号经过一次处理，对大信号进行压缩，而对小信号进行较大的放大，如图 2-8(b)所示。

由于小信号的幅度得到较大的放大，从而使小信号的信噪比大为改善。这一处理过程通常简称压缩量化，它是用压缩器完成的。压缩量化的实质是“压大补小”，使大小信号在整个动态范围内的信噪比基本一致。在通信系统中与压缩器对应的有扩张器，二者的特性恰好相反。

整个压、扩过程如图 2-8 所示。PAM 信号 $u(t)$先经过压缩器进行压缩变为 $u_1(t)$，如图 2-8(b)所示。然后进行均匀量化，经编码后送到信道传输。在接收端需将经解码后的 PAM 信号 $u_1(t)$恢复为原始的 PAM 信号 $u(t)$。扩张特性如图 2-8(c)所示，它对小信号衰减，对大信号放大。

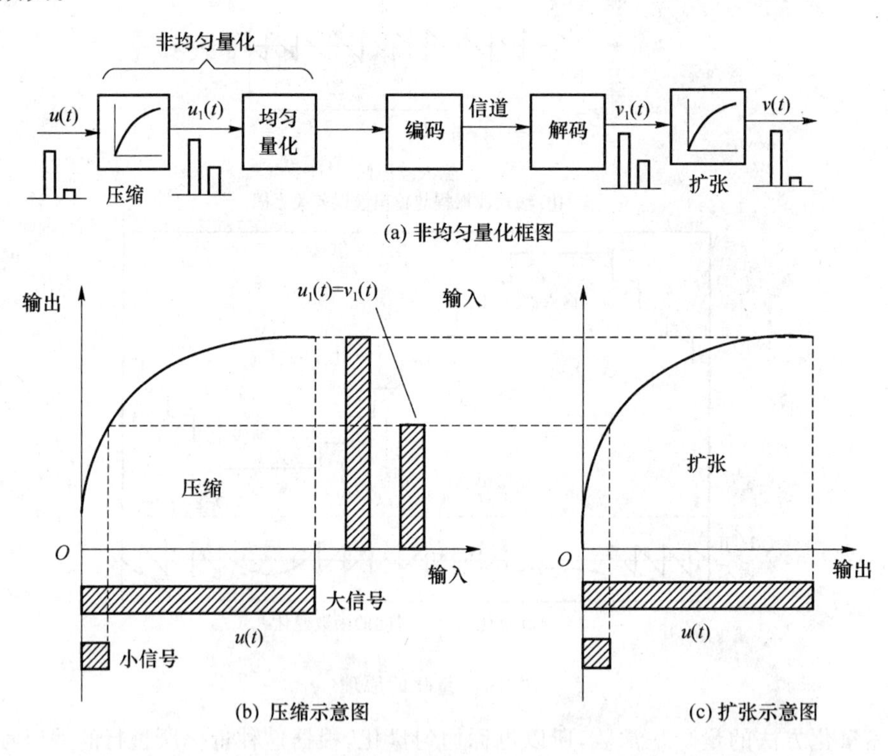

图 2-8　非均匀量化原理图

从图 2-8 可以看出，压缩和扩张的特性曲线相同，只是输入、输出坐标互换，下面只分析压缩特性。

(1) A 律压缩特性

目前，通信系统中采用两种描述压扩特性的方法：一种是以 μ 作为参量的压扩特性，称为 μ 律特性；另一种是以 A 作为参量的压扩特性，称为 A 律特性。无论是 A 律还是 μ 律，都是具有对数特性，通过原点呈中心对称的曲线。美国和日本采用的是 μ 律特性，而我国和

欧洲采用的是 A 律特性。

A 律特性表示为

$$y=\frac{Ax}{1+\ln A}\quad 0\leqslant x\leqslant\frac{1}{A} \tag{2-7}$$

$$y=\frac{1+\ln Ax}{1+\ln A}\quad \frac{1}{A}\leqslant x\leqslant 1 \tag{2-8}$$

式(2-7)和式(2-8)称为 A 律压缩特性公式。式中，A 为压扩参数，表示压缩的程度。A 值不同，压缩特性不同，如图 2-9 所示。当 $A=1$ 时，只有式(2-7)成立，此时 $y=x(0\leqslant x\leqslant 1)$，为无压缩，即均匀量化情况。$A$ 值越大，在小信号处斜率越大，对提高小信号的信噪比越有利。

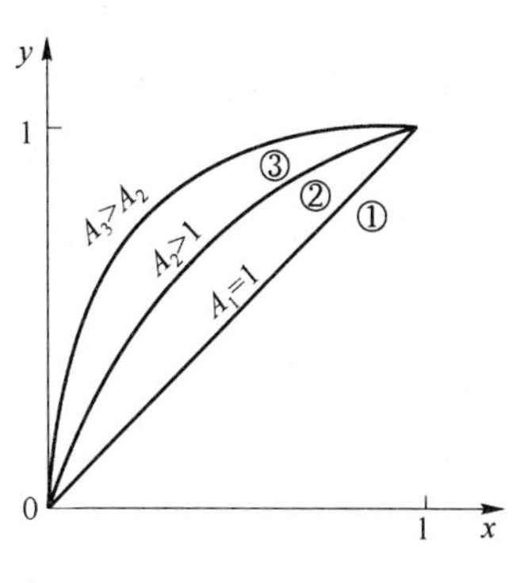

图 2-9　A 律压缩特性

(2) 13 折线特性

为了实现 A 律压缩特性，A 值的选择主要考虑以下两个问题。

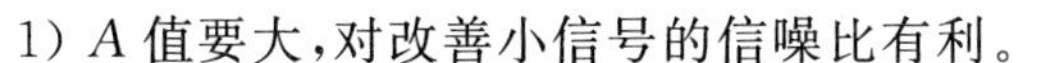

1) A 值要大，对改善小信号的信噪比有利。

2) 易于用数字电路实现，x 轴上相邻段落的段距近似按 2 的幂次分段，y 轴仍按均匀分段。

根据上述要求，将第Ⅰ象限的 x、y 轴各分为 8 段，如图 2-10 所示。y 轴的均匀分段点为 1、7/8、6/8、5/8、4/8、3/8、2/8、1/8、0。x 轴按 2 的幂次递减的分段点为 1、1/2、1/4、1/8、1/16、1/32、1/64、1/128、0。这 8 段折线从小到大依次称为第①、②、…、⑦、⑧段。

第⑧段的斜率为 $\frac{1}{8}\div\frac{1}{2}=\frac{1}{4}$。依次类推，得到第⑦段的斜率为 $\frac{1}{2}$、第⑥段的斜率为 1、第⑤段的斜率为 2、第④段的斜率为 4、第③段的斜率为 8、第②段的斜率为 16、第①段的斜率为 16。

可以看出，对于第①、②段，斜率最大且均为 16。这说明对小信号放大能力最大，因而信噪比改善最多。再考虑 x、y 为负值的第Ⅲ象限情况，由于第Ⅲ象限和第Ⅰ象限的①、②段斜率均相同，此 4 段为一段直线，所以共为 13 折线。因而图 2-9 称为 13 折线 A 律特性或 13 折线特性。实际中，很多设备用图 2-10 的 13 折线法进行非均匀量化和编码。

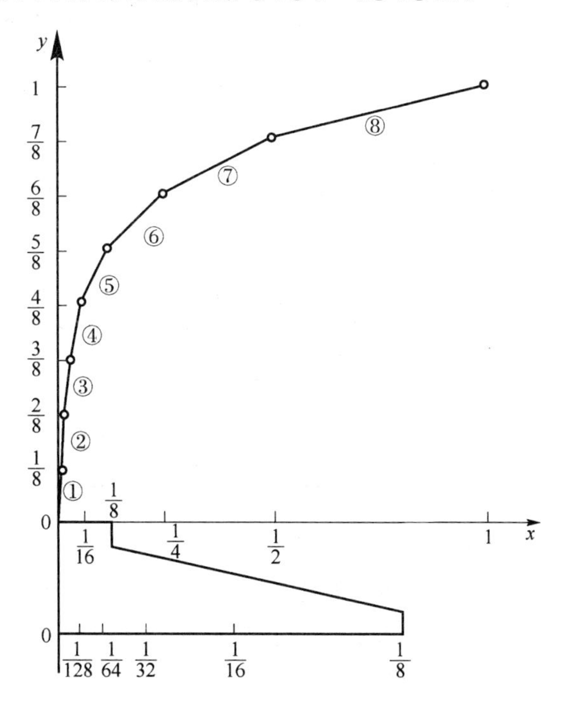

图 2-10　13 折线压缩特性

3. 编码

模拟信号经抽样、量化后，还需进行编码处理，才能使离散样值形成更适宜的数字信号形式。

(1) 组成码字的码位安排

由于二元码电路实现容易，而且可以经受较高的噪声干扰并易于再生，因此在 PCM 中一般采用二元码。在二元码中，用 n bit，共组成 2^n 个不同的码字，表示 2^n 个不同的数值。如令量化阶数为 N，编码位数与量化阶数的关系为 $N=2^n$。码位越多，N 就越多，在相同的编码动态范围内，N 越大，量化阶的值越小，量化分层越精细，信噪比就越大，通信质量越好。但是，码位数的增加会受到两方面的制约：一是 n 越多，量化阶的值越小，对编码电路的精度要求也就越高；二是 n 越多，数码率就越高，占用的信道带宽就越宽，这就减小了通信容量。因此，码位数应根据通信质量要求适当选取。为了结合实际，说明编码原理，下面以 A 律 13 折线压缩编码律为例来讨论码位安排和编码方法。

在压缩编码律中压缩曲线用 13 段折线来近似，而每一折线段内均分的量化阶数不完全相同，码位的安排要能够代表所有不同的电平值，故对所用 8 位码的安排作了如下考虑。

1) 信号样值有正负，用一位以“1”和“0”来分别表示信号的正和负，称这位码为极性码。

2) A 律 13 折线压缩律有 8 个大段，每个折线段的长度各不相同。第①段和第②段长度最短，为 1/128。第⑧段最长，为 1/2。为了表示信号样值属于哪一段，要用 3 位码来表示 ($2^3=8$)。称这 3 位码为段落码。每段的起点电平都不同，如第①段为“0”，第②段为“16”，因此用这 3 位段落码既要表示不同的段，也要表示各段不同的起点电平。

3) 由于各段的长度不同，再把它等分为 16 小段后，每一小段所具有的量化值也不同。第①段和第②段为 1/128，等分为 16 单位后，每一量化单位为 1/2 048；而第⑧段为 1/2，每一量化单位为 1/32。如果以第①、②段中的每一小段 1/2 048 作为一个最小的均匀量化阶 Δ，则在第①～⑧段落内的每一小段依次应为 1Δ、1Δ、2Δ、4Δ、8Δ、16Δ、32Δ、64Δ，它们之间的关系如表 2-1 所示。

表 2-1　各折线长度及段内量化阶

各折线段落	1	2	3	4	5	6	7	8
各段落长度	16	16	32	64	128	256	512	1 024
均匀量化阶	1Δ	1Δ	2Δ	4Δ	8Δ	16Δ	32Δ	64Δ

由于每个折线段分为 16 小段，要用 4 位码 ($2^4=16$) 表示所在小段，同时每小段所代表的均匀量化阶因所在段落不同而异，也要用这 4 位码表示出来，称这 4 位码为段内码。

设 A_1、A_2、…、A_8 为 8 位码的 8 个比特，其安排为

极性码　　段落码　　　　段内码

A_1　　A_2、A_3、A_4　　A_5、A_6、A_7、A_8

根据这种码位的安排，段落码及段内码所对应的段落及电平值如表 2-2 所示。

表 2-2　段落电平关系表

段落序号	段落码 $A_2\ A_3\ A_4$	段落起点电平 Δ	段内码对应电平 A_5	A_6	A_7	A_8	段落长度 Δ
1	0　0　0	0	8	4	2	1	16
2	0　0　1	16	8	4	2	1	16
3	0　1　0	32	32	16	8	4	32
4	0　1　1	64	64	32	16	8	64
5	1　0　0	128	128	64	32	16	128
6	1　0　1	256	256	128	64	32	256
7	1　1　0	512	512	256	128	64	512
8	1　1　1	1 024	1 024	512	256	128	1 024

（2）编码的码型

在 PCM 系统中，常用的码型有自然二进制码、折叠二进制码。以 4 bit 的码字为例，则上述两种码型的码字如表 2-3 所示。

表 2-3　自然二进制码与折叠二进制码比较

样值极性	自然二进制码	折叠二进制码	量化级
正极性部分	1111	1111	15
	1110	1110	14
	1101	1101	13
	1100	1100	12
	1011	1011	11
	1010	1010	10
	1001	1001	9
	1000	1000	8
负极性部分	0111	0000	7
	0110	0001	6
	0101	0010	5
	0100	0011	4
	0011	0100	3
	0010	0101	2
	0001	0110	1
	0000	0111	0

从表 2-3 中看出，自然二进制码是按照样值的大小从低电平到高电平编码。而折叠二进制码则不然，它将第 1 位码当作“极性码元”，代表样值的正负。而后三位码元在结构上镜像对称，即以正负极性分界线为轴上下对称，折叠二进制码除极性码元以外在结构上是重合的，这也正是“折叠”名字的来源。从结构来看，用自然二进制码必须对 16 个量化级进行编码，而用折叠二进制码只需对 8 个量化阶进行编码，而负的样值经过整流即可变成正极性值。通信质量是相同的，这就使编码器大为简化。另外，当第 1 位码元出错时，自然二进制

码错 8 个量化级(如 0000→1000);而折叠二进制码则不然,尽管对大信号误差很大(如 0111→1111,错 15 个量化级),但对小信号误差很小(如 0000→1000,只错一个量化级)这个特点对话音通信有利。

4. 再生

PCM 信号在传输过程中会出现衰减和失真,所以在长距离传输时必须在一定的距离内对 PCM 信号波形进行再生。PCM 信号再生中继器方框图如图 2-11 所示。再生中继器由 3 部分组成:均衡放大、定时和识别再生。

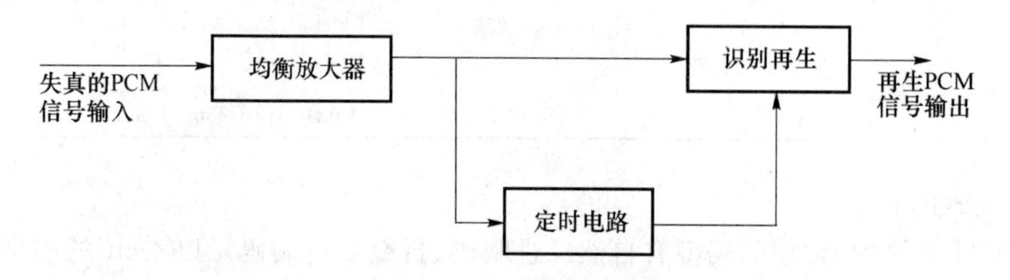

图 2-11 再生中继器方框图

(1) 均衡放大。对收到的已失真 PCM 信号进行整形和放大,在一定程度上补偿了幅度和相位失真。目前有两种方法:固定均衡放大和自适应均衡放大。前者比较简单,但性能欠佳;后者较好,应用越来越广。

(2) 定时电路。定时电路从均衡输出中提取一个周期脉冲序列,以便在均衡放大的输出信扰比最大时刻对已均衡的信号进行取样。所以,定时电路决定了再生 PCM 信号的前沿时刻,也就是起同步作用。当均衡波形失真较大时,提取出的定时信号会发生"抖动",这样,定时不准将在再生 PCM 信号中引入失真。

(3) 识别再生。有一个门限参考电平,在取样时刻,当均衡波形幅度大于门限电平时,就判为"有",产生一个新的不失真的脉冲,送入信道;当均衡波形幅度小于门限电平时,就判为"无",不产生脉冲,输出"0"信号。因此,对于一般的失真和噪声干扰在再生中继器中都能被消除,除了有一定的时延外,再生出来的 PCM 信号波形与原发的完全相同。

5. 解码

解码器根据 A 律 13 折线压扩律将输入并行 PCM 码进行数/模变换还原为 PAM 信号,简称 D/A 变换器。解码与编码一样,有几种形式,有混合型及级联型,目前多采用权电流网络型,这里主要讨论这种形式的解码网络。如图 2-12 所示为电阻网络解码方式框图。

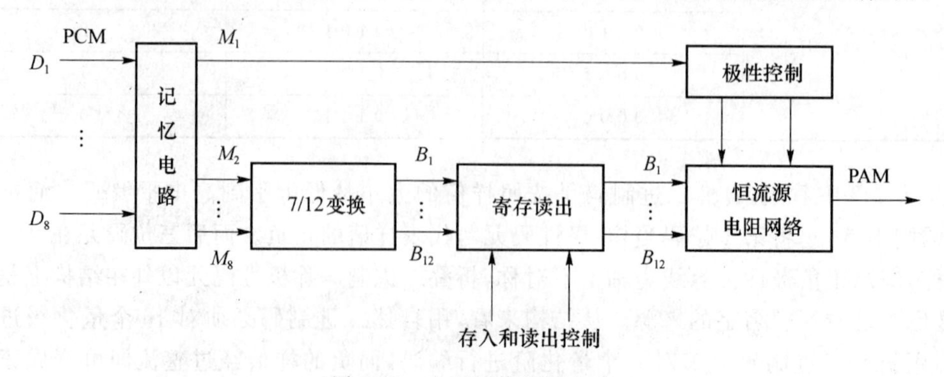

图 2-12 电阻网络解码方式

（1）记忆电路。它的作用是将输入的 PCM 串行码变成同时输出的并行码，所以是一个串/并变换电路。

（2）7/12 码变换电路。它的作用是将 7 位非线性码变成 12 位线性码。按压扩特性应变为 11 位线性码，但由于在解码器中比编码器多用了一个"权电流"，外加了半个量化级，因此可以成 12 位线性码，从而改善了信噪比。

（3）极性控制电路。检出极性码元，以便使恢复出来的 PAM 信号能够极性还原。

（4）寄存读出电路。这是解码器特有的。它将 12 位串行的线性码变成并行码。所以也是一个串/并变换电路。并行的 12 位线性码（代表一个量化幅度值）同时驱动权值电流，就产生对应的解码输出（量化幅值）。由此，PCM 信号通过译码器要滞后一个字的时间才能输出 PAM 的量化样值。

（5）恒流源及电阻网络。它输出的电流值就是所恢复的信号量化样值，并有 12 位线性码控制"恒流源及电阻网络"的开关。

例如，输入 PCM 码字为 11110011。

因为 $A_1=1$，所以恢复的样值为正。

因为 $A_2A_3A_4=111$，所以样值在第 8 段，起始电平为 1 024 单位（见表 2-2）。

因为 $A_5A_6A_7A_8=0011$，相当于 $64\times3=192$ 个量化单位。因为用 12 位线性码，加上半个非线性量化级（$1/2\Delta=32$），所以 $192+32=224$。变成 12 位线性码则为 100111000000，根据 2/10 进制变换，得到样值脉冲为 1 248 个量化单位。

6. 滤波

这是接收机最后的一次操作，将译码器的输出经过一个截止频率为信息带宽 W 的低通滤波器，就取出原来的信号。假如在传输过程中没有误码，那么恢复出来的信号除了量化噪声以外，就没有其他噪声了。

7. PCM 编解码器

早期的 PCM 系统，由于集成电路价格昂贵，多采用公用的编、解码器。但公用的 PCM 方式存在缺点：话路间有串扰；更为严重的是，当公用编解、码器出现故障时，多路用户就不能通话，系统可靠性差。

近年来，随着大规模集成电路技术的发展，集成电路的成本已大幅度下降。特别是采用了单路编、解码器，不仅提高了设备的可靠性，也使设备小型化，功耗减低，而且能够直接与数字交换机连接。

本节以应用较多的 Intel 公司芯片为例，介绍几种芯片结构。

（1）单片编、解码器的结构

单片 PCM 编解码器是采用 LSI 技术，在一块芯片上实现编解码器。如图 2-13 所示是单片编解码器的一种基本框图，它主要由编码、解码、控制 3 部分组成。

（2）控制部分

控制部分的主要功能是控制芯片的工作模式，提供编解码所需的电平。它由数模转换器（DAC）、控制逻辑和参考电源构成。通过控制部分 DAC 工作于"编码"或"解码"状态。两种状态轮流工作，在单路编解码器中，每隔一帧 125 μs 编码一次，在其他时刻该电路编解码器是空闲的，因此可安排轮流工作于两种状态。

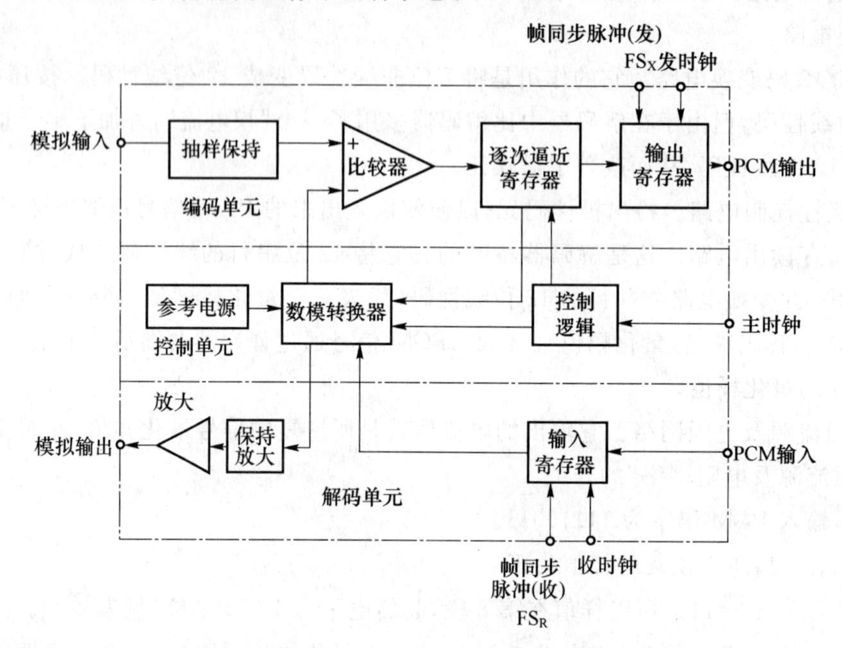

图 2-13　一种单片编解码器的基本框图

(3) 编码部分

编码单元由抽样保持、比较器、逐次逼近寄存器、控制部分的 DAC 及输出寄存器等组成。

模拟输入信号自“模拟入”端输入，经抽样保持送往比较器同相输入端。极性码采用同一比较器来判断。在控制逻辑电路的控制下，经逐次逼近编码，将 PCM 码送入输出寄存器，最后经并/串变换，从 PCM 端输出到 PCM 母线上的路时隙，由发送帧同步脉冲 FS_X 控制。输出到 PCM 母线的比特速率由发端时钟控制。

(4) 解码部分

接收部分由输入寄存器、保持放大及控制部分的 DAC 等组成。PCM 母线接收到数字信号由“PCM”收信码引入，经输入寄存器将串行码转换为并行码输出，然后在控制逻辑电路的控制下，经 DAC 和保持放大后，从“模拟出”端输出 PAM 信号。从 PCM 母线输入到本路编解码器的路时隙由接收帧同步脉冲 FS_R 控制，从 PCM 母线输入到本路编解码器的比特速率由收时钟控制。

采用单片编解码器构成多路复用时，各路的 FS_X、FS_R 互不相同，但发、收时钟相同。

(5) Intel2914 单路编解码器

Intel2914 单路编解码器主要技术指标如下。

1) 编解码器与滤波器在同一芯片上，增大了芯片的集成度。编码和解码有各自的 D/A 网络和参考电源。不需外界保持电容。

2) 两种工作速率

① 固定数据速率工作方式。时钟频率为 1.536 MHz、1.544 MHz 和 2.048 MHz。

② 可变速率工作方式。64 kHz～4.096 MHz，即可在工作中动态地将编解码器速率从

64 kbit/s 变化到 4 096 bit/s。

③ 由引脚控制选择芯片工作在 μ 律或 A 律。

④ 低功耗。备用转台典型功耗为 10 mW。工作状态典型功耗为 170 mW。

⑤ 有极好的电源纹波抑制能力。

3）2914 管脚排列及功能

Intel2914 的管脚排列图如表 2-4 所示。

表 2-4　2914 单片管脚功能

序　号	名　称	功　能
1	V_{BB}	−5 V 电源
2	$PWRO_+$	收功放输出
3	$PWRO_-$	收功放输出
4	GS_R	收增益控制输入
5	$\overline{PDN}$	全片低功耗控制，低电平有效
6	CLKSEL	主时钟选择
7	LOOP	模拟环路控制，高电平有效
8	SIG_R	收信令信号出
9	$DCLK_R$	工作模式选择与收端数据速率时钟输入
10	D_R	收信码入
11	FS_R	收帧同步脉冲
12	GRDD	数字地
13	CLK_R	收主时钟
14	CLK_X	发主时钟
15	FS_X	发帧同步脉冲
16	D_X	发信码出
17	$\overline{TS_X}/DCLK_X$	发信码输出时隙脉冲输出或发数据速率时钟
18	$SIG_X/ASEL$	发信令信号入或 A-μ 律选择
19	NC	空脚
20	GRDA	模拟地
21	VF_O^+	发模拟输入
22	VF_O^-	发模拟输入
23	GS_X	发增益控制
24	V_{CC}	+5 V 电源

图 2-14 为 2914 内部结构图。该器件也是由三大部分组成。其发送部分包括输入运放带通滤波、抽样保持和 DAC、比较器、逐次逼近寄存器、输出寄存器及 A/D 控制逻辑、参考电平等。

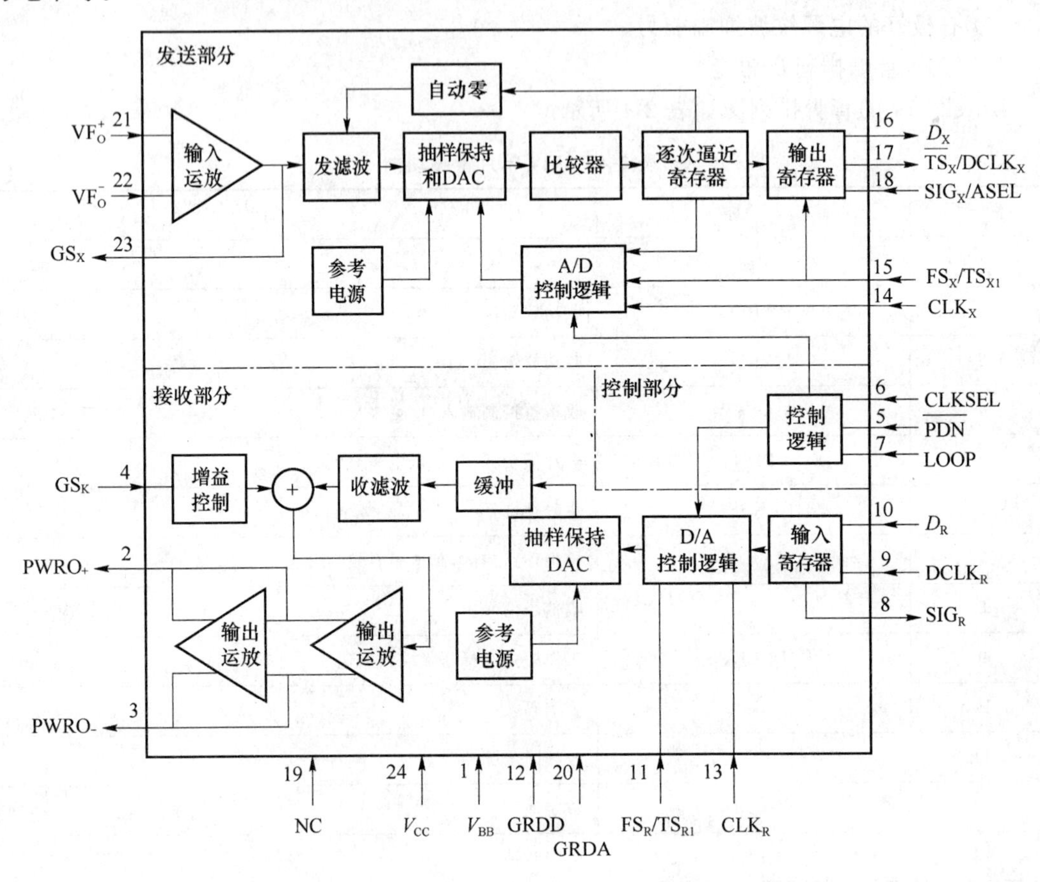

图 2-14 2914 内部结构框图

下面简要介绍该集成电路的编、解码的主要工作过程。

发端的模拟信号从 21、22 端输入送到输入运放、然后经过滤波、抽样保持、逐次比较编码，将 PCM 码送入输出寄存器，最后从 16 端输出 PCM 串行码。输出路时隙由 15 端控制；输出的数据比特速率由 14 端或 17 端控制。在采用固定数据速率时，当编码器在 16 端发送 8 bit PCM 码字时，$\overline{TS_X}$ 给出低电平输出，其他时间为高电平输出。低电平的时间间隙即为发送传输信码的路时隙。因此，可由 $\overline{TS_X}$ 电平来进行监测并取得 D_X 信号。收端信码由 10 端输入，路时隙由 11 端控制；接收数据比特速率由 13 端或 9 端控制。收信码输入后，送到输入寄存器，经 DAC 和保持、滤波、放大后从 2、3 端输出模拟信号。

目前，国内外单路编解码器的应用和开发主要有以下 4 个方面：

(1) 传输系统的音频终端设备，如各种容量的数字终端机和复用转换设备；

(2) 用户环路系统和数字交换机的用户系统、用户集线器等；

(3) 用户终端设备(如数字电话机)；

(4) 综合业务数字网的用户终端。

图 2-15 是单路编解码器在数字交换机用户中应用的例子。

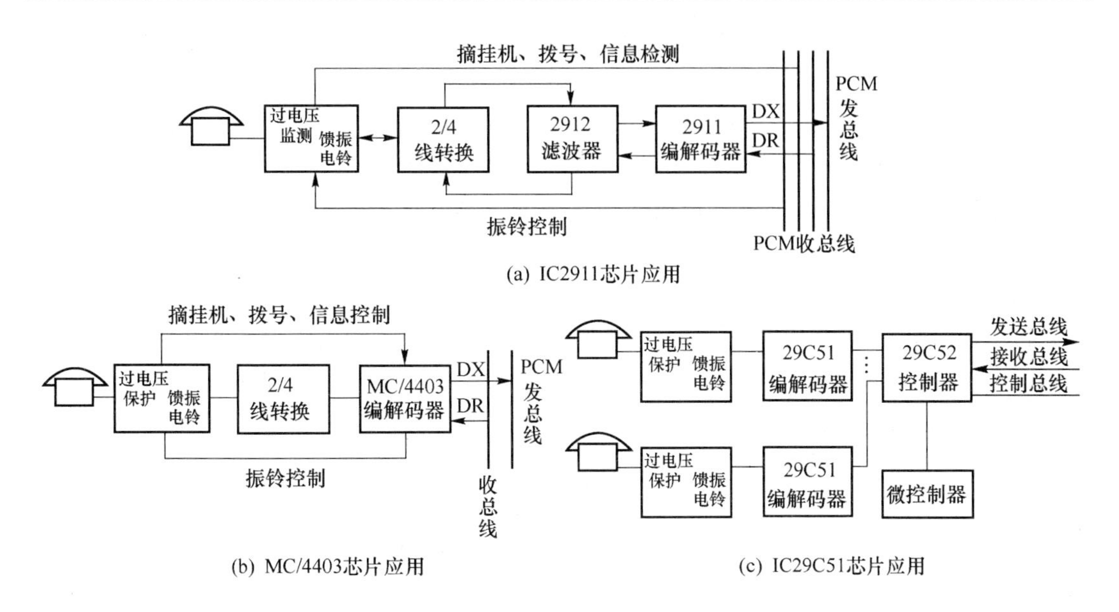

图 2-15 电路编解码器在数字交换机用户中的应用

2.1.2 语音编码技术

在通信系统中,语音编码是相当重要的,因为在很大程度上,语音编码决定了接收到的语音质量和系统容量。在数字通信系统中,宽带是十分宝贵的。低比特率语音编码提供了解决该问题的一种方法。在编码器能够传送高质量语音的前提下,如果比特率越低,在一定的宽带内能传越多的高质量语音。

语音编码为信源编码,是将模拟语音信号转变为数字信号,以便在信道中传输。语音编码的目的是在保持一定算法复杂程度和通信时延的前提下,占用尽可能少的通信容量,传送尽可能高质量的语音。

语音编码技术又可分为波形编码、参量编码和混合编码三大类。

波形编码是对模拟语音波形信号经过取样、量化、编码而形成的数字语音技术。为了保证数字语音技术解码后的高保真度,波形编码需要较高的编码速率,一般在 16～64 kbit/s,可对各种各样的模拟语音波形信号进行编码,均可达到很好的效果。它的优点是适用于很宽范围的语音特性,在噪音环境下都能保持稳定。实现所需的技术复杂度很低而费用中等程度,但其所占用的频带较宽,多用于有线通信中。波形编码包括 PCM、DPCM、自适应差分脉冲编码调制(ADPCM)、增量调制(DM)、连续可变斜率增量调制(CVSDM)、自适应变换编码(ATC)、子带编码(SBC)和自适应预测编码(APC)等。

参量编码是基于人类语言的发声机理,找出表征语音的特征参量,对特征参量进行编码的一种方法。在接收端,根据所收的语音特征参量信息恢复出原来的语音。由于参量编码只需传送语音特征参数,可实现低速率的语音编码,一般在 1.2～4.8 kbit/s。线性预测编码(LPC)及其变形均属于参量编码。参量编码的缺点在于,语音质量只能达到中等水平,不能满足商用语音通信的要求。对此,综合参量编码和波形编码各自的优点,既保持参量编码的低速率和波形编码的高质量的优点,又提出了混合编码方法。

混合编码是基于参量编码和波形编码发展的一类新的编码技术。在混合编码的信号中,既含有若干语音特征参量又含有部分波形编码信息,其编码速率一般在4～16 kbit/s。当编码速率在8～16 kbit/s范围时,其语音质量可达商用语音通信标准的要求,因此混合编码技术在数字移动通信中得到了广泛应用。混合编码包括规则脉冲激励-长时预测-线性预测编码(RPE-LTP-LPC)、矢量和激励线性预测编码(VSELP)和码激励线性预测编码(CELP)等。

1. 增量调制

在话音数字传输中,PCM系统是主要部分。当通信容量不大、质量要求不高时,设备简单、制造容易的增量调制(ΔM)系统可以得到应用。下面对增量调制的原理作简单介绍。

在PCM系统中,编码是根据每个瞬时的抽样值进行的,每个抽样值用一个码字表征它的大小,一般用8位编码。由于码位多,因此编、解码设备较复杂。

对话音信号来说,如果以高速率进行采样,就会发现在接续的样值之间有明显的相关性,即相邻抽样点信号的幅度一般不会变化很大。前一样值点信号的幅值减去当前两样值的差值,能十分逼近当时抽样点信号的幅值。因此,将当时的样值与前一样值的差值编码发送,可以达到传送该信号所含信息的目的。此差值又称为增量,这种用差值编码进行通信的方式称为增量调制(Delta Modulation),缩写为DM或ΔM。

在ΔM系统中,对输入的话音信号$m(t)$的取样波提供了一个阶梯近似,如图2-16(a)所示。将$m(t)$与$m_a(t)$的差值量化了两个电平,即$\pm\Delta$,分别对应于正差和负差。如果在取样时刻$m_a(t)$低于$m(t)$,$m_a(t)$就增加Δ;反之,当$m_a(t)$高于$m(t)$,$m_a(t)$就减少Δ。假如$m(t)$的变化不是太快,那么$m_a(t)$可以保持在$m(t)$的$\pm\Delta$以内。

如图2-16(b)所示,被传送的信号编码成单比特码,因此传输率就等于取样率。在实际应用中,图2-16(b)中的正、负脉冲在发送之前还要进行展宽,以节省带宽。

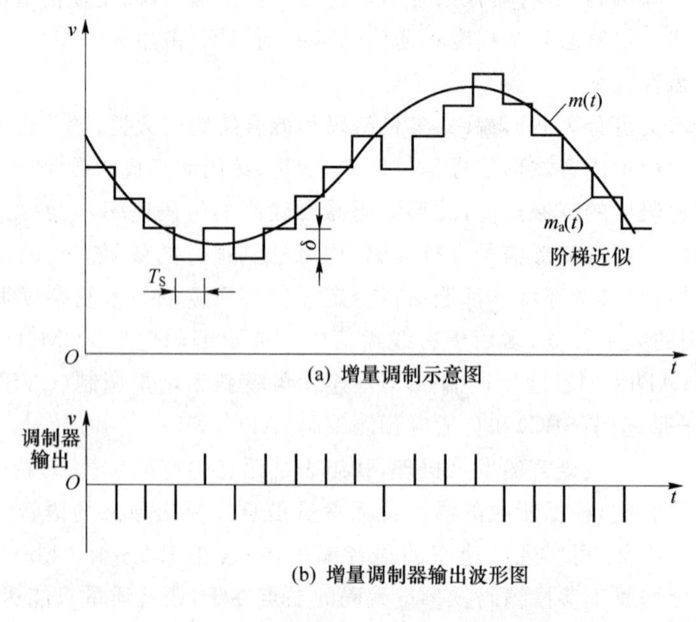

图2-16　ΔM增量调制器图解

在 ΔM 系统中承受着两种量化失真，即斜率过载失真和颗粒噪声。这两种失真如图 2-16所示。斜率过载失真产生的原因是：当 $m(t)$的变化非常快时，波形出现最陡的片段，这时，如果 Δ 过小，$m_a(t)$就跟不上 $m(t)$的变化，不能保持在 $m(t)$的 ±Δ 之内。所以，$m_a(t)$不能正确反映 $m(t)$的情况，由此造成斜率过载失真。相反，颗粒失真是由于 Δ 过大，在 $m(t)$变化缓慢时使 $m_a(t)$相对于 $m(t)$有较大的摆动，造成失真。

总之，ΔM 系统的最大优点是结构简单，只编一位码，因此在发送端与接收端之间不需要码字同步。由于 ΔM 系统对差值只用两个电平，量化太粗糙，其性能不如 PCM 系统。

应当指出，Δ 值固定的 Δ 系统统称线性 Δ 系统。为了改善 Δ 系统的噪声特性，必须使 Δ 值随 $m(t)$的变化规律而变化，即当 $m(t)$波形陡峭时使 Δ 变大，克服斜率过载的噪声；当 $m(t)$波形平坦时使 Δ 变小，克服颗粒噪声的影响。这种 ΔM 系统称为非线性 ΔM 系统，也称为自适应增量调制。

2. DPCM

以上简单介绍增量调制系统的原理。增量调制的主要特征是一位二进制码表示信号前后样值的差值。通过传输差值编码的方法来传输信号。增量调制只能对在 ±Δ 范围变化的信号进行有效的处理和传输，所以增量调制的过载特性较差，编码的动态范围不大。若将信号差值量化成多电平信号，用 N 位二进制码进行编码，即对每个差值编成 N 位二进制码进行传输，这种编码方式称为差值脉冲编码调制(DPCM)。若在 DPCM 的基础上对量化阶和预测信号应用自适应系统，使量化阶和预测信号能更紧密地跟踪输入信号的变化，从而提高 DPCM 的性能，这样的差值编码系统称为自适应差值脉冲编码调制(ADPCM)系统。

图 2-17 示出了一差分脉码调制系统的组成框图，其中量化器采用多电平均匀量化器，编码器采用线性 PCM 编码器。差值信号 $e(t)$首先被量化器量化成 2^N 个电平，如图2-17(a)所示(图中 $N=2$)。然后通过脉码调制器被抽样为窄脉冲 $e'(t)$，如图 2-17(a)所示。最后该脉冲一路送至 PCM 编码器编为 N bit DPCM 码；另一路送至反馈之路，经积分器后得出预测值 $m_a(t)$与 $m(t)$比较求得差值。DPCM 反馈环路的工作原理与简单增量调制的反馈环路相同，具有自动跟踪特性，由于量化阶较多，会有力改善斜率过载特性。

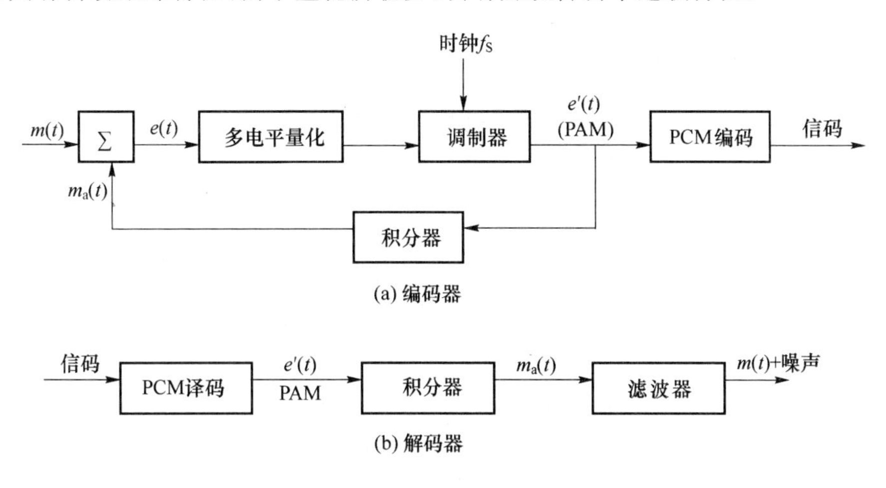

图 2-17　DPCM 原理框图

在接收端首先通过 PCM 解码恢复幅度调制的 PAM 抽样脉冲 $e'(t)$，并将其通过积分器和低通滤波器恢复出原发送信号。它与增量调制类似，输出信号也包括噪声，主要有过载噪声、量化噪声和信道误码引起的噪声。

在上述对 DPCM 系统原理简要讨论的基础上，分析 DPCM 系统的性能。同 ΔM 一样，DPCM 系统中同样存在量化噪声的影响。利用 PCM 和 ΔM 性能分析时所得到的结论得出 DPCM 系统的性能。经过对 DPCM 系统与 ΔM 系统的输出信噪比比较可以推出，DPCM 系统的性能优于 ΔM 系统。比较 DPCM 系统和 PCM 系统的性能也可以推出，当 N 和 f_S/f_k 较大时（其中，f_S 为抽样频率；f_k 为信号频率），DPCM 系统的性能要优于 PCM 系统。

3. ADPCM

ADPCM 的主要特点是用自适应量化取代固定量化，量化阶随输入信号变化而变化，因此使量化误差减小；用自适应预测取代固定预测，提高了预测信号的精度，使预测信号跟踪输入信号的能力增强。通过这两方面的改进，可以大大提高 DPCM 系统的编码动态范围和信噪比，由此提高系统的性能。

ADPCM 系统原理框图如图 2-18 所示。它是由 DPCM 系统加上阶距自适应系统和预测自适应系统构成的。下面对这两种自适应系统进行分析。

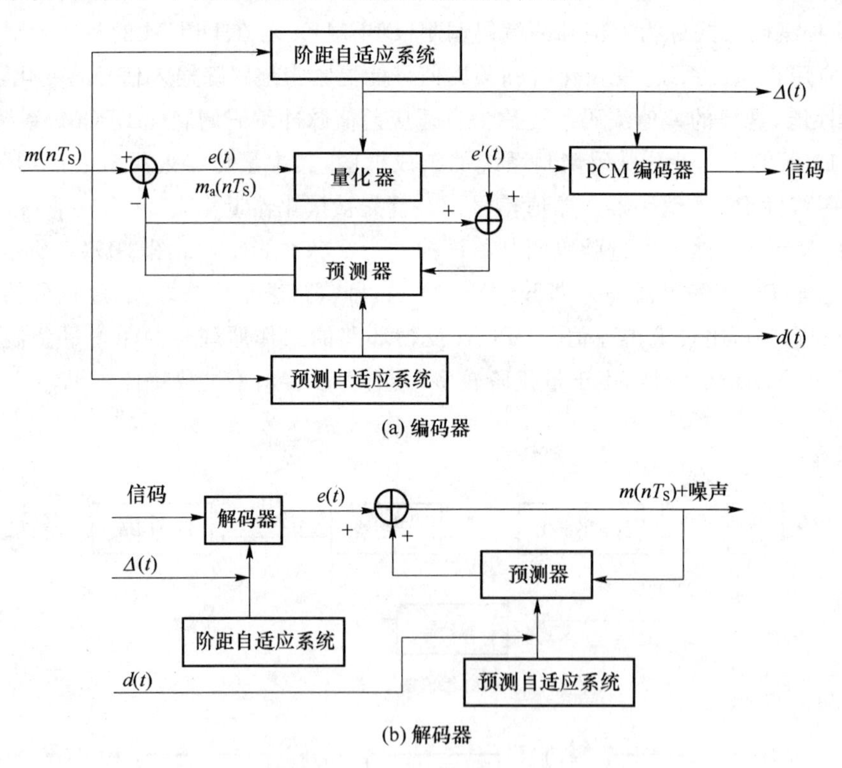

图 2-18　ADPCM 前馈型原理框图

(1) 自适应量化

自适应量化的基本思想是让量化阶距 $\Delta(t)$ 随输入信号的能量变化而变化。现在常用的自适应量化方法有两种：一种是由输入信号本身估计信号的能量来控制阶距 $\Delta(t)$ 的变化，称为前馈自适应量化，如图 2-18 所示；另一种是其阶距根据编码器的输出码流估算出的输入信号能量进行自适应调整，称为反馈自适应量化，如图 2-19 所示。两种方法的自适应阶距调整算法类似。反馈型控制的主要优点是量化阶距信息由码字序列提取，所以无需额外存储和传输阶距信息。但该方法由于控制信息在传输的 ADPCM 码流中，因此系统的传输误码率对接收端信号重建的质量影响较大。前馈型控制除了传输信号的码流外，还要求传输阶距信息，增加了复杂度，但这种方法可通过采用优良的附加信道使阶距信息的传输误码尽可能少，从而大大改善高误比特率传输时收端重建信号的质量。总之，无论采用反馈型还是前馈型，自适应量化都可以改善动态范围及信噪比。

(2) 自适应预测

通过分析量化适应于信号变化的方法，即加入自适应量化后，可以大大提高系统的性能。若输入信号的预测值 $m_a(nT_S)$ 能更好地匹配信号的变化，将能进一步改善系统的传输质量和性能，实现方法之一就是采用自适应预测。

在前面讨论的 ΔM 系统和 DPCM 系统中，为了方便实现，一般都采用固定预测器，如积分器。这样的预测器只是产生一个跟踪输入信号的斜变阶梯波，因此输入信号与预测信号的差值大，造成量化误差增大、动态范围减小。为了提高系统的性能，用线性预测方法对输入信号进行自适应预测，可以大大改善预测信号的近似程度，从而提高系统的信噪比和动态范围。具体地说，如果已知某时刻以前信号的表现，就可以推断它以后的数值，这个过程称为预测。

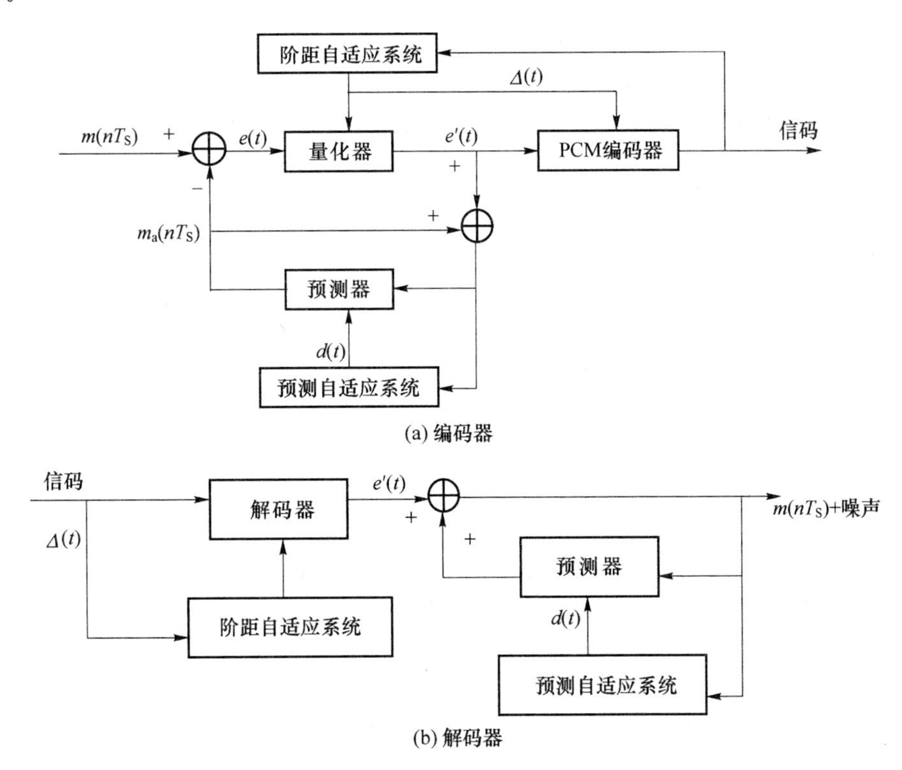

图 2-19　ADPCM 反馈型原理方框图

2.1.3 时分复用原理

通常，为了提高通信系统的利用率，话音信号的传输往往采用多路通信的方式。所谓多路信道复用就是多路信号互不干扰地在同一信道上传输。实现多路信道复用的方式有频分多址复用(FDM)、时分多址复用(TDM)及码分多址复用(CDM)方式。

时分复用是建立在抽样定理基础上，因为抽样定理使模拟的基带信号有可能被在时间上离散出现的抽样脉冲值所代替。这样，当抽样脉冲占据较短时间时，在抽样脉冲之间就留出了时间空隙。利用这种空隙便可以传输其他信号的抽样值，因此可能在一条信道上同时传送多个基带信号。图 2-20 是 3 路 PCM 时分复用的示意图。图中，$m_1(t)$、$m_2(t)$和 $m_3(t)$具有相同的抽样频率，但它们的抽样脉冲在时间上交替出现。这种时分复用信号在接收端只要在时间上恰当地进行分离，各个信号就能分别得到恢复，这就是时分复用。图中只绘出了发送部分，收信部分及全部通信的具体过程，请读者自己分析。

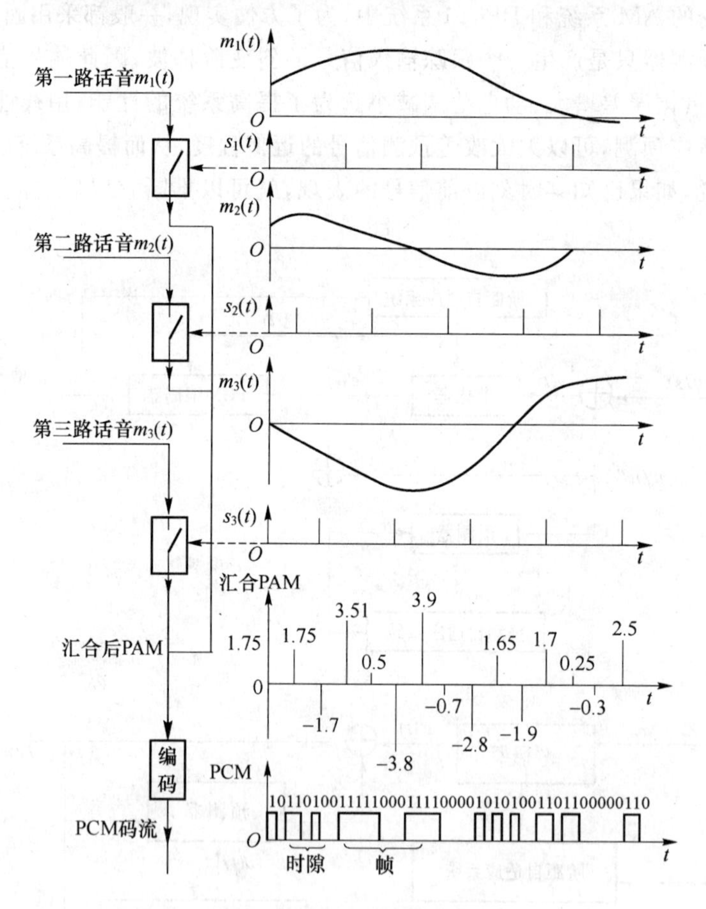

图 2-20　时分复用多路复用

以上概念可以应用到 N 路话音信号进行时分多路复用的情形中。图 2-21 是一个 N 路时分复用系统的示意图。图中，发送端的转换开关 S 以单路信号抽样周期为其旋转周期，并按时间次序进行转换，获得如图 2-22 所示的 N 路时间复用信号的时间分配关系。

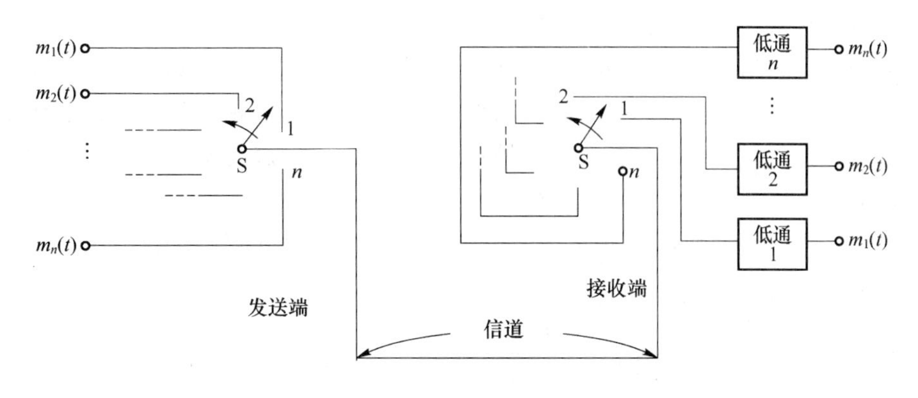

图 2-21　时分复用系统示意图

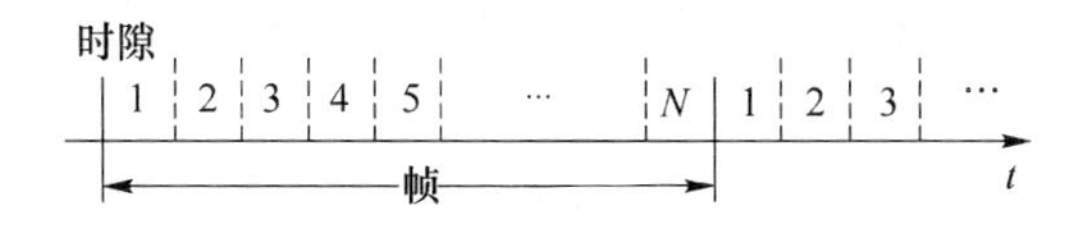

图 2-22　N 路时分复用信号的时隙分配

每路信号占用的时间间隔称为时隙，这里时隙 1 分配给第一路，时隙 2 分配给第二路等等。N 个时隙的总时间在术语上称为 1 帧，每帧的时间必须符合抽样定理的要求。由于单路话音信号的抽样频率规定为 8 kHz，故 1 帧时间为 125 μs。这种信号通过信道后，在接收端通过与发送端完全同步的转换开关 S，分别接向相应的信号通路。于是，N 路信号得到分离，各分离后的信号通过低通滤波器，便恢复出该路的模拟信号。

通常，时分多路的话音信号采用数字方式传输时，其量化编码的方式既可以用脉冲编码调制，也可以用增量调制。对于小容量、短距离脉码调制的多路数字电话，国际上已建议的有两种标准化制度，即 PCM 30/32 路（A 律压扩特性）制式和 PCM 24 路（μ 律压扩特性）制式。我国规定采用 PCM 30/32 路制式。

在 30/32 路的制式中，因为抽样周期为 1/8 kHz＝125 μs，称为一个帧周期，即 125 μs 为 1 帧。1 帧内要时分复用 32 路，每路占用的时隙为 125/32＝3. 9 μs，称为时隙。1 帧有 32 个时隙，按顺序编号为 TS_0、TS_1、TS_2、…、TS_{31}。帧与复帧结构如图 2-23 所示。时隙的使用分配如下。

（1）TS_1～TS_{15}、TS_{17}～TS_{31} 为 30 话路时隙

每个话路时隙内要将样值变成 8 位二进制码，每个码元占 3. 9 μs/8＝488 ns，称为1 bit，编号为 1～8。第 1 比特为极性码，第 2～4 比特为段落码、第 5～8 比特为段内码。

（2）TS_0 为帧同步码，监视码时隙

为了使收发两端严格同步，每帧都要传送一组有特定标志的帧同步码组或监视码组。帧同步码组为 0011011，占用偶数帧 TS_0 的 2～8 码位，第 1 比特供国际通信用，不使用时发送“1”码。奇数帧 TS_0 的比特分配为：第 3 位为失步告警用，以 A_1 表示，同步时送“0”码；失步时送“1”码。为避免奇数帧 TS_0 的第 2～8 位出现假同步信号，第 2 位码为监视码，固定为“1”。第 4～8 码位为国际通信用，目前都定为“1”。

(3) TS_{16}为信令时隙(振铃、占线等各种标志信号)

若将 TS_{16}时隙的码位按时间顺序分配给各路话路传送信令,需要 16 帧组成一个复帧,分别用 F_0~F_{15}表示,复帧频率为 500 Hz,周期为 2 ms。复帧中各子帧的 TS_{16}时隙分配如下。

F_0 帧:第 1~4 码位传送复帧同步信号 0000;第 6 码位传送复帧失步对局告警信号 A_2,同步为"0",失步为"1"。5、7、8 码位传送"1"码。

F_1~F_{15}帧的 TS_{16}前 4 bit 传 CH_1~CH_{15}信令信号,后 4 bit 传送 CH_{16}~CH_{30}信令信号。

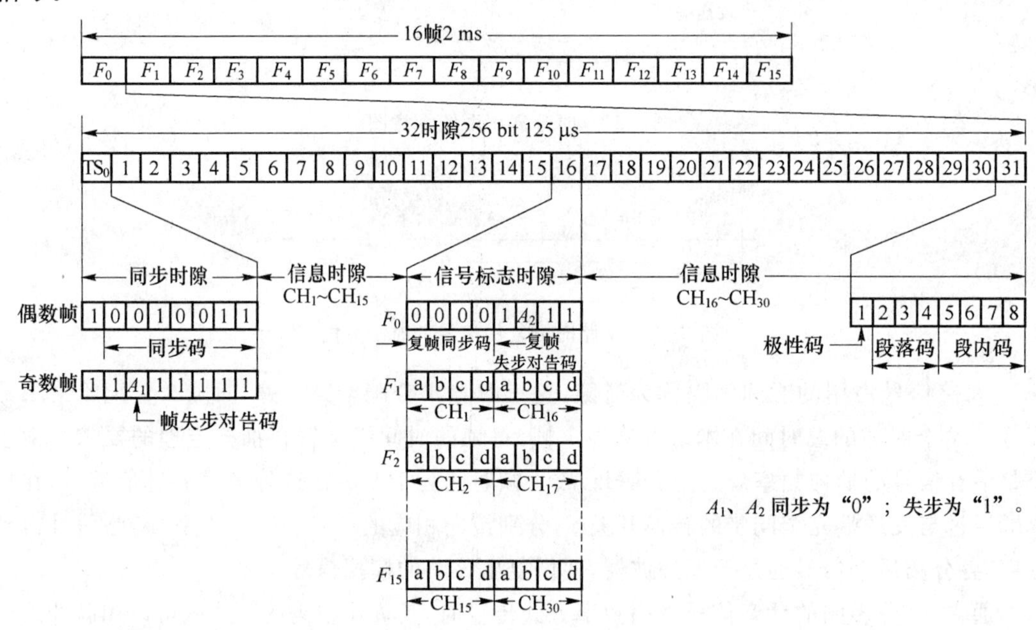

图 2-23 帧和复帧结构

PCM 30/32 路终端机的性能是按 CCITT 的有关建议设计的,其主要性能指标如下。

- 话路数目:30 路
- 抽样频率:8 kHz
- 压扩特性:A87.6/13 折线压扩律,编码位数 $n=8$,量化级数 $N=2^n=256$,采用逐次反馈比较型编码器。
- 每帧时隙数:32 个
- 总数码率:8 000×32×8=2 048 kbit/s。

基于对时分复用概念的了解,为了提高信道的利用率和信息传输速率(即提高通信容量),可以采用时分复用把多路信号在同一个信道中分时传输。但通过深入研究发现,假设要对 120 路电话信号进行时分复用,根据 PCM 过程,首先要在 125 μs 内完成对 120 路话音信号的抽样,然后对 120 个样点值分别进行量化和编码。这样,对每路信号的处理时间(抽样、量化和编码)不到 1 μs,实际系统只有 0.95 μs。如果复用的信号路数再增加(如 480 路),则每路信号的处理时间更短。要在如此短暂的时间内完成大路数信号的 PCM 复用,尤其是要完成对数压扩 PCM 编码,对电路及元器件的精度要求就很高,在技术上实现起来也比较困难。

因此，对于一定路数的信号（如电话），直接采用时分复用是可行的，但对于大路数的信号而言，PCM 复用在理论上是可行的，而实际上难以实现。那么如何实现大路数信号的多路复用？如何利用分时传输提高通信系统的通信容量或线路利用率？数字复接是解决这一问题的“良方”。数字复接是指将两个或多个低速数字流合并成一个高速率数字流的过程、方法或技术。它是提高线路利用率的一种有效方法，也是实现现代数字通信网的基础。

例如，对 30 路电话进行 PCM 复用（采用 8 位编码）后，通信系统的信息传输速率为 8 000×8×32=2 048 kbit/s，即形成速率 2 048 kbit/s 的数字流。现在要对 120 路电话进行时分复用，即把 4 个这样的 2 048 kbit/s 数字流合成为一个高速数字流，必须采用数字复接技术。

在国际上，CCITT 为了便于国际通信的发展，推荐了两类群路比特率系列和数字复接等级，如表 2-5 所示。

表 2-5　两类数字速率系列

群号	2M 系列		1.5M 系列	
	速率/(Mbit・s^{-1})	路　数	速率/(Mbit・s^{-1})	路　数
一次群（基群）	2.048	30	1.544	24
二次群	8.448	30×4=120	6.312	24×4=96
三次群	34.368	120×4=480	32.064	96×5=480
四次群	139.264	480×4=1 920	97.728	480×3=1 440
五次群	564.992	1 920×4=7 680	397.200	1 440×4=5 760

北美和日本采用的系列和相应数字复接等级是 1.544 Mbit/s（基群）、6.312 Mbit/s（二次群）等，简称 1.5 M 系列。欧洲各国和我国都采用的系列和相应数字复接等级是 2.048 Mbit/s（基群）、8.488 Mbit/s（二次群）等，即所谓的 2 M 系列。

CCITT 建议中大多数都是逐级复接，即采用 $N\sim(N+1)$方式复接等级，例如，二次群复接为三次群（$N=2$），三次群复接为四次群（$N=3$）。也有采用 $N\sim(N+2)$方式复接，例如，由二次群直接复接为四次群（$N=2$）。

采用 2 Mbit/s 基群数字速率系列和复接等级具有如下好处：

- 复接性能好，对传输数字信号结构没有任何限制，即比特独立性较好；
- 信令通道容量大；
- 同步电路搜捕性能较好（同步码集中插入）；
- 复接方式灵活，可采用 $N\sim(N+1)$和 $N\sim(N+2)$两种方式复接；
- 2 Mbit/s 系列的帧结构与数字交换用的帧结构是统一的，便于向数字交换统一化方向发展。

以上讨论的 PCM 30/32 路时分多路数字电话系统称为数字基群或一次群。如果要传输更多路的数字电话，则需要将若干个一次群数字信号通过数字复接设备，复合成二次群，二次群复合成三次群等。我国和欧洲各国采用以 PCM 30/32 路制式为基础的高次群复合方式，北美和日本采用以 PCM 24 路制式为基础的高次群复合方式。

ITU-T(CCITT)建议的数字 TDM 等级结构如图 2-24 所示，它是我国和欧洲大部分国家所采用的标准。

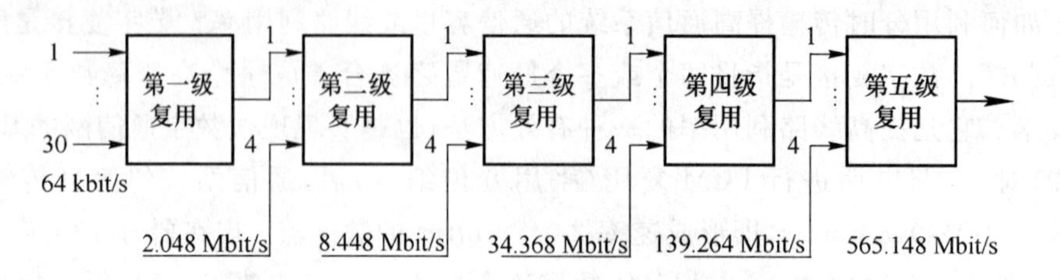

图 2-24　ITU-T 建议的数字 TDM 等级结构

ITU-T 建议的标准由 30 路 PCM 用户话复用成一次群，传输速率为 2.048 Mbit/s。由 4 个一次群复接为 1 个二次群，包括 120 路用户数字话，传输速率为 8.448 Mbit/s。由 4 个二次群复接为 1 个三次群，包括 480 路用户数字话，传输速率为 34.368 Mbit/s。由 4 个三次群复接为 1 个四次群，包括 1 920 路用户数字话，传输速率为 139.264 Mbit/s。由 4 个四次群复接为 1 个五次群，包括 7 680 路用户数字话，传输速率为 565.148 Mbit/s。

ITU-T 建议标准可以用来传输多路数字电话，也可以用来传送其他相同速率的数字信号，如可视电话、数字电视等。

2.1.4　数字基带信号码型

目前，虽然在实际应用场合，数字基带传输不如频带传输那样广泛，但对于基带传输系统的研究仍是十分有意义的。一是因为在利用对称电缆构成的近程数据通信系统广泛采用了这种传输方式；二是因为数字基带传输中包含频带传输的许多基本问题，也就是说，基带传输系统的许多问题也是频带传输系统必须考虑的问题；三是因为任何一个采用线性调制的频带传输系统可等效为基带传输系统来研究。

基带传输系统的基本结构如图 2-25 所示。它主要由脉冲形成器、信道、接收滤波器和抽样判决器组成。为了保证系统可靠有序地工作，还应有同步系统。

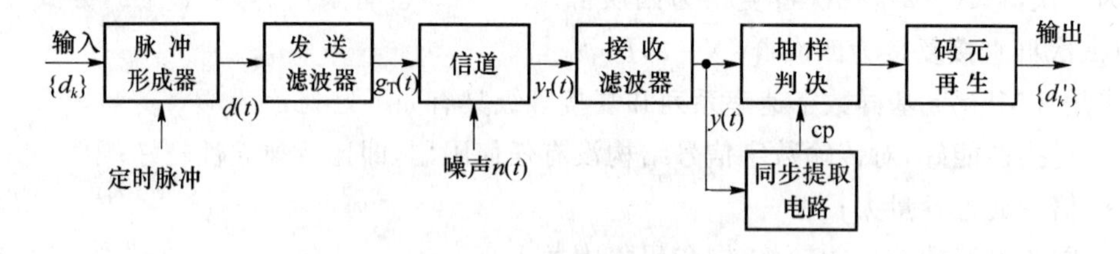

图 2-25　数字基带传输系统

图 2-25 中各部分的作用简述如下。

① 脉冲形成器。基带传输系统的输入是由终端设备或编码器产生的脉冲序列，它往往不适合直接送到信道中传输。脉冲形成器的作用就是把原始基带信号变换成适合于信道传输的基带信号，这种变换主要通过码型变换和波形变换来实现，其目的是与信道匹配，便于传输，减小码间串扰，利于同步提取和抽样判决。

② 信道。它是允许基带信号通过的媒质，通常为有线信道，如市话电缆、架空明线等。

信道的传输特性通常不满足无失真传输条件，甚至是随机变化的。另外，信道还会引入噪声。在通信系统的分析中，常常把噪声 $n(t)$ 等效，集中在信道中引入。

③ 接收滤波器。其主要作用是滤除带外噪声，对信道特性均衡，使输出的基带波形有利于抽样判决。

④ 抽样判决器。它是在传输特性不理想及噪声背景下，在规定时刻对接收滤波器的输出波形进行抽样判决，以恢复或再生基带信号。

图 2-26 给出了如图 2-25 所示基带系统的各点波形示意图。

图 2-26 (a)是输入的基带信号，这是最常见的单极性非归零信号；图 2-26 (b)是经过码型变换后的波形；图 2-26 (c)对图 2-26 (a)进行了码型及波形的变换，是一种适合在信道中传输的波形；图 2-26 (d)是信道输出信号，显然由于信道频率特性不理想，波形发生失真并叠加了噪声；图 2-26 (e)为接收滤波器输出波形，与图 2-26 (d)相比，失真和噪声减弱；图 2-26 (f)是位定时同步脉冲；图 2-26 (h)为恢复的信息。显然，接收端能否正确恢复信息，在于能否有效地抑制噪声和减小码间串扰。

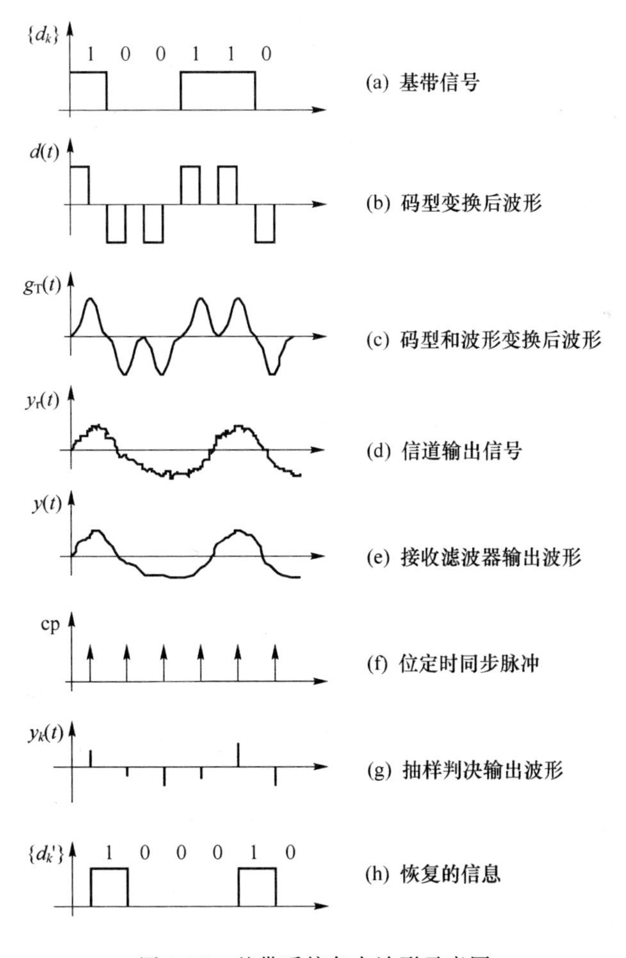

图 2-26　基带系统各点波形示意图

在实际的基带传输系统中，并不是所有代码的电波形都能在信道中传输。例如，含有直流分量和较丰富低频分量的单极性基带波形就不适宜在低频传输特性差的信道中传输，因为它有可能造成信号严重畸变。又如，当消息代码中包含长串的连续“1”或“0”符号时，非归零波形呈现出连续的固定电平，因而无法获取定时信息。因此，对传输用的基带信号主要有两方面要求：

- 对各种代码的要求，期望将原始信息符号编制成适合于传输用的码型；
- 对所选码型的电波形的要求，期望电波形适宜于在信道中传输。

前者属于传输码型的选择，后者是基带脉冲的选择。这是两个既独立又有联系的问题。

本节主要讨论码型的选择问题。传输码(或称线路码)的结构将取决于实际信道特性和系统工作的条件。通常，传输码的结构应具有下列主要特性：

- 码型中应不含直流或低频分量尽量少；
- 码型中高频分量尽量少；
- 码型中应包含定时信息；
- 码型具有一定检错能力；
- 低误码增殖；
- 高的编码效率；
- 编译码设备应尽量简单。

下面介绍几种最常见的数字基带信号码形。

1. 单极性非归零码

单极性不归零(NRZ)波形如图 2-27(a)所示，这是一种最简单、最常用的基带信号形式。这种信号脉冲的零电平和正电平分别对应二进制代码 0 和 1，或者说，它在一个码元时间内用脉冲的有或无来对应表示 0 或 1 码。

单极性不归零码的主要特点如下：

(1) 有直流分量，无法使用一些交流耦合的线路和设备；

(2) 不能直接提取位同步信息；

(3) 抗噪性能差；

(4) 传输时需一端接地。

2. 双极性不归零码

在双极性不归零波形中，脉冲的正、负电平分别对应于二进制代码 1、0，如图 2-27(b)所示。由于它是幅度相等极性相反的双极性波形，故当 0、1 符号等可能出现时无直流分量。这样，恢复信号的判决电平为 0，因而不受信道特性变化的影响，抗干扰能力也较强。故双极性波形有利于在信道中传输。其特点如下。

(1) 直流分量小。当二进制符号“1”、“0”等可能出现时，无直流成分。

(2) 接收端判决门限为 0，容易设置并且稳定，因此抗干扰能力强。

(3) 可以在电缆等无接地线上传输。

3. 单极性归零码

单极性归零波形与单极性不归零波形的区别是有电脉冲宽度小于码元宽度，每个有电脉冲在小于码元长度内总要回到零电平(见图 2-27(c))，所以称为归零波形。单极性归零波形可以直接提取定时信息，是其他波形提取位定时信号时需要采用的一种过渡波形。

4. 双极性归零波形

它是双极性波形的归零形式，如图 2-27(d)所示。由图可见，每个码元内的脉冲都回到零电平，即相邻脉冲之间必定留有零电位的间隔。它除了具有双极性不归零波形的特点外，还有利于同步脉冲的提取。

5. 差分波形

这种波形不是用码元本身的电平表示消息代码，而是用相邻码元的电平的跳变和不变来表示消息代码，如图 2-27(e)所示。图中，以电平跳变表示 1，以电平不变表示 0，当然，上述规定也可以反过来。由于差分波形是以相邻脉冲电平的相对变化来表示代码，因此称为相对码波形，而相应地称前面的单极性或双极性波形为绝对码波形。用差分波形传送代码可以消除设备初始状态的影响，特别是在相位调制系统中用于解决载波相位模糊问题。

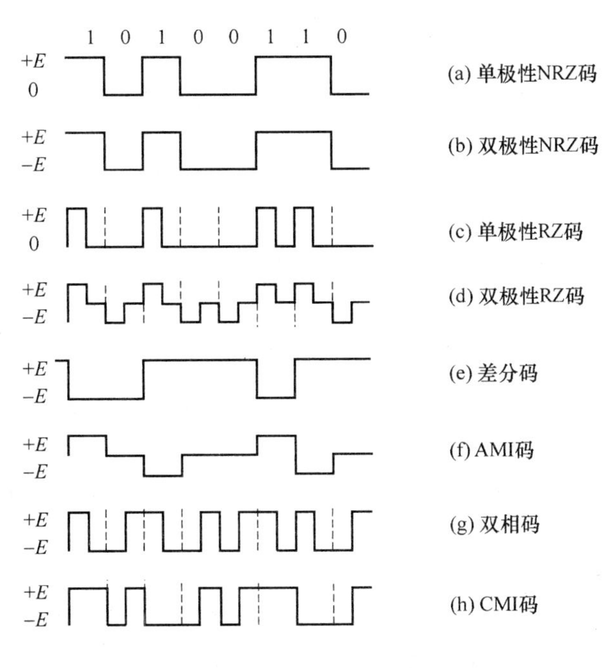

图 2-27　数字基带信号的常用码型

6. AMI 码

AMI 码是传号交替反转码。其编码规则是将二进制消息代码“1”(传号)交替地变换为传输码的“+1”和“−1”，而“0”(空号)保持不变，如图 2-27(f)所示。例如，

消息代码：1　0　0　1　1　0　0　0　0　0　0　0　1　1　0　0　1　1

AMI 码：+1　0　0　−1　+1　0　0　0　0　0　0　0　−1　+1　0　0　−1　+1

AMI 码对应的基带信号是正负极性交替的脉冲序列，而 0 电位保持不变。其优点如下：

(1) 在“1”、“0”码不等概率情况下，也无直流成分，对具有变压器或其他交流耦合的传输信道来说，不易受隔直特性的影响；

(2) 若接收端收到的码元极性与发送端的完全相反,也能正确判决;

(3) 便于观察误码情况。

AMI码的不足是,当原信码出现连“0”串时,信号的电平长时间不跳变,造成提取定时信号的困难。解决连“0”码问题的有效方法之一是采用 HDB_3 码。

7. HDB_3 码

HDB_3 码的全称是3阶高密度双极性码,它是AMI码的一种改进型,其目的是为了保持AMI码的优点而克服其缺点,使连“0”个数不超过3个。其编码规则如下。

(1) 当信码的连“0”个数不超过3时,仍按AMI码的规则编,即传号极性交替。

(2) 当连“0”个数超过3时,则将第4个“0”改为非“0”脉冲,记为+V或-V,称为破坏脉冲。相邻V码的极性必须交替出现,以确保编好的码中无直流。

(3) 为了便于识别,V码的极性应与其前一个非“0”脉冲的极性相同,否则,将四连“0”的第一个“0”更改为与该破坏脉冲相同极性的脉冲,并记为+B或-B。

(4) 破坏脉冲之后的传号码极性也要交替。例如:

代码:	1	0	0	0	0	1	0	0	0	0	1	1	0	0	0	0	1	1
AMI码:	−1	0	0	0	0	+1	0	0	0	0	−1	+1	0	0	0	0	−1	+1
HDB_3 码:	−1	0	0	0	−V	+1	0	0	0	+V	−1	+1	−B	0	0	−V	+1	−1

其中,±V脉冲和±B脉冲与±1脉冲波形相同,用V或B符号的目的是为了示意是将原信码的“0”变换成“1”码。

虽然 HDB_3 码的编码规则比较复杂,但译码却比较简单。HDB_3 码保持了AMI码的优点外,同时还将连“0”码限制在3个以内,故有利于位定时信号的提取。HDB_3 码是应用最为广泛的码型。

在实际应用中,需要用简便的实验方法来定性测量数字基带通信系统的性能,其中一个有效的实验方法是观察接收信号的眼图。眼图是指利用实验手段方便地估计和改善(通过调整)系统性能时在示波器上观察到的一种图形。观察眼图的方法是,用一个示波器跨接在接收滤波器的输出端,然后调整示波器水平扫描周期,使其与接收码元的周期同步。此时,可以从示波器显示的图形上观察出码间干扰和噪声的影响,从而估计系统性能的优劣程度。在传输二进制信号波形时,示波器显示的图形很像人的眼睛,故名“眼图”。

首先来了解眼图形成原理。为了便于理解,先不考虑噪声的影响。图2-28(a)是接收滤波器输出的无码间串扰的双极性基带波形,用示波器观察它,并将示波器扫描周期调整到码元周期 T_S,由于示波器的余辉作用,扫描所得的每个码元波形将重叠在一起,形成如图2-28(c)所示的迹线细而清晰的大“眼睛”;图2-28(b)是有码间串扰的双极性基带波形,由于存在码间串扰,此波形已经失真,示波器的扫描迹线就不完全重合,于是形成的眼图线迹杂乱,“眼睛”张开得较小,且眼图不端正,如图2-28(d)所示。对比图2-28(c)和图2-28(d)可知,眼图的“眼睛”张开得越大,且眼图越端正,表示码间串扰越小;反之,表示码间串扰越大。

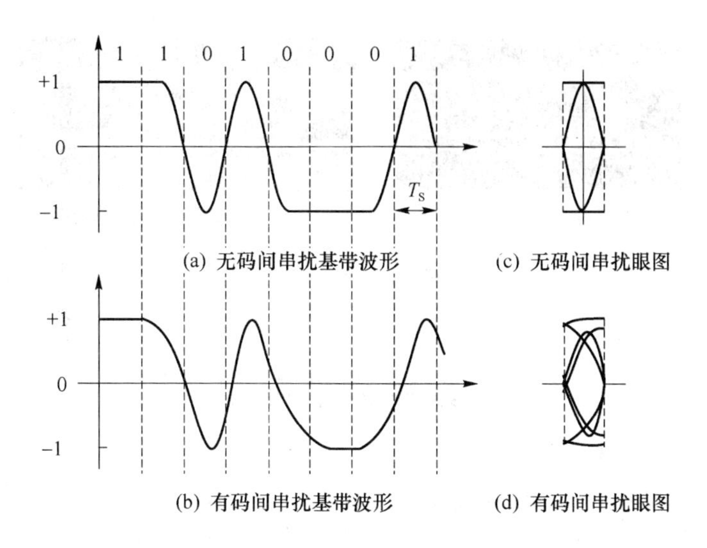

图 2-28　基带信号波形及眼图

当存在噪声时，眼图的线迹变成了比较模糊的带状线，噪声越大，线条越宽，越模糊，“眼睛”张开得越小。从上述分析可知，眼图可以定性反映码间串扰的大小和噪声的大小。眼图可以用来指示接收滤波器的调整，以减小码间串扰，改善系统性能。为了说明眼图和系统性能之间的关系，把眼图简化为一个模型，如图 2-29 所示。由图 2-29 可以获得以下信息：

(1) 最佳抽样时刻在“眼睛”张最大的时刻；

(2) 对定时误差的灵敏度可由眼图斜边的斜率决定；

(3) 在抽样时刻上，眼图上下两分支阴影区的垂直高度，表示最大信号畸变；

(4) 眼图中横轴位置应对应判决门限电平；

(5) 各相应电平的噪声容限；

(6) 倾斜分支与横轴相交的区域的大小，表示零点位置的变动范围。

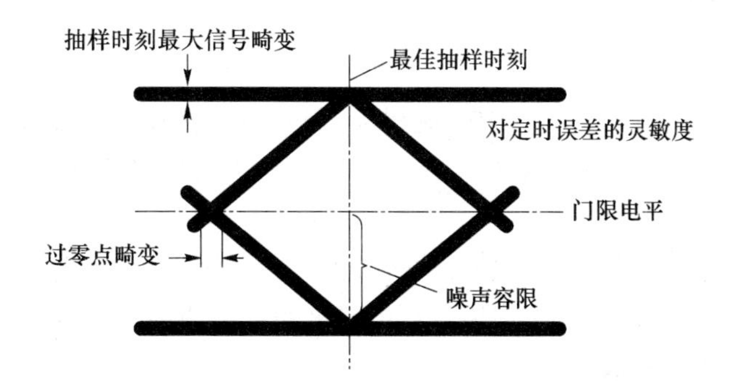

图 2-29　眼图的模型

图 2-30(a)和图 2-30(b)分别是二进制升余弦频谱信号在示波器上显示的两张眼图照片。图 2-30(a)是在几乎无噪声和无码间干扰下得到的，而图 2-30 (b)则是在一定噪声和码间干扰下得到的。

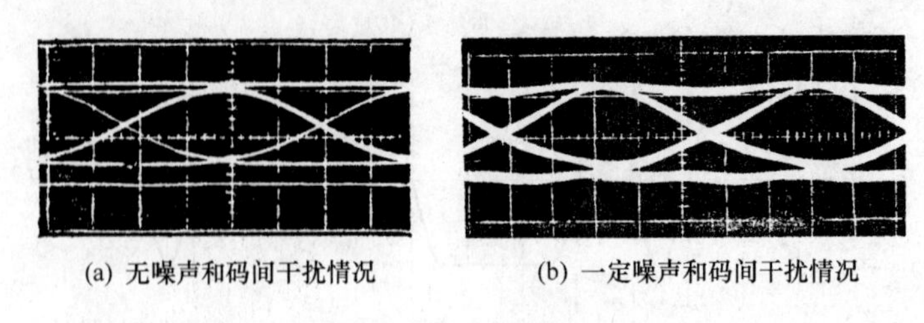

图 2-30　眼图照片

2.2　数字频带传输系统

以上讨论了数字基带信号传输系统。实际通信系统中，很多信道都不能直接传送基带信号，必须用基带信号对载波波形的某些参量进行控制，使载波的这些参量随基带信号的变化而变化，以适应信道的传输，这个过程称为调制。

数字频带通信系统电路方框图如图 2-31 所示。话音在数字频带通信系统中主要由电话接口模块、话音编解码模块、信号复接解复接模块、信道调制与解调等模块组成。由图 2-31 可以看出，话音在数字频频带通信系统中传输过程如下。

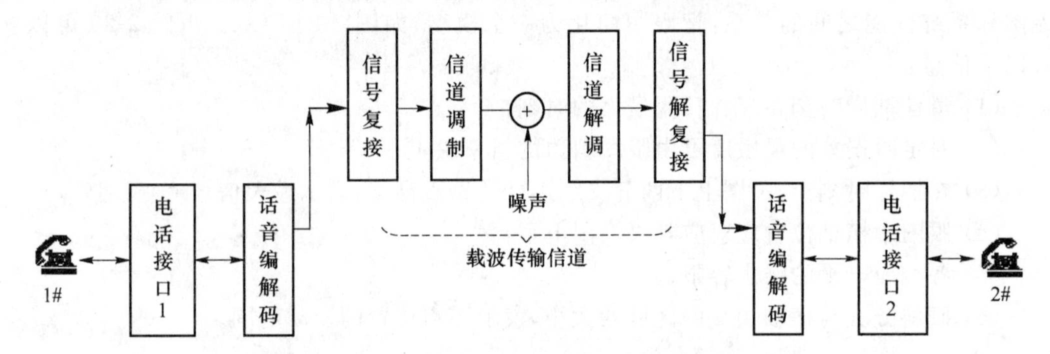

图 2-31　数字频带通信系统电路框图

从用户电话 1 向用户电话 2 的信号流程为：用户电话接口 1→话音编码（PCM）→信号复接→信道调制（数字调制）→载频传输信道→信道解调（数字解调）→信道解复接→话音解码→用户电话接口 2。

话音编码器采用 PCM，将模拟电信号转换为数字电信号。信号复接电路采用时分复用方式，将多路信号合为一路信号。信道调制电路采用数字调制方式，将二进制序列数字信号转换为适合载波信道传输的已调信号。

从原理上来说，受调制的载波可以是任意的，只要已调制信号适应于信道传输就可以了。实际上，在大多数数字通信系统中，都选择正弦信号作为载波。这是因为正弦信号形式简单，便于产生及接收，和模拟调制一样，数字调制也有调幅、调频、调相 3 种基本形式，并可以派生出多种其他形式。数字调制与模拟调制相比，其原理没有什么区别。模拟调制是对载波信号的参量进行连续调制，在接收端则对载波信号的调制参量连续地进行估计；而数字调制都是用载波信号的某些离散状态来表征所传送的信息，在接收端也只要对载波信号的离散调制参数进行检测。因此，数字调制信号也称键控信号。例如，对载波的振幅、频率及相位进行键控，便可获得3种最基本的方式：振幅键控（ASK）、移频键控（FSK）及移相键控（PSK）调制方式。

根据已调信号的频谱结构特点的不同，数字调制也可分为线性调制和非线性调制。在线性调制中，已调信号的频谱结构与基带信号的频谱结构相同，只是频率位置搬移了；在非线性调制中，已调制信号的频谱结构与基带信号的频谱结构不同，不是简单的频谱搬移，而是有其他新的频率成分出现。振幅键控属于线性调制，而移频键控和移相键控属于非线性调制。这些特点与模拟调制相同。

2.2.1　二进制振幅键控

设信息源发出的是由二进制符号0、1组成的序列，二进制振幅键控（2ASK）信号的产生方法如图2-32所示，图2-32(a)就是一种键控方法的原理图，它的开关电路受$s(t)$控制，$s(t)$就是信息源。图2-32(b)即为$s(t)$信号与$e_0(t)$信号的波形。当信息源发出1时，开关电路接通，$e_0(t)$输出有载波信号；当信息源发出0时，开关电路断开，$e_0(t)$输出无载波信号。

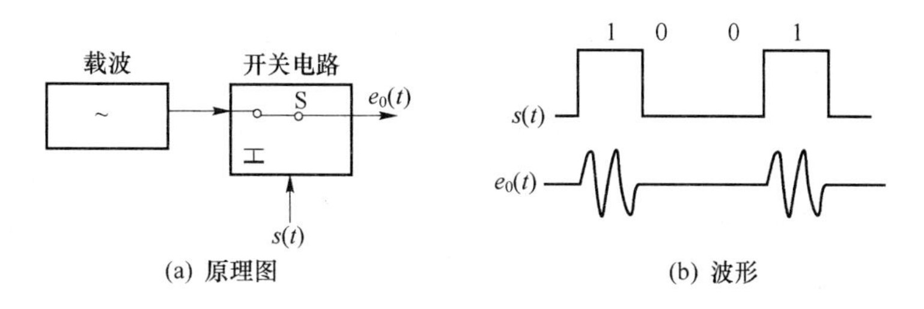

图2-32　2ASK信号的产生及波形

同AM信号的解调方法一样，键控信号也有两种基本解调方法：非相干解调（包络检波法）及相干解调（同步检测法）。相应的接收系统组成框图如图2-33所示。与AM信号的接收系统相比可知，这里增加了一个抽样判决器，这对于提高数字信号的接收性能是十分必要的。

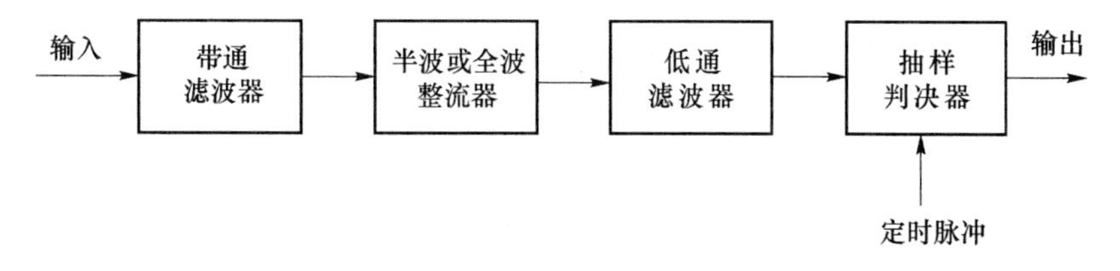

图2-33　2ASK信号的接收系统组成框图

2ASK信号的功率谱密度如图2-34所示。图中，$P_S(f)$为一个随机单极性矩形脉冲序列$s(t)$的功率谱密度；$P_E(f)$为2ASK信号$e_0(t)$的功率谱密度。

由图2-34可以看出：

(1) 2ASK信号的功率谱由连续谱和离散谱两部分组成，其中连续谱取决于单个基带信号码元$g(t)$经线性调制后的双边带谱，离散谱则由载波分量决定。

(2) 2ASK信号的带宽是基带脉冲波形的两倍。

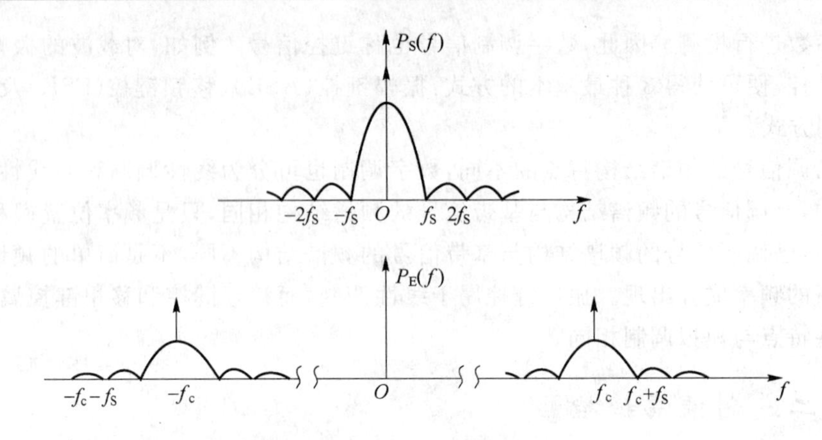

图 2-34　2ASK 信号的功率谱密度

2ASK 方式是数字调制中出现较早的，也是最简单的。这种方法最早应用在电报系统，但由于它在抗噪声的能力上较差，功率利用率和频带利用率都不高，故在数字通信中应用不多，一般都是与其他种调制方式合用。

2.2.2　二进制移频键控

用基带信号 $f(t)$ 对载波的瞬时频率进行控制的调制方式称为调频，在数字通信中则称为移频键控(FSK)。数字频率调制在数字通信中是使用较早的一种调制方式。这种方式实现起来比较容易，抗干扰和抗衰落的性能也较强。缺点是占用频带较宽，频带利用率不够经济。因此，主要用于低、中速数据传输，以及衰落信道和频带较宽的信道。

设信息源发出的是由二进制符号 0、1 组成的序列，那么 2FSK 信号就是 0 符号对应于载波 ω_1，而 1 符号对应与载波 ω_2 的已调波形，且 ω_1 与 ω_2 之间的改变是瞬间完成的。

实现数字频率调制的一般方法有两种：一种称为直接调频法；另一种称为键控法。所谓直接调频法，就是连续调制中的调频(FM)信号的产生方法。此法是将输入的基带脉冲去控制一个振荡器的某种参数而达到改变振荡器频率的目的。键控法则利用受矩形脉冲序列控制的开关电路对两个不同的独立频率源进行选通。以上两种产生方法及波形如图 2-35 所示。图中，$s(t)$ 代表信息的二进制矩形脉冲序列，$e_0(t)$ 为 2FSK 信号。

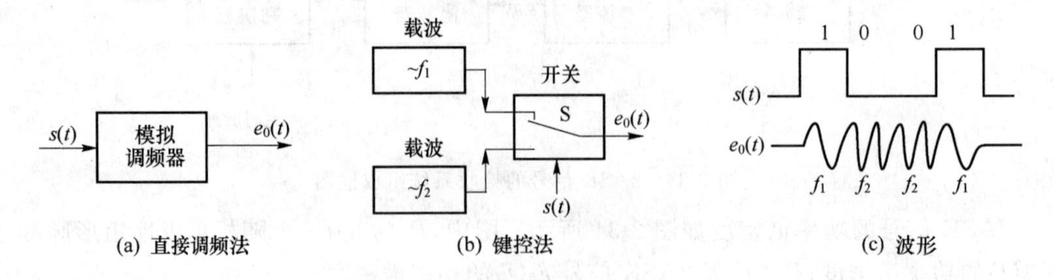

图 2-35　2FSK 信号的产生及波形

2FSK 信号的解调方法常采用非相干检测法和相干检测法等，如图 2-36 所示。这里的抽样判决器是判定哪个输入样值大，此时可以不专门设置门限电平。2FSK 信号还有其他解调方法，如鉴频法、过零检测法及差分检波法等。

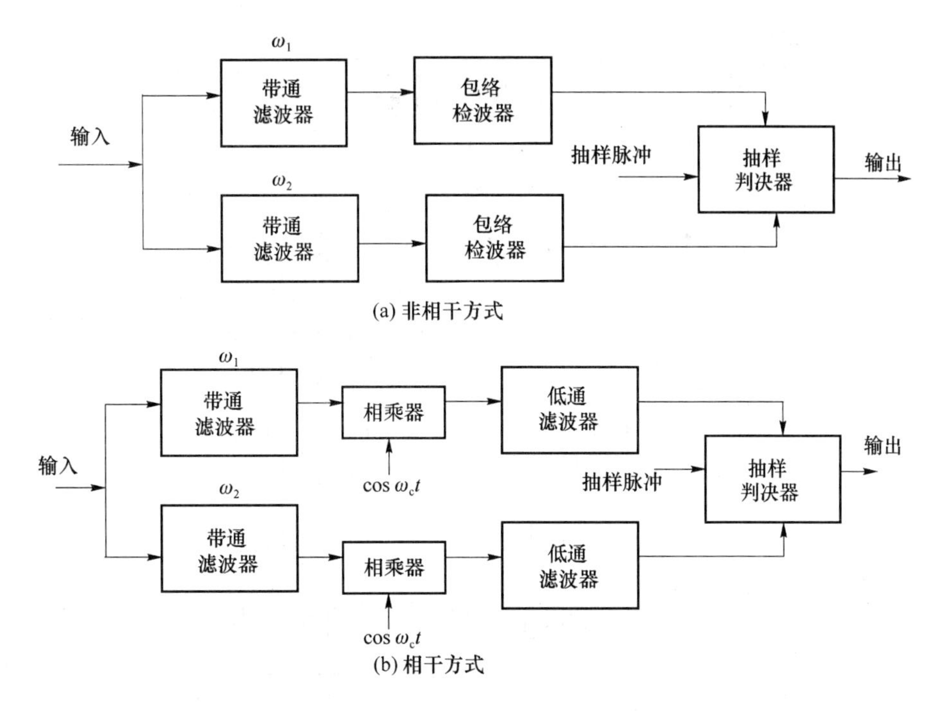

图 2-36 2FSK 信号的接收系统

一种非相干解调法为过零检测法。可以想象,数字调频波的过零点随不同载波而异,故检出过零点数可以得到关于频率的差异。这就是过零检测法的基本思想。其原理方框图如图 2-37(a)所示,其相应的工作波形如图 2-37(b)所示。数字调频信号有两种频率状态,经过限幅、微分、整流变为单向窄脉冲,再把此窄脉冲输入到脉冲展宽电路得到具有一定宽度和一定幅度的方波,这是一个与频率变化相应的脉冲序列,它是一个归零脉冲信号。此信号的平均直流分量与脉冲频率成正比,也就是和输入信号频率成正比,经低通滤波器滤出此平均直流分量,再经过整形变换即为基带信号输出。此方法中,信号频率相差越大,平均直流分量差别越大,抗干扰性能也越高,但所占频带也越宽。

下面分析 2FSK 调制信号的功率谱。由于 2FSK 调制属于非线性调制,因此它的频谱特性分析较复杂。但在一定条件下可以近似分析 2FSK 信号的频谱特性,就是把 2FSK 信号看成两个振幅键控信号相叠加。相位不连续 2FSK 信号的功率谱示意图如图 2-38 所示。

从图 2-38 可以得以下结论。

(1) 2FSK 信号的功率谱与 2ASK 信号的功率谱相似,同样由连续谱和离散谱组成。其中连续谱由两个双边带叠加而成,而离散谱则出现在两个载频位置上。

(2) 若两个载波 f_1 与 f_2 之差较小,如小于 f_S,则连续谱出现单峰;若载波之差逐渐增大,即 f_1 与 f_2 的距离增加,则连续谱出现双峰,如图 2-38 所示。

(3) 由此发现传输 2FSK 信号所需的频带约为

$$\Delta f = |f_2 - f_1| + 2f_S \tag{2-9}$$

图 2-38 画出了 2FSK 信号的功率谱示意图,图中的谱高度是示意的且是单边带的。曲线 a 对应的 $f_1=f_0+f_S$、$f_2=f_0-f_S$;曲线 b 对应的 $f_1=f_0+0.4f_S$、$f_2=f_0-0.4f_S$。

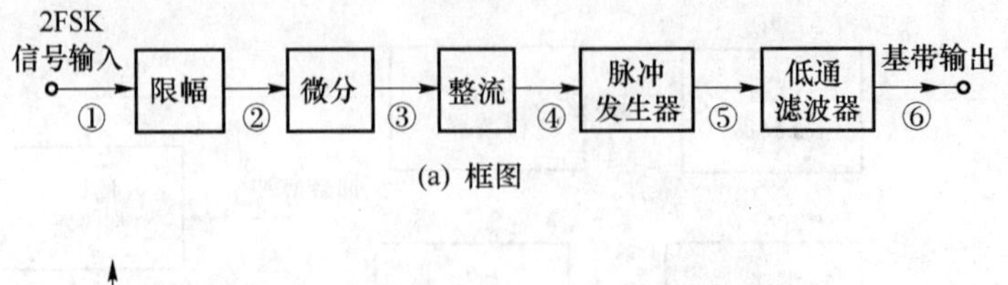

(a) 框图

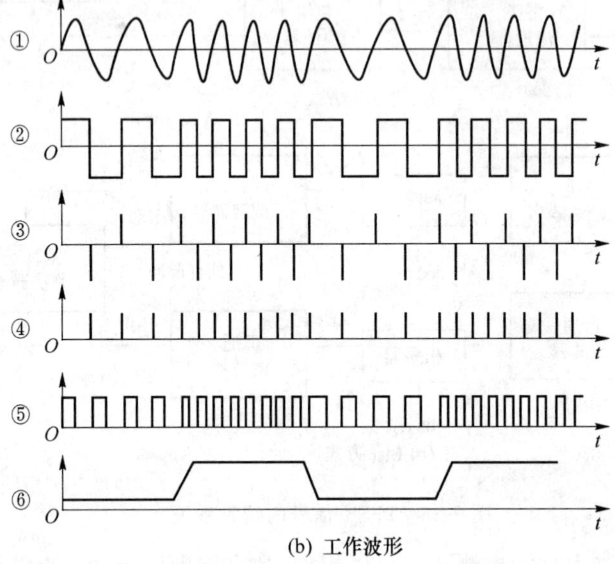

(b) 工作波形

图 2-37　过零检测法的原理图

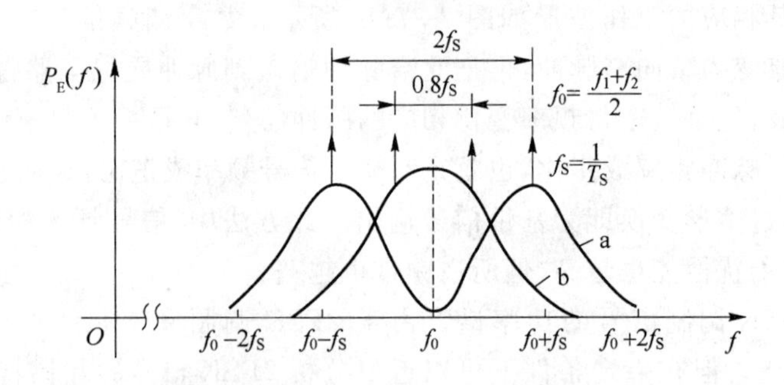

图 2-38　相位不连续 2FSK 信号的功率谱

2.2.3　相移键控

用基带数字信号对载波相位进行调制的方式称为数字调相,也称移相键控,记为 PSK。数字调相是利用载波相位的变化来传递信息的。例如,二进制调相系统中,用两个相位不同(0°和 180°)而频率相同的振荡即可以分别代表两个数字信息。这就要求在数字相位调制时,要用有待传输的基带脉冲信号去控制载波相位的变化,从而形成振幅和频率都不变而相位取离散数值的调相信号。

1. 二进制相移键控

设二进制符号与基带脉冲波形与以前假设相同,那么 2PSK 的信号为:发送二进制符号

0 时，$e_0(t)$取 0 相位；发送二进制符号 1 时，$e_0(t)$取 π 相位。这种以载波的不同相位直接去表示相应数字信息的相位键控，称为绝对移相方式。

如果采用绝对移相方式，由于发送端是以某个相位作为基准的，因而在接收端必须有一个固定基准相位作参考。如果这个参考相位发生变化（0 相位变 π 相位），则恢复的数字信息就发生 0 变 1 或 1 变 0 的现象，从而造成错误的恢复。所以，采用 2PSK 方式就会在接收端发生错误的恢复。这种现象称为 2PSK 方式的“倒 π”现象。为此，实际应用中一般不采用 2PSK 方式，而采用一种所谓的相对相移（2DPSK）方式。

2DPSK 方式就是利用前后相邻码元的相对载波相位去表示数字信息的一种方式。例如，定义 $\Delta\varphi$ 表示为本码元初相与前一码元初相之差，并设：

$$\Delta\varphi=\pi \rightarrow \text{数字信息“1”}$$

$$\Delta\varphi=0 \rightarrow \text{数字信息“0”}$$

则数字信息序列与 2DPSK 信号的码元相位关系可举例表示如下：

二进制数字信息：1 1 0 1 0 0 1 1 1 0

2DPSK 信号相位：0 π 0 0 π π π 0 π 0 0

或　　　　　　　π 0 π π 0 0 0 π 0 π π

按此规定画出的 2PSK 及 2DPSK 信息的波形如图 2-39 所示。从图 2-39 可以看出，2DPSK 的波形与 2PSK 不同。2DPSK 波形的同一相位并不对应相同的数字信息符号，而前后码元相对相位的差才唯一决定信息符号。因此，在解调 2DPSK 信号时就不依赖于某个固定的载波相位参考值，只要前后码元的相对相位相对关系不破坏，鉴别这个相位关系就可以正确恢复数字信息。采用 2DPSK 调制方式可以避免 2PSK 方式中的倒 π 现象发生。从图 2-39 也可看出，单从波形上无法区别 2DPSK 和 DPSK 信号。这说明，一方面，只有已知移相键控方式是绝对的还是相对的，才能正确判断原信息；另一方面，相对移相信号可以看成是把数字信息序列（绝对码）变换成相对码，再根据相对码进行绝对移相而形成。例如，图中的相对码就是按相邻符号不变表示原数字信息“0”、相邻符号改变表示原数字信息“1”的规律由绝对码变换而来的。绝对码 a_i 与相对码 R_i 之间有如下关系：

$$a_i=R_i \oplus R_{i-1} \tag{2-10}$$

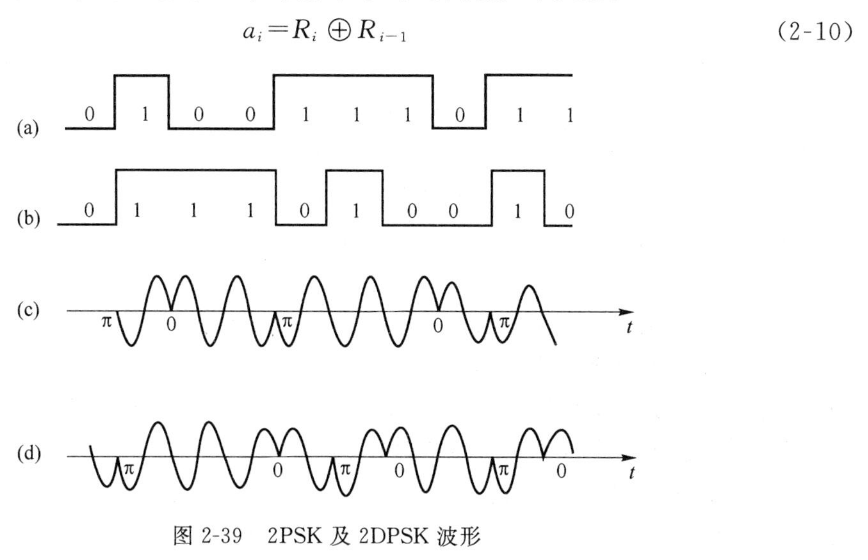

图 2-39　2PSK 及 2DPSK 波形

(1) 2PSK 信号的产生和解调

2PSK 信号的产生方法有调相法和相位选择法两种。2PSK 信号产生的原理图如图 2-40所示。图 2-40(a)为直接调相法。它是用平衡调制器产生调制信号的方法。这时，作为控制开关用的基带信号应该是双极性脉冲信号。图 2-40(b)是相位选择法进行调相的原理图。这种方法预先把所需的相位准备好，然后根据基带信号的规律性选择相位得到相应的输出。

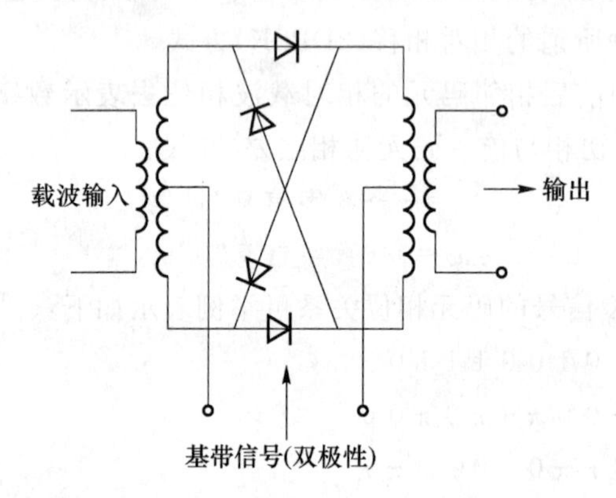

(a) 用平衡调制产生调相信号原理图

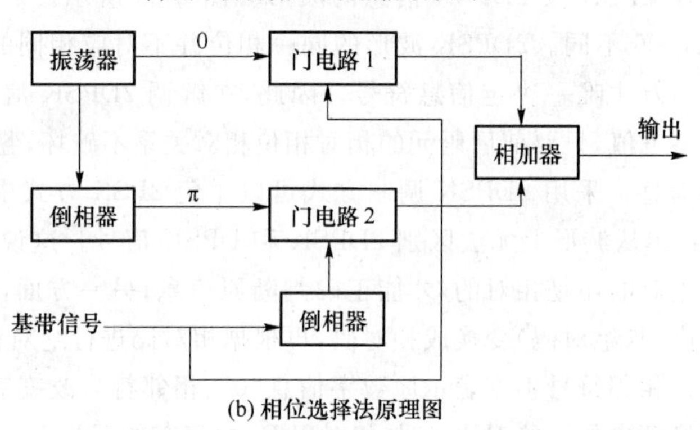

(b) 相位选择法原理图

图 2-40　2PSK 信号的产生

下面讨论 2PSK 信号的解调问题。对于 2PSK 信号来说，信息携带者就是相位本身，在识别它们时必须依据相位，因此必须采用相干解调法。相干接收用的本地载波可以单独产生，也可以从输入信号中提取。一般的解调电路原理图如图 2-41(a)所示。信号经过带通滤波器后，进入相干解调电路，它的输出为收到的信号 $f_m = A\cos(\omega_c + \varphi)$ 和本地载波 $B\cos\omega_c t$ 的乘积。经三角函数展开可以看出，其中包含直流项 $AB\cos\varphi$，在绝对调相 2PSK 信号中 $\cos\varphi$ 为 $+1$ 或 -1。它可以通过低通滤波器，其他高频信号则不能通过。最后，由取样判决电路再生出数字信号。考虑到相干解调在这里实际上起鉴相作用，故相干解调中的“相乘-低通”可以用鉴相器代替，如图 2-41(b)所示。图中的解调过程实质上是输入已调信号 2PSK 与本地载波信号进行比较的过程，所以也称极性比较法解调。

在 2PSK 解调中，最关键的是本地载波振荡的恢复。如图 2-42 所示是产生相干载波信号的一种方法。将 2PSK 信号进行整流(倍频)，产生频率为 $2f_c$ 的二次谐波，再用滤波器把 $2f_c$ 分量滤出，经过二次分频就得到频率为 f_c 的相干本地载波振荡。这个过程称为载波提取。

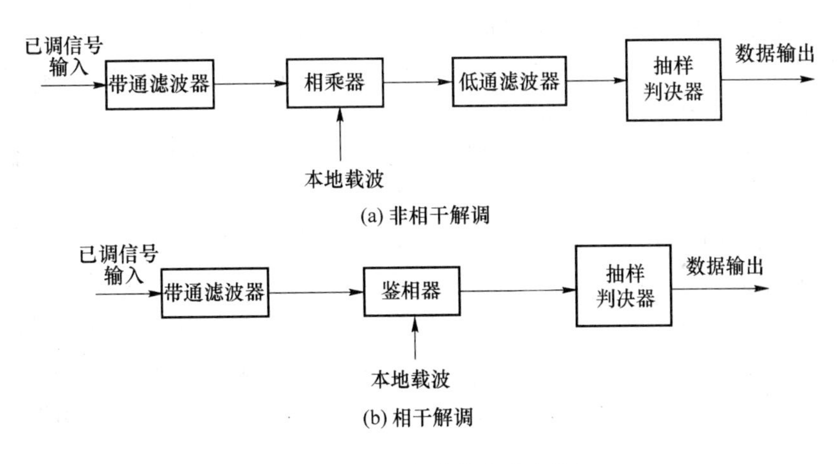

图 2-41　2PSK 信号的接收方框图

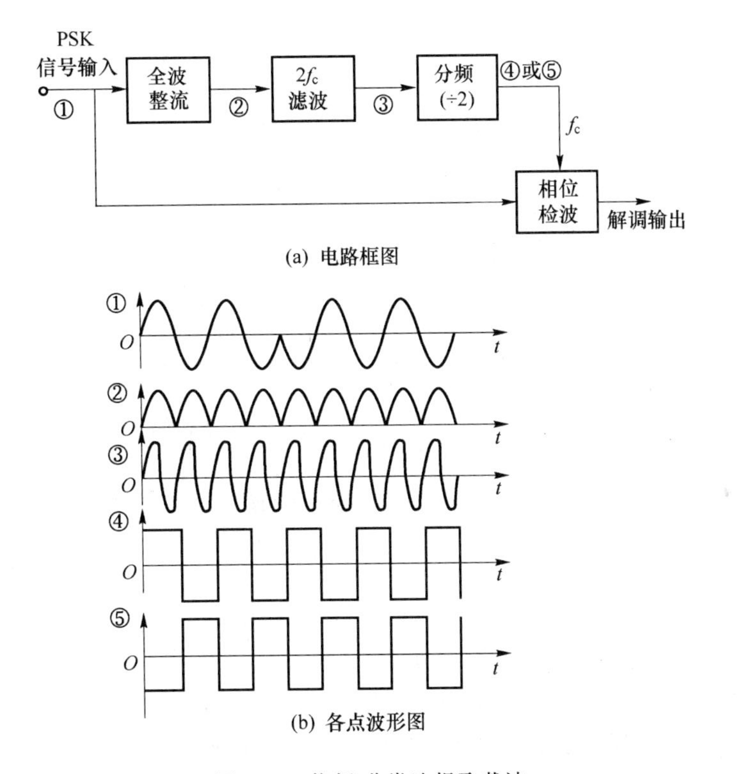

图 2-42　倍频-分类法提取载波

应该指出，在对 $2f_c$ 的振荡信号分频以产生本地载波信号 f_c 时，f_c 的初相位是不确定的，它可能是 0 相，也可能是 π 相。则恢复的数字信息就会发生 0 与 1 反向，使所得结果完全颠倒，这就是前面所提到的绝对调相中的倒 π 现象。这个问题可以采用相对调相 2DPSK 来解决，在相对调相系统中，无论相干信号初相位被判为“1”或“0”，都可以恢复绝对码序列。由于相对调相有这个特点，因此在数字调相中得到广泛应用。

(2) 2DPSK 信号的产生和解调

上面提到，在绝对调相 2PSK 中，由于恢复出的载波初相角的不确定性会产生“倒 π 现象”，采用相对调相 2DPSK 可以解决这个问题。从前面讨论的绝对调相和相对调相两者的关系中可知,如果先把绝对码转换成相对码,然后让相对码去进行绝对调相,则最后得到的调相信号即为相对调相 2DPSK。因此,2DPSK 可以采用码变换加绝对调相 2PSK 实现。将绝对码变换为相对码称为差分编码。绝对码 a_i 与相对码 R_i 之间的关系为 $a_i = R_i \oplus R_{i-1}$。因此相对码可以用模二加法得到。图 2-43 表示用差分编码加绝对调相构成的 2DPSK 产生电路示意 $f(t)$是基带数字脉冲信号,通过"模二加"电路产生差分编码信号(即相对码)$f'(t)$,差分编码信号的第一位可以是任意的,决定于"模二加"器的起始状态。设 $f'(t)$的起始状态为"0",可得出如图 2-43(b)所示的差分编码信号 $f'(t)$。将 $f'(t)$信号加到环行调制器对 $\cos \omega_c t$ 进行绝对调相,即传送"1"时发送 0°的载波振荡,传送"0"时发送相位为 180°的载波振荡,以此可得到 2DPSK 信号。如果 $f'(t)$的起始状态为"1",和上述的$f'(t)$相比只是变化了极性,但其中包含 $f(t)$的前后码元相位变化的信息还是相同的。

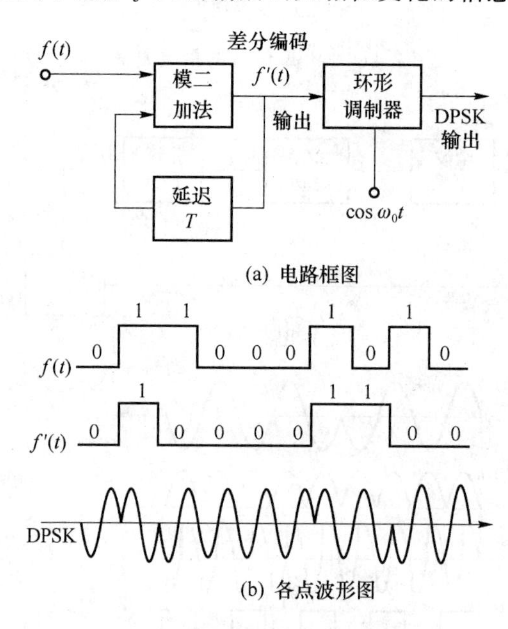

图 2-43　差分调相信号的产生

由图 2-43 不难看出,2DPSK 信号也可以采用极性比较法解调,但必须把输出序列再变成绝对码序列,其原理方框如图 2-44(a)所示。此外,2DPSK 信号还可以采用一种所谓的差分相干解调的方法,它是直接比较前后码元的相位差而构成,所以也称相位比较法解调,其原理框图如图 2-44(b)所示。由于此时的解调已同时完成码变换作用,故无需码变换器。由于这种解调方法无需专门的相干载波,因此是一种实用的方法。当然,它需要一个精确的延时电路,使设备的成本增加。

下面讨论 2PSK 信号的频谱。求 2PSK 信号的功率谱密度时,可以采用与求 2ASK 信号的功率谱密度相同的方法。通过分析可得以下结论:2PSK 信号的功率谱密度同样由离散谱和连续谱两部分组成,但当双极性基带信号以相等的概率出现时,将不存在离散谱部分。同时可以看出,2PSK 信号的连续谱与 2ASK 信号的连续谱基本相同。所以,2PSK 信号的带宽与 2ASK 信号的带宽相同。另外,还可以说明,2DPSK 信号的频谱与 2PSK 信号的频谱完全相同。

由于二进制移相键控系统在抗噪声性能及信道频带利用率等方面比 2FSK 及 2ASK 都

优越,因而被广泛应用于数字通信。考虑到 2PSK 方式有倒 π 现象,所以它的改进型 2DPSK 受到重视,2DPSK 是 CCITT 建议选用的一种数字调制方式。

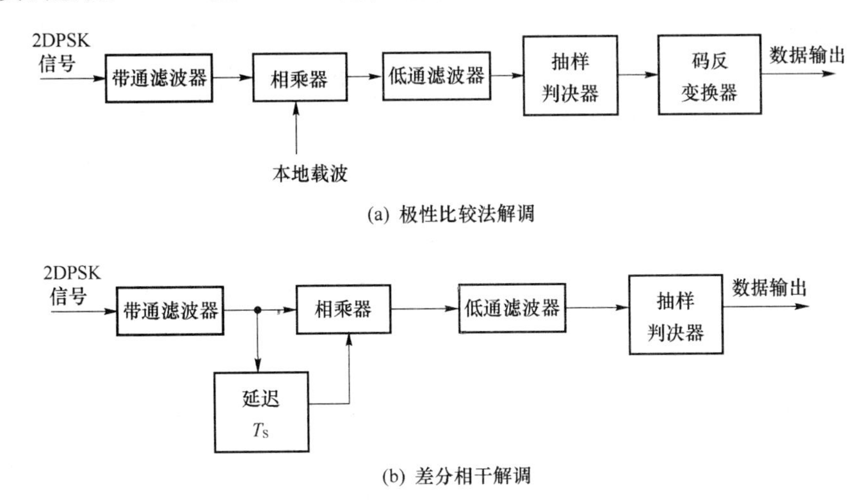

图 2-44　2DPSK 信号的接收框图

2. 多进制相移键控

多进制数字调相又称为多相制,它是利用不同的相位来表征数字信息的调制方式。和二进制调相一样,多相制也分为绝对移相和相对移相两种。在实际通信中,大多采用相对相移。

下面说明 $M(M \geqslant 2)$ 相调制波形的表示法。由于 M 种相位可以表示 K bit 码元的 2^K 种状态,故有 $2^K = M$。多相制的波形可以看成两个正交载波进行多电平双边带调制所得的信号之和。通常,多相制中经常使用的是四相制和八相制,即 $M=4$ 或 $M=8$。在此,以四相制为例讨论多相制原理。

4 种不同的相位可以代表 4 种不同的数字信息。因此,对于输入的二进制数字序列应先进行分组,将每两个比特编为一组;然后用 4 种不同的载波相位去表征它们。

例如,输入二进制数字信息序列为 1 0 1 1 0 1 0 0 1…,则可以将它们分成 10,11,01,00 等,然后用 4 种不同相位来分别代表它们。

多相移相键控,特别是四相移相键控,是目前微波或卫星数字通信中常用的一种载波传输方式,它具有较高的频谱利用率、较强的抗干扰性,同时在电路实现上比较简单,成为某些通信系统的一种主要调制方式。

QPSK 调制器框图如图 2-45 所示。双比特进入比特分离器。双比特串行输入后,它们同时并行输出。

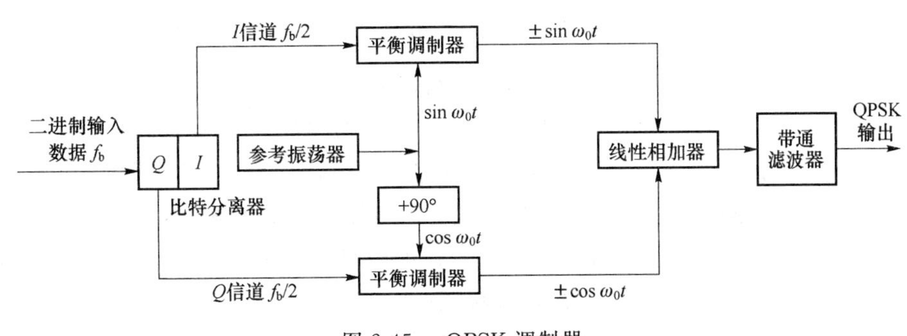

图 2-45　QPSK 调制器

一个比特直接加入 I 信道，另一个则加入 Q 信道，I bit 调制是与参考振荡同相的载波，而 Q bit 调制与参考载波相位成 90°的正交载波。现在，一旦双比特分为 I 和 Q 信道，其每个信道的工作是与 2PSK 相同的。本质上，QPSK 调制器是两个 2PSK 调制器的并行组合。

对于逻辑 $1=+1$ V，逻辑 $0=-1$ V，I 平衡调制器可能输出两个相位（$+\sin\omega_0 t$ 和 $-\sin\omega_0 t$），Q 信道调制器能输出两个相位（$+\cos\omega_0 t$ 和 $-\cos\omega_0 t$）。当两个正交信号线性组合时，就有 4 种可能的相位结果：$+\sin\omega_0 t-\cos\omega_0 t$；$+\sin\omega_0 t+\cos\omega_0 t$；$-\sin\omega_0 t-\cos\omega_0 t$；$-\sin\omega_0 t+\cos\omega_0 t$。

在图 2-46 中可以看出，QPSK 4 种可能的输出相位，有精确相同的幅度。因此，二进制信息必须完全按输出信号相位编码，这是鉴别 PSK 和 QAM 不同的重要特性。

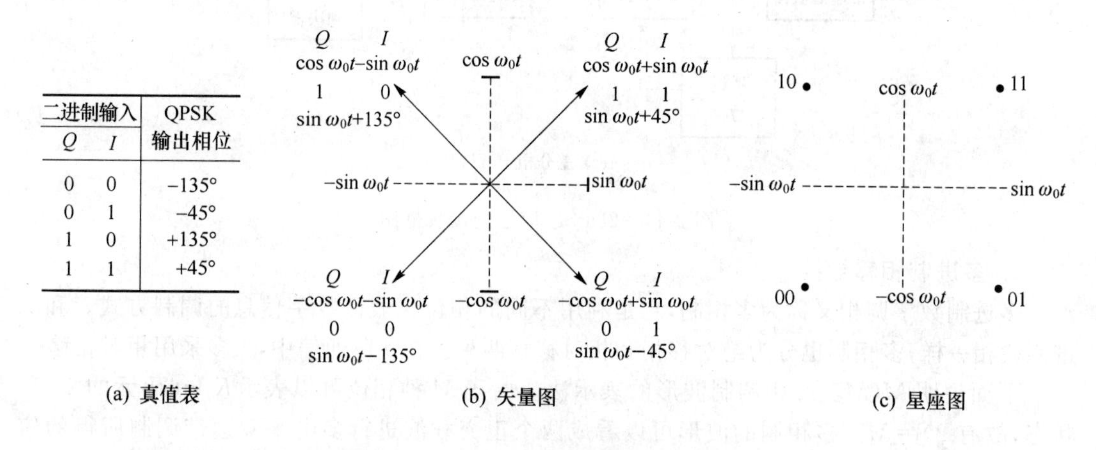

二进制输入 Q	I	QPSK 输出相位
0	0	−135°
0	1	−45°
1	0	+135°
1	1	+45°

(a) 真值表　　(b) 矢量图　　(c) 星座图

图 2-46　QPSK 调制器的真值表和星座图

从图 2-47 可以看出，QPSK 中任何相邻两个相移角度是 90°。因此，QPSK 信号在传输过程中几乎可以承受+45°或−45°相移，当接收机解调时，仍然可以保证正确的编码信息。图 2-47 为 QPSK 输出相位与时间的关系。

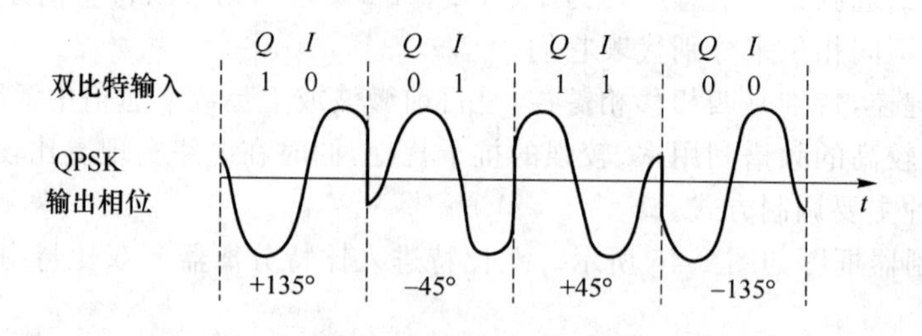

图 2-47　QPSK 调制器输出相位与时间的关系

QPSK 接收机框图如图 2-48 所示。信号分离器将 QPSK 信号直接送到 I、Q 检测器和载波恢复电路。载波恢复电路再生原传输载波振荡信号，恢复的载波必须是和传输参考载波相干的频率和相位。QPSK 信号在 I、Q 检测器中解调，而产生原 I、Q 数据比特。检测器输出送入比特混合电路，将并行的 I、Q 数据变为二进制串行输出数据。

输入的 QPSK 信号可能是如图 2-48 所示 4 种可能的输出相位的一种。假设输入 QPSK 信号为 $-\sin\omega_0 t+\cos\omega_0 t$。数学上，解调过程如下。

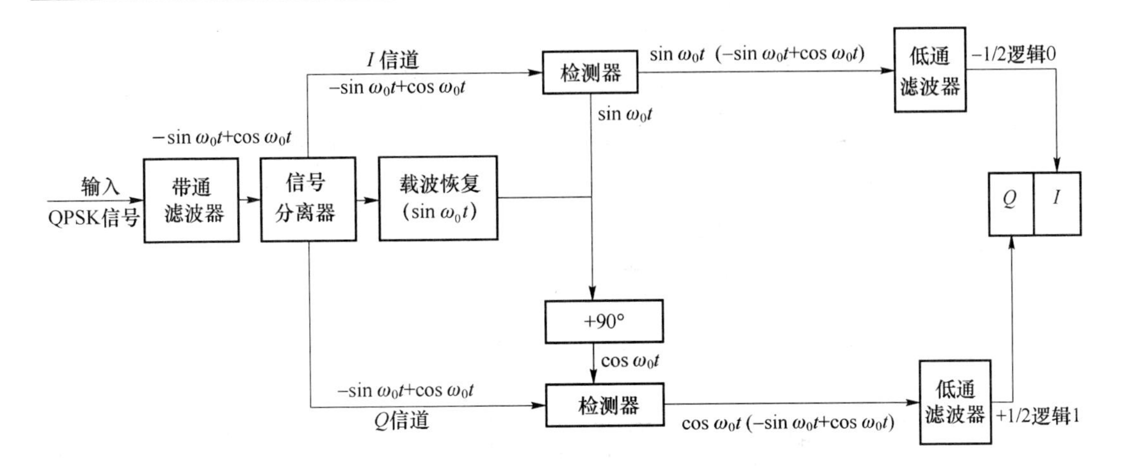

图 2-48　QPSK 解调器

I 信道检测器的输入为接收的 QPSK 信号$-\sin\omega_0 t+\cos\omega_0 t$，另一输入是恢复的载波信号 $\sin\omega_0 t$，则 I 检测器的输出、滤波后 $I=-\frac{1}{2}$VDC，逻辑为 0。

Q 信道检测器的输入为接收的 QPSK 信号$-\sin\omega_0 t+\cos\omega_0 t$，另一输入是恢复的载波信号 $\cos\omega_0 t$，则 Q 信道检测器的输出、滤波后 $I=\frac{1}{2}$VDC，逻辑为 1。解调的 I、Q 比特(单个 1、0)符合如图 2-46 所示 QPSK 调制器的星座图和真值表。

3. 8PSK

8 相 PSK(8PSK)是一种 $M=8$ 编码技术。用 8PSK 调制器有 8 种可能的输出相位。要对 8 种不同的相位解码，输入比特需为 3 比特组。

8PSK 调制器的方框图如图 2-49 所示。输入的串行比特流进入比特分离器，变为并行的三信道输出(I 为同相信道，Q 为正交信道，C 为控制信道)，所以每信道的必须速率为 $f_b/3$。在 I、Q 信道中的比特进入 I 信道 2-4 电平转换器，同时，在 Q 和$\overline{C}$信道中的比特进入 Q 信道 2-4 电平转换器。本质上，2-4 电平转换器是并行输入数-模转换器(DAC)。2 输入比特，就有 4 种可能的输出电压。DAC 算法非常简单，I 或 Q 比特决定了输出模拟信号的极性(逻辑 1=+V，逻辑 0=−V)，而 C 和$\overline{C}$比特决定了量值(逻辑 1=1.307 V，逻辑 0=0.541)。由此，两种量值和两种极性，就产生了 4 种不同的输出情况，图 2-46 表示了真值表和相应的 2-4 电平转换器的输出。因此 C 和$\overline{C}$绝不会有相同的逻辑状态。I 和 Q 2-4 电平转换器输出尽管极性可能相同，量值却不相同。2-4 电平转换器的输出是一个 $M=4$ 的脉冲幅度调制信号。

例 2-2　一个 3 bit 输入 $Q=0, I=0, C=0$(000)，求如图 2-49 所示 8PSK 调制器的输出相位。

解　I 信道 2-4 电平转换器的输入为 $I=0, C=0$，由图 3-50 可知输出为−0.541 V，Q 信道 2-4 电平转换器的输入为 $Q=0, \overline{C}=0$，由图 2-50 可知输出为−1.307 V，这样，I 信道调制器的两个输入为 −0.541 V 和 $\sin\omega_0 t$，输出为 $I=-0.541\sin\omega_0 t$，Q 信道调制器的两个输入为−1.307 V 和 $\cos\omega_0 t$，输出为 $Q=-1.307\cos\omega_0 t$。I 和 Q 信道相乘调制器的输出在线性加法器中结合，产生一个已调输出为

$$-0.541\sin\omega_0 t-1.307\cos\omega_0 t=1.41\sin(\omega_0 t-112.5^\circ)$$

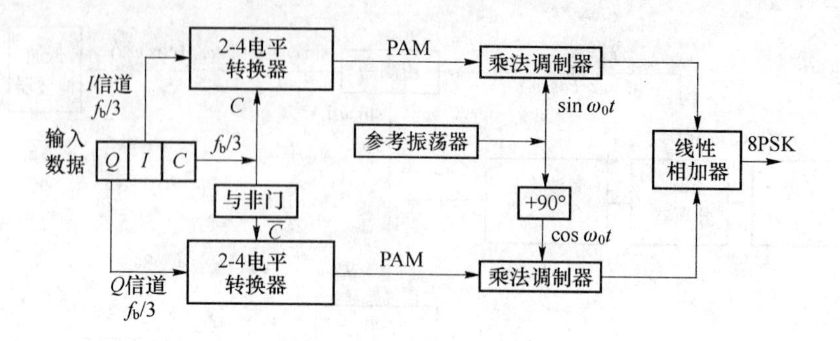

图 2-49　8PSK 调制器

I	C	输出/V
0	0	−0.541
0	1	−1.307
1	0	+0.541
1	0	+1.307

Q	$\overline{C}$	输出/V
0	1	−1.307
0	0	−0.541
1	1	+1.307
1	0	+0.541

+1.307 V
+0.541 V
0 V
−0.541 V
−1.307 V

图 2-50　I 和 Q 信道 2-4 电平转换器

其余 3 bit 码(001、010、011、100、101、110 和 111),过程同上,结果如图 2-51 所示。从图 2-51 可以看出,任何相邻相移器角度差为 45°,是 QPSK 的一半,因此一个 8PSK 信号可以在传输过程中承受±22.5°的相移。而且每个相移器具有相同的量值,3 bit 真实信息只包含在信号的相位中。图 2-52 表示了一个 8PSK 调制器输出相位对时间的关系。

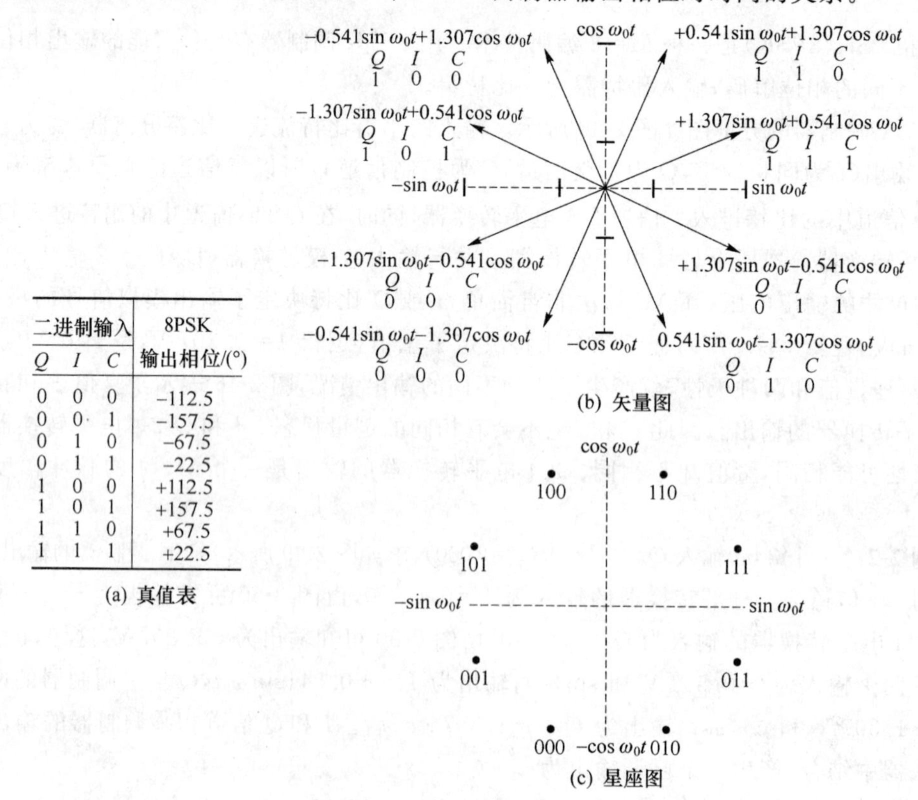

二进制输入			8PSK
Q	I	C	输出相位/(°)
0	0	0	−112.5
0	0	1	−157.5
0	1	0	−67.5
0	1	1	−22.5
1	0	0	+112.5
1	0	1	+157.5
1	1	0	+67.5
1	1	1	+22.5

(a) 真值表

(b) 矢量图

(c) 星座图

图 2-51　8PSK 调制器的真值表和星座图

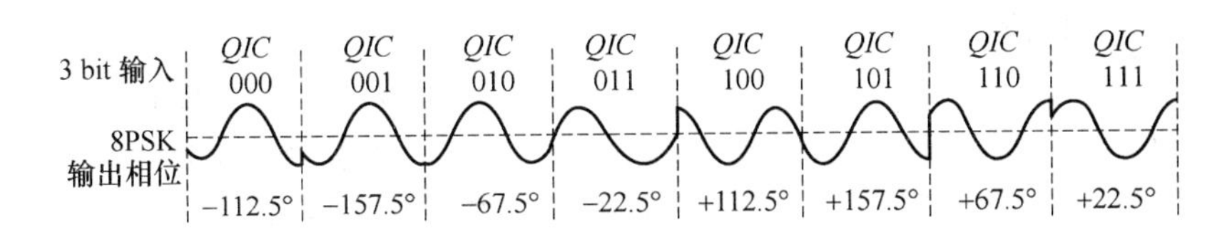

图 2-52　8PSK 调制器信号输出相位与时间的关系

如图 2-53 所示为一个 8PSK 接收机框图。信号分离器将 8PSK 信号直接送入 I、Q 检测器和载波恢复电路。载波恢复电路将原参考振荡信号再生，输入 8PSK 信号在 I 检测器中和恢复的载波混合，在 Q 检测器中则与正交载波混合。相乘检测器的输出是送入 4-2 电平模-数转换器（ADC）的 4 电平 PAM 信号。从 I 信道 4-2 电平转换器输出的是 I 和 C 比特，从 Q 信道 4-2 电平转换器输出的是 Q 和$\overline{C}$比特。并-串逻辑电路将 I/C 和 $Q/\overline{C}$比特组转变为 I、Q、C 串行输出数据。

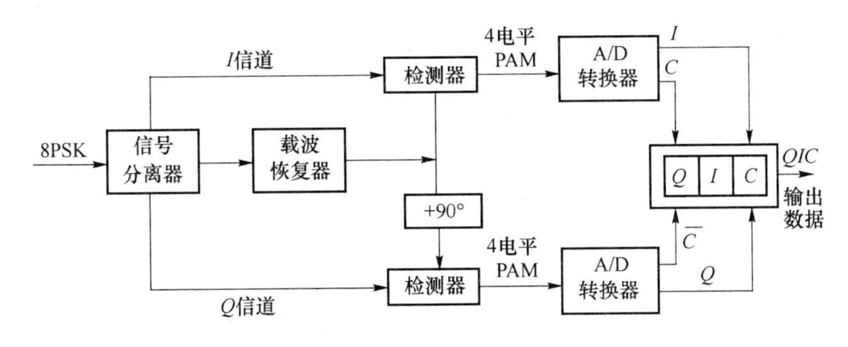

图 2-53　8PSK 接收机框图

2.2.4　数字调制系统性能比较

2.2.3 节分别研究了二进制数字系统的几种主要性能，如系统的频带宽度、调制与解调方法以及误码率等，下面将对这几方面性能作简要比较。

1. 频带宽度

当码元宽度为 T_S 时，2ASK 系统和 2SPK 系统的频带宽度近似为 $2/T_S$，2FSK 系统的带宽近似为

$$|f_2-f_1|+\frac{2}{T_S}\geqslant\frac{2}{T_S} \tag{2-11}$$

因此，从频带宽度或频带利用率上看，2FSK 系统最不可取。

2. 误码率

数字通信系统的信道噪声最终将影响系统总的误码率。对于不同方式的数字调制，对于不同的使用者来说考虑问题的着重点是不完全相同的。因此很难规定绝对标准，由于误码率与归一化信噪比的关系是反映数字通信系统的一个重要的性能指标，本书重点分析误码率和归一化信噪比的关系。表 2-6 列出了二进制系统各种数字调制系统的误码率和信噪比的关系。按表中所列关系画出的 3 种数字调制系统的误码率与信噪比的关系曲线如图 2-54所示。表中，P_e 为误码率，E_s 为每个信号码元的能量，N_0 为噪声谱密度，E_s/N_0 为归一化码元信噪比。

从表 2-6 中可以清楚看出，在每对相干和非相干的键控系统中，相干方式略优于非相干方式。它们基本上是 $\mathrm{erfc}(E_s/N_0)$ 和 $\exp(-E_s/N_0)$ 之间的关系，而且随着 $x \to \infty$，它们将趋于同一极限值。此外，3 种相干（或非相干）方式之间，在相同误码率条件下，在信噪比要求上 2PSK 比 2FSK 小 3 dB，2FSK 比 2ASK 小 3 dB。由此看来，在抗加性高斯白噪声方面，相干 2PSK 性能最好，2FSK 次之，2ASK 最差。图 2-54 是按表 2-6 画出的误码率曲线。由此可见，在形态信噪比下，相干 2PSK 将有最低误码率。

表 2-6　二进制数字调制系统误码率与信噪比关系

名　称	P_e 与 E_s/N_0
相干 2ASK	$P_e=\frac{1}{2}\mathrm{erfc}\left(\frac{1}{2}\sqrt{\frac{E_s}{N_0}}\right)$
非相干 2ASK	$P_e=\frac{1}{2}e^{-\frac{E_s}{4N_0}}$
相干 2FSK	$P_e=\frac{1}{2}\mathrm{erfc}\left(\sqrt{\frac{E_s}{2N_0}}\right)$
非相干 2FSK	$P_e=\frac{1}{2}e^{-\frac{E_s}{2N_0}}$
相干 2PSK	$P_e=\frac{1}{2}\mathrm{erfc}\left(\frac{1}{2}\sqrt{\frac{E_s}{N_0}}\right)$
非相干 2DPSK	$P_e=\frac{1}{2}e^{-\frac{E_s}{N_0}}$

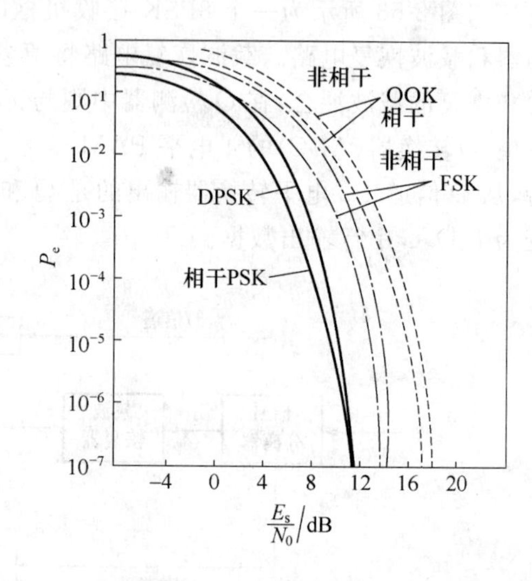

图 2-54　3 种数字调制系统的 P_e 与 E_s/N_0 关系曲线

3. 对信号特性变化的敏感性

在选择数字调制方式时，还应该考虑它的最佳判决门限对信道特性的变化是否敏感。在 2FSK 系统中，不需要人为地设置判决门限，它是直接比较两路解调输出的大小作出判决。在 2PSK 系统中，判决器的最佳判决门限为 0，与接收机输入信号的幅度无关。因此，它不随信道特性的变化而变化。这时，接收机容易保持在最佳判决门限状态。对于 2ASK 系统，判决器的最佳判决门限为 $A/2$（当 $p(1)=p(0)$ 时），它与接收机输入信号的幅度有关。当信道特性发生变化时，接收机输入信号的幅度 A 将随着发生变化；相应地，判决器的最佳门限也将随着变化。这时，接收机不容易保持在最佳判决门限状态，从而导致误码率增大。因此，就对信道特性的敏感性而言，2ASK 的性能最差。

当信道存在严重的衰落时，通常采用非相干接收，因为这时在接收端不容易得到相干解调所需的相干载波。当发射机有严格的功率限制时，可考虑采用相干接收。因为在给定的码元传输速率及误码率的条件下，相干接收所要求的信噪比较非相干接收小。

4. 设备的复杂度

对于 2ASK、2FSK、2PSK 这 3 种方式来说，发送端设备的复杂程度相差不多，而接收端的复杂程度则与所选用的调制和解调方式有关。对于同种调制方式，相干解调的设备比非相干解调时的设备复杂；而同为非相干解调，2DPSK 的设备最复杂，2FSK 次之，2ASK 最简单。当然，设备越复杂，其价格越贵。

上面从几个方面对各种二进制数字调制系统进行比较。可以看出，在选择调制和解调方式时，要考虑的因素较多。通常，只有对系统的要求作全面的考虑，并且抓住其中最主要的要求，才能作出比较恰当的选择。如果抗噪声性能是主要的，则应该考虑相干 2PSK 和 2DPSK，而 2ASK 最不可取。如果带宽是主要要求，则应考虑相干 2PSK、2DPSK 及 2ASK，而 2PSK 是最不可取的。如果考虑设备的复杂性是一个主要问题，则非相干方式比相干方式更为适宜。目前，应用最多的数字调制方式是相干 2DPSK 和非相干 2FSK。相干 2DPSK 主要用于高速数据传输，而非相干 2FSK 则应用于中速和低速数据传输中，特别是在衰落信道中传输数据信号时，2FSK 有着广泛的应用。

知识小结

1. 数字信号传输的基本形式有基带传输、频带传输和数据传输。

2. PCM 是目前最常用的模拟信号数字化的方法之一。PCM 包括抽样、量化和编码 3 个环节。

3. 抽样定理是模拟信号数字化的理论基础。对低通型信号进行抽样时，抽样频率必须大于或等于被抽样信号最高频率的两倍，才能在接收端无失真地恢复原信号。

4. 多路复用为了提高信道的利用率，使多路信号在同一信道内互不干扰地传输。多路复用技术主要有频分复用、时分复用和码分复用。

5. 线路码型用来把原始信息代码变换成适合于基带信道传输的码型。数字基带信号的常用码型有单极性非归零码、双极性非归零波形、单极性归零波形、双极性归零波形、差分波形、多电平波形、AMI 码、HDB_3 码等。

6. 传输线路码的结构取决于实际信道特性和系统工作的条件。通常传输码的结构应具有下列主要特性：相应的基带信号无直流分量，且低频分量少；便于从信号中提取定时信息；信号中高频分量尽量少，以节省传输频带并减少码间串扰；不受信息源统计特性的影响，即能适应于信息源的变化；具有内在的检错能力；传输码型应具有一定规律性，以便利用这一规律性进行宏观监测；编译码设备要尽可能简单等。

7. 数字信号通过空间以电磁波为载体传输到对方称为无线传输。把要传送的数字信号称为数字基带信号，携带数字基带信号的电磁波为一振荡波，通常称为载波，最简单的是正弦波或余弦波。数字信号的 3 种基本调制方式为：移幅键控，即数字信号振幅调制；频移键控，即数字信号频率键控；相移键控，即数字信号相位控制。

8. 通过几个方面对各种二进制数字调制系统进行比较看出，通常在恒参信道传输中，如果要求较高的功率利用率，则应选择相干 2PSK 和 2DPSK，而 2ASK 最不可取；如果要求较高的频带利用率，则应选择相干 2PSK 和 2DPSK，而 2FSK 最不可取；若传输信道是随参信道，则 2FSK 具有更好的适应能力。

思考题

2-1　什么是模拟信号的数字化传输？试述 PAM 通道、PCM 通道、时分复用多路通信各自的含义及相互联系。

2-2　什么是低通型信号的抽样定理？已抽样信号的频谱混叠是什么原因引起的？

2-3　如果 $f_S=4$ kHz，话音信号的频带为 0～5 kHz，能否完成 PAM 通信？为什么？如何解决？

2-4　PCM 通信的过程是怎样的？PCM 电话通信常采用的标准抽样频率是多少？

2-5　什么是时分复用？试画出 30/32 路 PCM 帧结构图，并说明其基本参数值。

2-6　试画出 CCITT 建议采用的数字 TDM 等级结构图。

2-7　什么是数字基带信号？数字基带信号有哪些常用码型？它们各有什么特点？

2-8　构成 AMI 码和 HDB_3 码的规则是什么？已知信息代码为 1101000000100100000l，求相应 AMI 码和 HDB_3 码。

2-9　设二进制符号序列为 110010001110，试以矩形脉冲为例，分别画出相应的单极性 NRZ 码、双极性 NRZ 码、单极性 RZ 码、双极性 RZ 码、二进制差分码波形。

2-10　画出话音在数字基带传输系统和数字频带传输系统的传输过程。并分别说明各组成部分的作用。

2-11　线路传输对基带信号码型有哪些要求？

2-12　什么是 2ASK 调制？2ASK 信号调制和解调工作原理是什么？

2-13　已知某 2ASK 系统的码元传输速率为 1 200 Baud，载频为 2 400 Hz，若发送的数字信息序列为 011011010，试画出 2ASK 信号的波形图。

2-14　什么是 2FSK 调制？2FSK 信号调制和解调工作原理是什么？

2-15　已知某 2FSK 系统的码元传输速率为 1 200 Baud，发“0”时载频为 2 400 Hz，发“1”时载频为 4 800 Hz，若发送的数字信息序列为 011011010，试画出 2FSK 信号波形图。

2-16　什么是绝对移相调制？什么是相对移相调制？它们之间有什么不同？

2-17　已知数字信息为 1101001，并设码元宽度是载波周期的两倍，试画出绝对码、相对码、2PSK 信号、2DPSK 信号的波形。

2-18　简述振幅键控、频移键控和相移键控 3 种调制方式各自的主要优点和缺点。

实训项目 2　话音在数字通信系统中的传输

任务一　话音在数字基带通信系统中的传输

话音在数字通信系统中的传输可以分为两种方式：话音在数字基带通信系统中传输和话音在数字频带带通信系统中传输。数字基带通信系统电路框图如图 2-1 所示。话音在数字基带通信系统中主要由下列系统模块组成：电话接口模块、话音编解码模块、帧复接解复接模块、线路编解码等模块。

1. PCM 电路分析与测试

实训目的

（1）验证抽样定理；

（2）验证 PCM 编译码原理，观察 PCM 抽样时钟、编译码数据之间的关系；

（3）了解 PCM 专用集成电路的工作原理和应用。

实训设备

（1）通信原理综合实验系统

（2）20 MHz 双踪示波器

（3）函数信号发生器

实训原理

PCM 编译码模块将来自用户接口模块的模拟信号进行 PCM 编译码，该模块采用 MC145540 集成电路完成 PCM 编译码功能。该器件具有多种工作模式和功能，因此工作前将其配置成直接 PCM 模式，使其具有以下功能：对来自接口模块发支路的模拟信号进行 PCM 编码输出；将输入的 PCM 码字进行译码，并将译码后的模拟信号送入用户接口模块。

PCM 编译码模块的电路框图如图 2-55 所示。PCM 编译码器模块电路主要由语音编译码集成电路 U302(MC145540)、运放 U301(TL082)、晶振 U303(20.48 MHz)及相应的跳线开关、电位器组成。PCM 编译码电路工作原理如下。

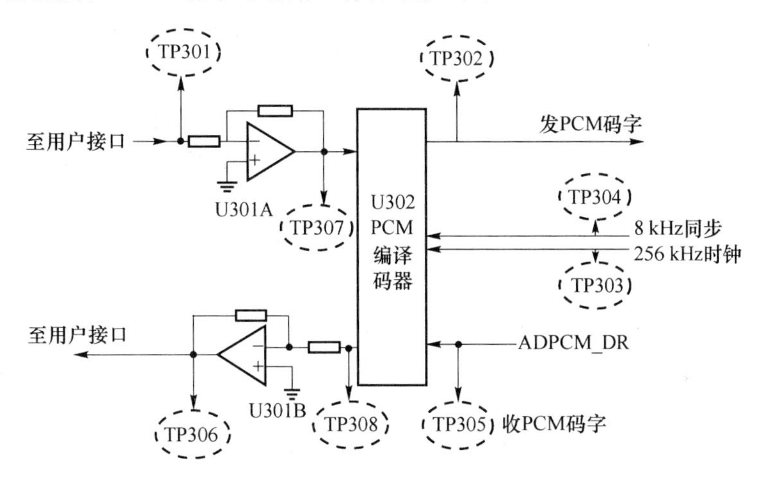

图 2-55 PCM 模块电路组成框图

PCM 编译码模块中，由收、发两个支路组成。在发送支路上发送信号经 U301A 运放后放大后，送入 U302 的 2 脚进行 PCM 编码。编码输入时钟为 BCLK(256 kHz)，编码数据从 U302 的 20 脚输出(ADPCM_DT)，FSX 为编码抽样时钟(8 kHz)。编码后的数据结果送入后续数据复接模块进行处理，或直接送到对方 PCM 译码单元。在接收支路中，收数据是来自解数据复接模块的信号(ADPCM_DR)，或是直接来本地自环测试用 PCM 编码数据(ADPCM_DT)，在接收帧同步时钟 FSX(8 kHz)与接收输入时钟 BCLK(256 kHz)的共同作用下，将接收数据送入 U302 中进行 PCM 译码。译码后的模拟信号经 U301B 放大缓冲输出，送到用户接口模块中。

在该模块中，各测试点的定义如下。

TP301：发送模拟信号测试点

TP302：PCM 发送码字

TP303：PCM 编码器输入/输出时钟

TP304：PCM 编码抽样时钟

TP305：PCM 接收码字

TP306:接收模拟信号测试点

TP307:编码输入

TP308:译码输出

实训步骤

将电话机接入 P1 电话插座,然后加电,进行实验。

(1) 输出时钟和帧同步时隙信号观测

用示波器同时观测抽样时钟信号(TP304)和输出时钟信号(TP303)。分析和掌握 PCM 编码抽样时钟信号与输出时钟的对应关系。

(2) 抽样时钟信号与 PCM 编码数据测量

用示波器同时观测抽样时钟信号(TP304)和编码输出数据信号端口(TP302)。分析和掌握 PCM 编码输出数据与抽样时钟信号及输出时钟的对应关系。

(3) 话音信号与 PCM 编码数据的测量

挂好话机,用示波器同时观测模拟输入信号端口(TP301)和编码输出数据信号端口(TP302)。分析和掌握 PCM 编码数据与输入信号的对应关系。

拿起电话机,按住话机的某个数字键不放,用示波器同时观测模拟输入信号端口(TP301)和编码输出数据信号端口(TP302)。观察此时的输入数据与编码数据有何变化。

(4) PCM 译码器输出模拟信号观测

在确保实验系统所有跳线设置为默认的状态下,建立自环信道。

挂好电话机,用示波器同时观测解码器输出信号端口(TP306)和编码器输入信号端口(TP301)。定性地观测解码恢复出的模拟信号质量。

拿起电话机,按住数字键不放,重复以上步骤,观测解码恢复的模拟信号质量。

实训报告

(1) 整理实验数据,画出输入模拟信号、PCM 发送码字、PCM 接收码字、恢复模拟信号、PCM 编码器输入/输出时钟波形图。

(2) 分别说明以上各测试波形在电路图中位置、名称、意义。

(3) 理解输入话音信号在 PCM 编译码系统的工作原理和 PCM 抽样时钟、编译码数据之间的关系。

2. 数字复接与解复接电路分析与测试

实训目的

(1) 了解 PCM30/32 路帧的概念和基本特性,了解帧的结构、帧组成过程;

(2) 熟悉帧信号的观测方法,熟悉接收端帧的同步过程和扫描状态。

实训设备

(1) 通信原理综合实验系统

(2) 20 MHz 双踪示波器

(3) 电话机

实训电路图

复接与解复接模块工作原理组成框图如图 2-56、图 2-57 所示。

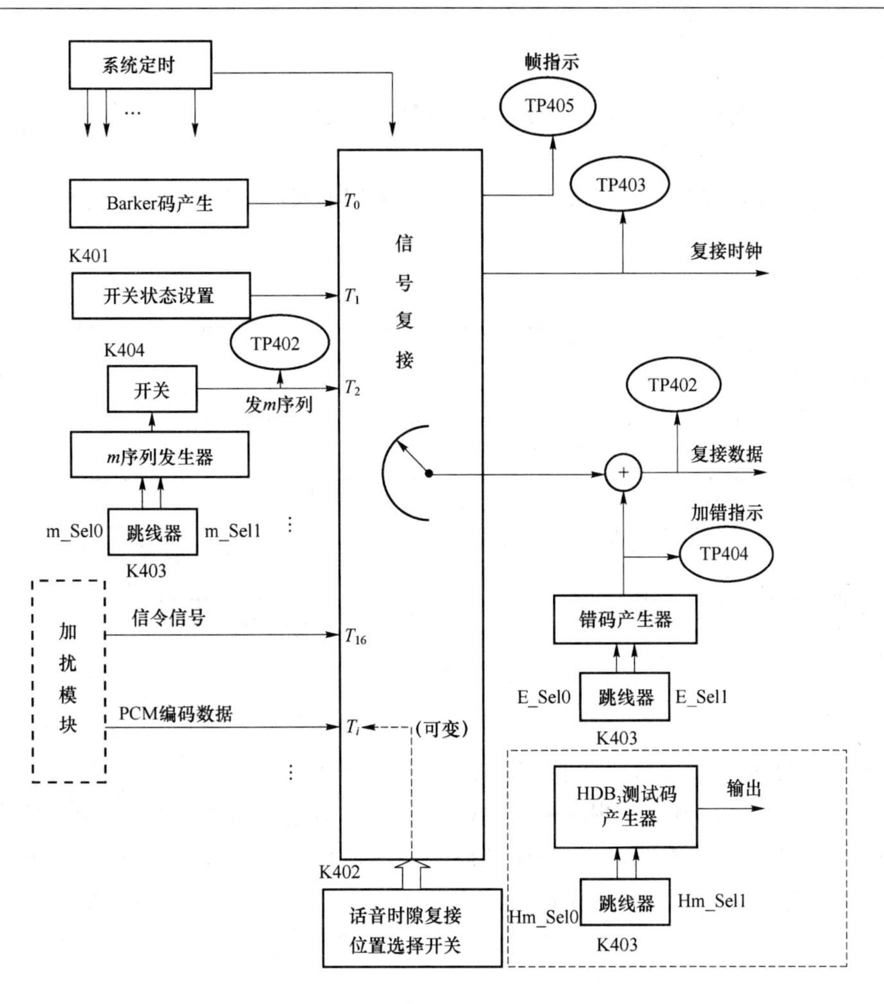

图 2-56　复接模块工作原理组成框图

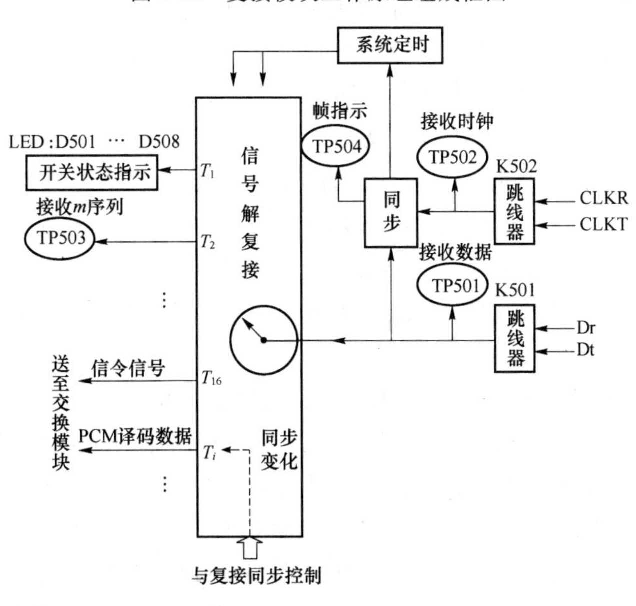

图 2-57　解复接模块工作原理组成框图

实训原理

在数字传输系统中，几乎所有业务均以一定的格式出现。因而在信道上对各种业务传输之前要对业务的数据进行包装。

信道上对业务数据包装的过程称为帧组装。不同的系统、信道设备帧组装的格式、过程不同。

TDM 制的数字通信系统，在国际上已逐步建立起标准并广泛使用。TDM 的主要特点是在同一个信道上利用不同的时隙来传递各路(语音、数据或图像)不同信号。各路信号之间的传输是相互独立的，互不干扰。

32 路 TDM(一次群)系统帧组成结构示意如图 2-58 所示。

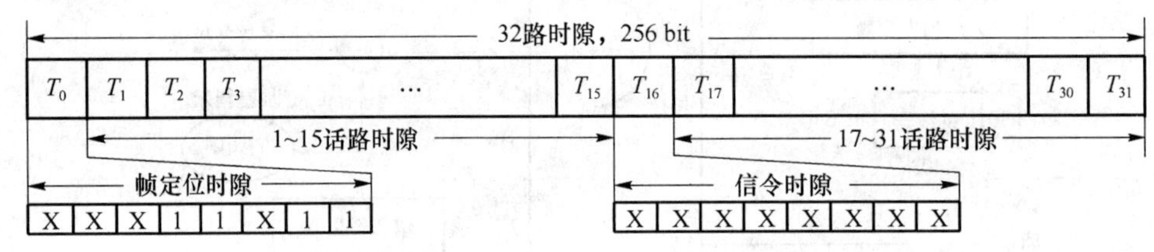

图 2-58　32 路 TDM 帧组成结构示意图

在一个帧中共划分为 32 段时隙($T_0 \sim T_{31}$)，其中 30 个时隙用于 30 路话音业务。T_0 为帧定位时隙，用于接收设备做帧同步用。在帧信号码流中除有帧定位信号外，随机变化的数字码流中也将会以一定概率出现与帧定位码型一致的假定位信号，它将影响接收端帧定位的捕捉过程。在搜索帧定位码时是连续地对接收码流搜索，因此帧定位码要具有良好的自相关特性。时隙 $T_1 \sim T_{15}$ 用于话音业务，分别对应第 1 路到第 15 路话音 PCM 码字。时隙 T_{16} 用于信令信号传输，完成信令的接续。时隙 $T_{17} \sim T_{31}$ 用于话音业务，分别对应第 16 路到第 30 路话音 PCM 码字。

复接、解复接模块电路在 E1 复接信号传输上采用了标准的 TDM 传输格式：定长组帧、帧定位码与信息格式。一帧共有 32 个时间间隔，按 8 bit 一组分成了各固定时隙，各时隙分别记为 T_0、T_1、…、T_{31}。T_0 时隙为帧定位码，帧定位的码型和码长选择直接影响接收端帧定位搜索和漏同步性能，Barker 码具有良好的自相关特性。本同步系统中帧定位码选用 7 位 Barker 码(1110010)，使接收端具有良好的相位分辨能力；T_1 时隙为开关信号，8 位跳线开关数据全可变，便于对信号传输的观测；T_2 时隙为特殊码序列，共 4 种码型可选；$T_0 \sim T_{31}$ 复合成一个 2.048 Mbit/s 的标准数据流在同一信道上传输。

TDM 传输功能由 E1 复接模块工作原理框图如图 2-56 所示。该电路模块的工作过程描述如下。

帧传输 E1 复接模块主要由 Barker 码产生、同步调整、复接、系统定时单元所组成。复接器系统定时用于提供统一的基准时间信号。同步调整单元的作用是把各输入支路数字信号进行必要的频率或相位调整，形成与内部定时信号完全同步的数字信号，然后由复接单元完成时间复用形成合路数字信号流。系统用一片现场可编程门阵列(CPLD)芯片来完成(U401)。U401 内部还构造了一个 m 序列发生器，为便于观测复接信号波形，通过跳线开关 K403(m_Sel0，m_Sel1)可以选择 4 种 m 序列码型，开关位置对应输出 m 序列码型如表 2-7 所示。

表 2-7　跳线器 K403 与产生输出数据信号

选　项	K403 设置状态			
m_Sel0	□　□	□　□	□　□	□　□
m_Sel1	□　□	□　□	□　□	□　□
m 序列	0 码	1 码	1110010	15 位码长

帧传输 E1 解复接模块由同步、定时、分接和恢复单元组成。其工作原理框图如图 2-57所示。分接器的定时来自接收定时模块从接收信号中恢复的同步时钟，在同步单元的控制下，使分接器的基准时间与复接器的基准时间信号保持正确的相位关系，即保持同步。当未同步时，将给出失步告警指示（红灯亮）。分接单元的作用是把合路的数字信号实施分离形成同步的支路数字信号，然后经过恢复单元恢复出原来支路的数字信号。

在 E1 复接模块模块中，电路安排了如下测试点。

- TP401：发 m 序列
- TP402：复接数据
- TP403：复接时钟
- TP404：加错指示
- TP405：帧指示

在 E1 解复接模块中，电路安排了如下测试点。

- TP501：接收数据
- TP502：接收时钟
- TP503：输出 m 序列
- TP504：帧指示.

实训步骤

检查所有跳线均按默认状态设置。将跳线开关 K001、K002 设置于系统状态，将跳线开关 KD03 设置于“DT”位置，让通信系统处于自环状态。将复接模块内的工作状态选择跳线开关 K403 中的 m 序列选择跳线开关 m_Sel0、m_Sel1 拔下，使 m 序列发生器产生全 0 码，将加错码选择跳线开关 E_Sel0、E_Sel1 拔下，不在传输帧中插入误码。

（1）发送传输帧结构观察

如图 2-56 所示，用示波器同时观测帧复接模块帧同步指示测试点 TP405 与复接数据 TP402 的波形。掌握帧结构的观测方法，注意分析 E1 帧结构的时序关系，判断帧同步码、开关状态、PCM 编码等信号所在 E1 复接帧中的位置，画下 E1 复接帧信号的一个周期基本格式。

（2）帧定位信号码格式测量

用示波器同时观测帧复接模块同步指示测试点 TP405 与复接数据 TP402 的波形。仔细调整示波器同步，找到并读出帧定位信号码格式，记录测试结果。

（3）帧内话音数据观察

用示波器同时观测帧复接模块同步指示测试点 TP405 与复接数据 TP402 的波形。找出帧内话音数据。分析话音 PCM 编码数据所在时隙位置是否与开关 K402 的设置相一致。调整话音发送时隙选择开关的设置,重新寻找调整后的话音 PCM 编码数据所在时隙位置。

(4) 帧内 m 序列数据观测

用示波器同时观测帧复接模块同步指示测试点 TP405 与复接数据 TP402 的波形。调整复接模块内的工作状态选择跳线开关 K403 中的 m 序列选择跳线开关 m_Sel0、m_Sel1 状态,产生 4 种不同序列输出,观测帧内 m 序列数据是否随之变化,记录测试结果。

(5) 帧内信令信号观测

用示波器同时观测帧复接模块同步指示测试点 TP405 与复接数据 TP402 的波形。找到信令时隙,话机摘机、挂机和拨号时观测信令信号时隙是否变化,记录测试结果。

(6) 解复接帧同步信号指示观测

用示波器同时观测帧复接模块同步指示测试点 TP405 与解复接模块帧同步指示测试点 TP504 波形。观测两信号之间是否完全同步,记录测试结果。

(7) 解复接模块 m 序列数据输出测量

用示波器测量同时观测发端 m 序列信号测试点 TP401 与解复接输出 m 序列信号 TP503 波形。观测解复接输出 m 序列信号是否正确,经复接/解复接系统传输的时延是多少。调整复接模块内的工作状态选择跳线开关 K403 中的 m 序列选择跳线开关 m_Sel0、m_Sel1状态,产生 4 种不同序列输出,观测帧内 m 序列数据是否随之变化,记录测试结果。

实训报告

(1) 整理实验数据,画出输入话音信号、PCM 发送数字信号、复接输入信号、解复接输出信号、PCM 接收数字信号、接收话音信号波形。

(2) 分别说明以上各测试波形在电路图中位置、名称、意义。

(3) 理解话音信号在 PCM 编译码电路、信号复接与解复接电路的工作过程。

3. 线路编解码(HDB_3)电路分析与测试

实训目的

(1) 了解二进制单极性码变换为 HDB_3 码的编码规则,熟悉 HDB_3 码的基本特征;

(2) 熟悉 HDB_3 码的编译码器工作原理和实现方法,根据测量和分析结果,画出电路关键位的波形;

(3) 掌握话音信号在数字基带传输系统传输过程,并能用电子测试设备对系统进行测试和分析。

实训设备

(1) 通信原理综合实验系统

(2) 20 MHz 双踪示波器

(3) 电话机

实训电路图

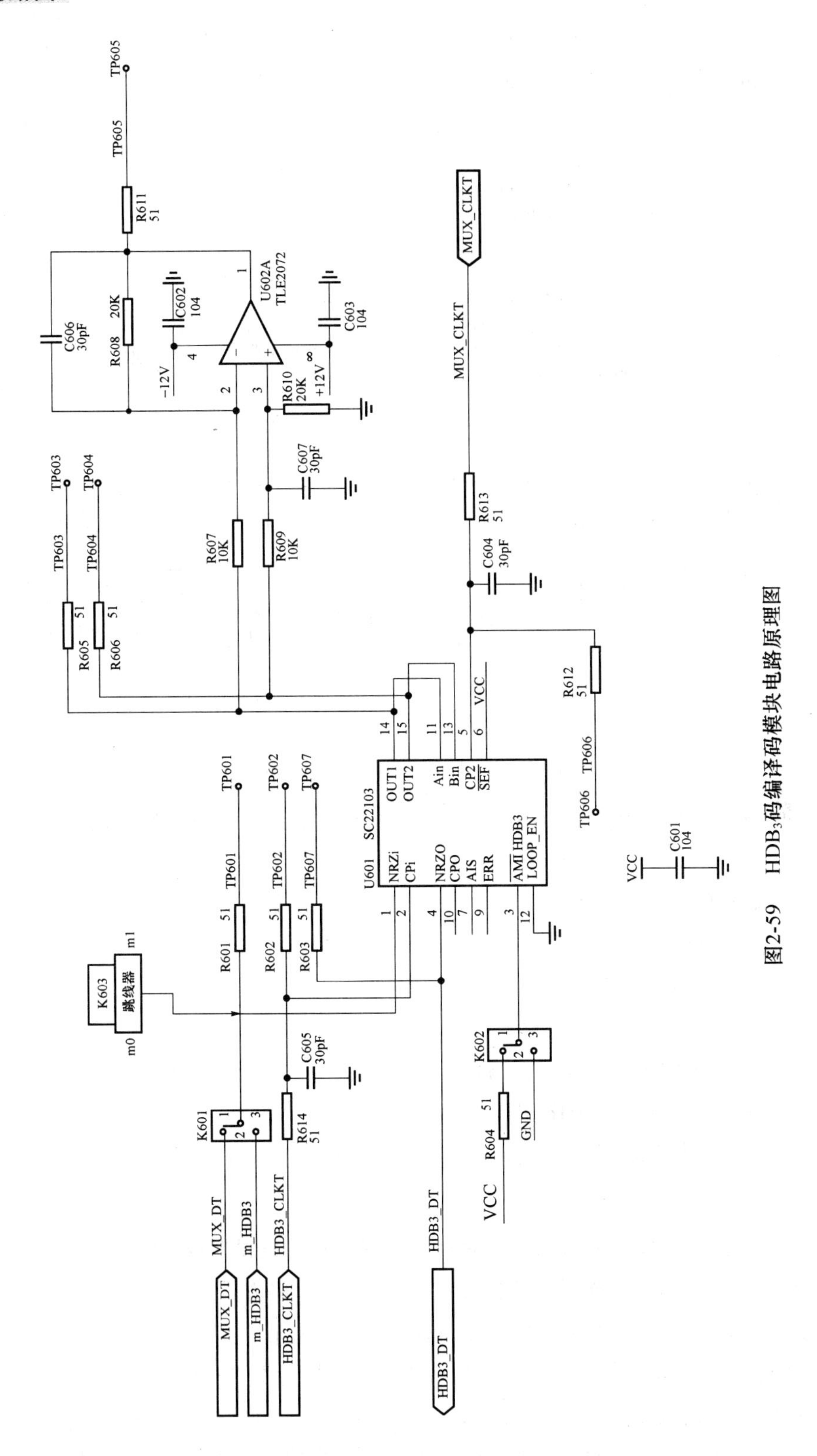

图2-59　HDB$_3$码编译码模块电路原理图

实训原理

HDB_3 码编码原理框图 2-60 所示。HDB_3 码编码器主要由四连“0”检测及补“1”码电路、破坏点形成电路、取代节选择电路和单/双极性变换电路组成。HDB_3 码流为归零(RZ)码。

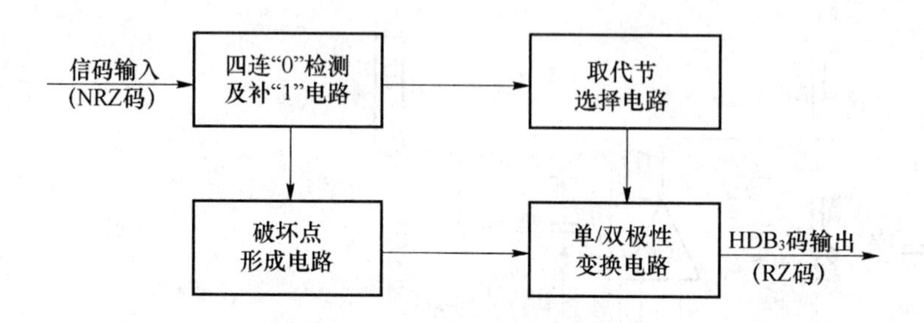

图 2-60 HDB_3 码编码原理框图

HDB_3 码译码原理框图 2-61 所示。HDB_3 码译码器主要由双/单极性变换电路、判决电路、破坏点检测电路和去除取代节电路组成。此外,位定时恢复电路也是十分重要的。

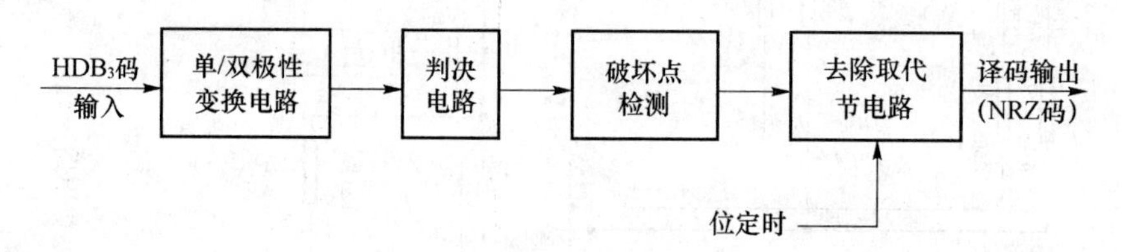

图 2-61 HDB_3 码译码原理框图

HDB_3 码编译码模块电路原理图如图 2-59 所示。HDB_3 编译码模块内各测试点的安排如下。

TP601:输入数据(2.048 Mbit/s)

TP602:输入时钟(2.048 MHz)

TP603:HDB_3+输出

TP604:HDB_3-输出

TP605:HDB_3 输出(双极性归零码)

TP606:译码输入时钟(2.048 MHz)

TP607:译码输出数据(2.048 Mbit/s)

实训步骤

如图 2-59 所示,首先将输入信号选择跳线开关 K601 设置在 *m* 位置、AMI/HDB_3 编码开关 K602 设置在 HDB_3 位置,使电路模块工作在 HDB_3 码方式。

(1) 10000000 码型输入时的 HDB_3 编码输出信号观测

将测试码序列选择跳线开关 K603 的 m_Sel0、m_Sel1 拔下,产生 10000000 测试序列。用示波器同时观测输入数据 TP601 和 HDB_3 输出双极性编码数据 TP605 波形。分析观测输入数据与输出数据关系是否满足 HDB_3 编码关系,画下一个序列周期的测试波形。

(2) 全0码输入时的 HDB_3 编码输出信号观测

改变测试码序列选择跳线开关 K603 的 m_Sel0、m_Sel1 的状态，使其产生全0测试数据输出。用示波器观测 HDB_3 输出双极性编码数据 TP605 波形，记录分析测试结果。

(3) 不同码型序列的 HDB_3 编码输出信号观测

改变测试码序列选择跳线开关 K603 的 m_Sel0、m_Sel1 的状态，分别产生不同的码型序列。重复上述测试步骤，记录测试结果。

(4) HDB_3 码编码、译码及时延测量

将输入数据选择跳线开关 K601 设置在 *m* 位置；设置测试码序列选择跳线开关 K603 的 m_Sel0、m_Sel1 在非全零码状态。

用示波器同时观测输入数据 TP601 和 HDB_3 编码输出数据 TP605 波形。观测 HDB_3 编码输出数据是否正确，画测试波形。

用示波器同时观测输入数据 TP601 和 HDB_3 译码输出数据 TP607 波形。观测 HDB_3 译码输出数据是否正确，画测试波形。

实训报告

(1) 根据数字通信实验系统，画出数字基带传输连接示意图，说明各部分电路的功能。

(2) 根据数字通信实验系统，简述正常通话状态，话音信号数字基带传输的信号流程。

(3) 分别说明以上各测试波形在电路图中位置、名称、意义。

(4) 理解话音信号在 PCM 编译码电路、信号复接与解复接电路、HDB_3 线路编解码电路的工作过程，即话音信号在数字基带传输系统传输过程。

任务二　话音在数字频带通信系统中的传输

以上分析与测试了话音在数字基带信号系统中传输。实际通信系统中很多信道都不能直接传送基带信号，必须用基带信号对载波波形的某些参量进行控制，使载波的这些参量随基带信号的变化而变化，以适应信道的传输，这个过程称为调制。

数字频带通信系统电路方框图如图 2-62 所示。话音在数字频带通信系统中主要由下列系统模块组成：电话接口模块、话音编解码模块、帧复接解复接模块、信道调制与解调等模块。由图 2-62 可以看出，话音在数字基频带通信系统中传输过程如下。

从用户电话 1 向用户电话 2 的信号流程为：用户电话接口 1→话音编码(PCM)→信号复接→信道调制(数字调制)→载频传输信道→信道解调(数字解调)→信道解复接→话音解码→用户电话接口 2。

话音编码器采用 PCM，将模拟电信号转换为数字电信号。信号复接电路采用时分复用方式，将多路信号合为一路信号。信道调制电路采用数字调制方式，将二进制序列数字信号转换为适合载波信道传输的已调信号。

实训目的

(1) 熟悉 FSK 调制和解调基本工作原理，掌握 FSK 数据传输过程；

(2) 掌握 FSK 性能的测试方法；

(3) 掌握话音信号在数字频带传输系统传输过程，并能用电子测试设备对系统进行测

试和分析。

实训设备

(1) 通信原理综合实验系统

(2) 20 MHz 双踪示波器

实训电路

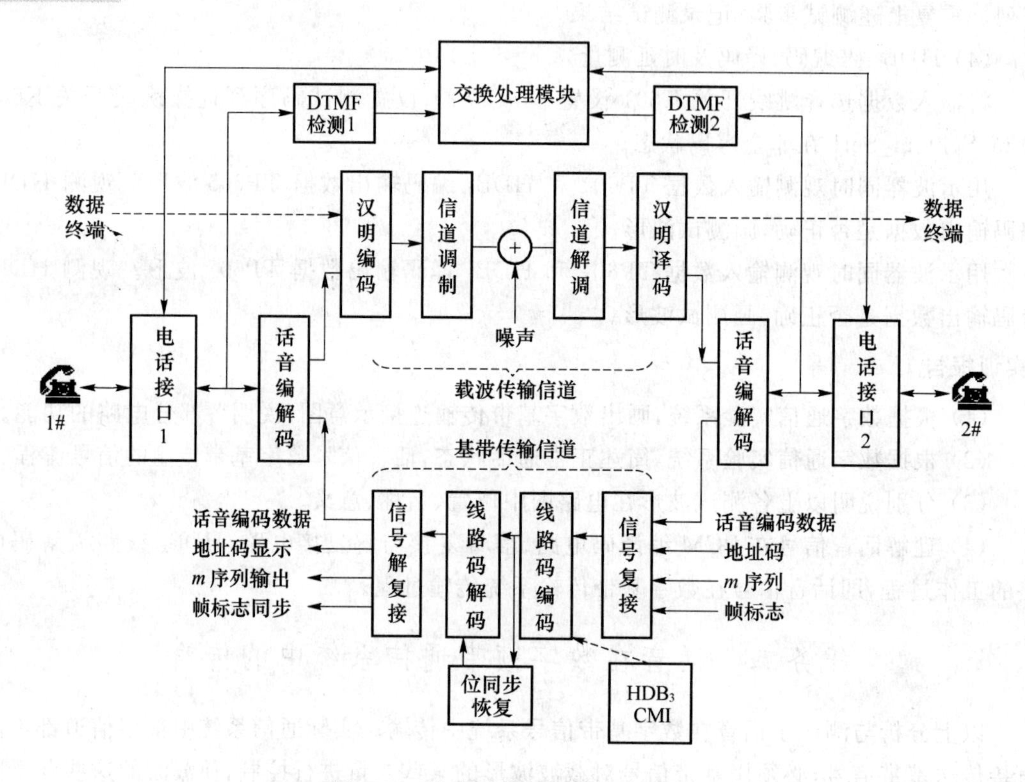

图 2-62 数字基带和频带传输框图

实训步骤

(1) 观测 FSK 调制基带信号

观测发送数据信号和基带 FSK 信号波形。观测这两个信号波形的对应关系。

(2) 观测 FSK 调制中频信号波形

观测基带 FSK 信号波形与 FSK 调制中频信号波形,它们应有明确的信号对应关系。

(3) 观测解调基带 FSK 信号

测量 FSK 解调基带信号测波形,观测时用发送数据信号作比较,比较其两者的对应关系。

(4) 话音信号在数字频带传输系统中的传输

如图 2-62 所示,对数字频带传输系统进行分析与测试,画出以下测试点波形,并解释各测试点在系统中的位置、名称和意义。

输入话音信号→PCM 发送数字信号→复接输入信号→基带发送数据信号→基带 FSK 信号→FSK 调制中频信号→解调后基带 FSK 信号→基带接收数据信号→接收话音信号。

实训报告

（1）根据数字通信实验系统，画出数字频带传输连接示意图，说明各部分电路的功能。

（2）整理实验数据，画出输入话音信号、PCM 发送数字信号、复接输入信号、基带发送数据信号、基带 FSK 信号、FSK 调制中频信号、解调后基带 FSK 信号、基带接收数据信号、接收话音信号波形。

（3）分别说明以上各测试波形在电路图中位置、名称、意义。

（4）理解话音信号在 PCM 编译码电路、信号复接与解复接电路、FSK 信道调制与解调电路的工作过程，即话音信号在数字频带传输系统的传输过程。

模块三　话音在光纤通信系统中的传输

内容提要

光纤通信作为现代通信的主要支柱，是信息社会中各种信息网的主要传输工具。本模块重点介绍以下问题：话音在光纤通信系统中的传输原理；光纤和光缆、光纤通信中光源和光检测器、光纤通信中光无源器件；数字光纤传输的两种体制。

本章重点

1. 光纤通信的特点和应用；
2. 光纤通信系统的基本组成；
3. 光纤的结构和分类、光纤的导光原理及主要工作特性；
4. 光源、光检测器、光无源器件的工作特性；
5. SDH 的基本特点；
6. SDH 的标准速率与帧结构；
7. 我国 SDH 的复用结构。

教学导航

课程名称	通信与网络技术	课程代码	EC043H
任务名称	话音在光纤通信系统中的传输	学时	18

学习内容：

学习话音在光纤通信系统中的传输过程和传输原理，建立光纤通信系统概念。画出光纤通信传输系统通信模型，正确描述各组成部分的功能，并对光纤通信系统进行分析与测试。了解 SDH 光传输技术。

能力目标：

1. 能画出光纤通信传输系统结构图。能简述光纤通信传输系统各组成部分的作用。
2. 能独立完成光纤通信系统分析与测试，以话音在光纤通信系统中的传输为例。
3. 能独立完成光器件分析与测试，以光纤、激光器、连接器、光衰减器等为例。
4. 能根据实训项目完成实训过程，撰写实训项目总结报告。

教学组织：

1. 采用“教学做一体化”教学模式，在通信实验/实训室上课。
2. 理论学习结合实训内容来理解，使学习者能将实际系统与理论模型对应起来。
3. 重视在光纤通信系统中各测试点波形的对应关系。

3.1　数字光纤通信系统概述

3.1.1　光纤通信发展现状

随着社会的不断进步，通信向大容量、长距离方向发展是必然趋势。由于光波具有极高的频率(大约 10^{14} Hz)，即具有极高的带宽，从而可以承载巨大容量的信息，所以用光波作为载体来进行通信一直是人们几百年来追求的目标。

1. 光纤通信发展的里程碑

1966 年 7 月，英籍华裔学者高锟博士在 Proc. IEE 杂志上发表了一篇十分著名的论文《用于光频的光纤表面波导》，该文从理论上分析证明了用光纤作为传输媒体以实现光通信的可能性。

2. 光纤通信发展的实质性突破

1970 年美国康宁公司根据高锟论文的设想，用改进型化学汽相沉积法(MCVD 法)制造出当时世界上第一根超低损耗光纤，成为光纤通信爆炸性发展的导火线。虽然当时康宁公司制造出的光纤只有几米长，衰减系数约 20 dB/km，但它毕竟证明了用当时的科学技术与工艺方法制造通信用超低损耗光纤的可能性，即找到了实现低衰耗传输光波的理想媒体，这是光纤通信的重大实质性突破。

3. 光纤通信爆炸性的发展

1970 年以后，世界各发达国家对光纤通信的研究倾注了大量的人力与物力，其来势之凶、规模之大、速度之快远远超出了人们的意料，从而使光纤通信技术取得了极其惊人的进展。

(1) 光纤损耗

自 1970 年以后，光纤损耗逐年降低。1970 年为 20 dB/km；1972 年为 4 dB/km；1974 年为 1.1 dB/km；1976 年为 0.5 dB/km；1979 年为 0.2 dB/km；1990 年为 0.14 dB/km，已经接近石英光纤的理论损耗极限值。

(2) 光器件

1970 年，美国贝尔实验室研制出世界上第一只能在室温下连续工作的砷化镓铝半导体激光器，为光纤通信找到了合适的光源器件。后来逐渐发展到性能更好、寿命达几万小时的异质结条形激光器和现在的寿命达几十万小时的分布反馈式激光器(DFB-LD)及多量子阱(MQW)激光器。光接收器件也从简单的硅光电二极管发展到量子效率达 90%以上的Ⅲ-Ⅴ族雪崩光电二极管。

(3) 光纤通信系统

正是光纤制造技术和光电器件制造技术的飞速发展，以及大规模、超大规模集成电路技术和微处理器技术的发展，带动了光纤通信系统从小容量到大容量、从短距离到长距离、从旧体制(PDH)到新体制(SDH)的迅猛发展。1976 年，美国在亚特兰大开通了世界上第一个实用化光纤通信系统，码速率仅为 45 Mbit/s，中继距离为 10 km。1985 年，140 Mbit/s 多模光纤通信系统商用化，并着手单模光纤通信系统的现场试验工作。1990 年，565 Mbit/s 单模光纤通信系统进入商用化阶段，并着手进行零色散位移光纤、波分复用及相干光通信的现场试验，而且已经陆续制定了同步数字体系(SDH)的技术标准。1993 年，622 Mbit/s 的 SDH 产品进入商用化。1995 年，2.5 Gbit/s 的 SDH 产品进入商用化。1998 年，10 Gbit/s 的 SDH 产品进入商用化；同年，以 2.5 Gbit/s 为基群、总容量为 20 Gbit/s 和 40 Gbit/s 的密集波分复用(DWDM)系统进入商用化。2000 年，以 10 Gbit/s 为基群、总容量为 320 Gbit/s 的 DWDM 系统进入商用化。此外，在智能光网络(ION)、光分插复用器(OADM)、光交叉连接设备(OXC)等方面也正在取得巨大进展。光纤通信不同于有线电通信，后者利用金属媒体传输信号，前者则利用透明的光纤传输光波。虽然光和电都是电磁波，但频率范围相差很大。一般通信电缆最高使用频率约 9～24 MHz，光纤工作频率在 10^{14}～10^{15} Hz 之间。

当前，光通信技术正以超乎人们想象的速度发展，在过去的 10 年里，光传输速率提高了 100 倍，预计在未来 10 年里还将提高 100 倍左右。而目前 IP 业务持续的指数式增长，对光通信的发展带来了新的机遇和挑战。一方面 IP 巨大的业务量和不对称性刺激了波分复用(WDM)技术的应用和迅猛发展；另一方面 IP 业务与电路交换的差异也对基于电路交换的 SDH 提出了挑战。光通信本身也正处于深刻的变革中，特别是“光网络”的兴起和发展，在光域上可进行复用、解复用、选路和交换，可以充分利用光纤的巨大带宽资源，增加网络容量，实现各种业务的“透明”传输，而“光网络”和 IP 的结合——光因特网更是成为了人们关注的焦点。

3.1.2 光纤通信的特点和应用

在光纤通信系统中，作为载波的光波频率比电波频率高得多，而作为传输介质的光纤又比同轴电缆或波导管的损耗低得多，因此相对于电缆通信或微波通信，光纤通信具有许多独特的优点。

1. 容许频带很宽，传输容量很大

光纤通信系统的容许频带(带宽)取决于光源的调制特性、调制方式和光纤的色散特性。石英单模光纤在 1.31 μm 波长具有零色散特性，通过光纤的设计，还可以把零色散波长移到 1.55 μm。在零色散波长窗口，单模光纤都具有几十 GHz·km 的带宽。另外，可以采用多种复用技术来增加传输容量。最简单的是空分复用，因为光纤很细，直径只有 125 μm，一根光缆可以容纳几百根光纤，12×12=144 根光纤的带状光缆早已实现。这种方法使线路传输容量成百倍地增加。就单根光纤而言，采用 WDM 或光频分复用(OFDM)是增加光纤通信系统传输容量最有效的方法。减小光源谱线宽度和采用外调制方式也是增加传输容量的有效方法。为了与同轴电缆通信和微波无线电通信进行比较，表 3-1 列出早已实现的单一波长光纤通信系统的传输容量和中继距离。

表 3-1　光纤通信与电缆或微波通信传输能力的比较

通信手段	传输容量(话路)/条	中继距离/km	1 000 km 内中继器数/个
微波无线电	960	50	20
小同轴	960	4	250
中同轴	1 800	6	1 600
光缆	1 920	30	33
光缆	14 000(1 Gbit/s)	84	11
光缆	6 000(445 Mbit/s)	134	7

2. 损耗很小,中继距离很长且误码率很小

石英光纤在 1.31 μm 和 1.55 μm 波长,传输损耗分别为 0.5 dB/km 和 0.2 dB/km,甚至更低。因此,用光纤比用同轴电缆或波导管的中继距离长得多,如表 3-1 所示。目前,采用外调制技术,波长为 1.55 μm 的色散移位单模光纤通信系统,若其传输速率为 2.5 Gbit/s,则中继距离可达 150 km;若其传输速率为 10 Gbit/s,则中继距离可达 100 km。

传输容量大、传输误码率低、中继距离长的优点,使光纤通信系统不仅适合于长途干线网且适合于接入网的使用,这也是降低每千米话路系统造价的主要原因。

3. 重量轻,体积小

光纤重量很轻,直径很小。即使做成光缆,在芯数相同的条件下,其重量还是比电缆轻得多,体积也小得多。

4. 抗电磁干扰性能好

光纤由电绝缘的石英材料制成,光纤通信线路不受各种电磁场的干扰和闪电雷击的损坏。无金属光缆非常适合于存在强电磁场干扰的高压电力线路周围和油田、煤矿等易燃易爆环境中使用。光纤(复合)架空地线(OPGW,Optical Fiber Overhead Ground Wire)是光纤与电力输送系统的地线组合而成的通信光缆,已在电力系统的通信中发挥重要作用。

5. 泄漏小,保密性能好

在光纤中传输的光泄漏非常微弱,即使在弯曲地段也无法窃听。没有专用的特殊工具,光纤不能分接,因此信息在光纤中传输非常安全。

6. 节约金属材料,有利于资源合理使用

制造同轴电缆和波导管的铜、铝、铅等金属材料,在地球上的储存量是有限的,而制造光纤的石英(SiO_2)在地球上是取之不尽的材料。制造 8 km 管中同轴电缆,平均 1 km 需要 120 kg 铜和 500 kg 铝;而制造 8 km 光纤只需 320 g 石英。所以,推广光纤通信,有利于地球资源的合理使用。

总之,光纤通信不仅在技术上具有很大的优越性,而且在经济上具有巨大的竞争能力,因此其在信息社会中将发挥越来越重要的作用。图 3-1 给出了各种通信系统相对造价与传输容量(话路数)的关系。由图 3-1 可见,随着传输容量的增加,由于采用了新的传输媒质,使得相对造价直线下降。

光纤可以传输数字信号,也可以传输模拟信号。光纤在通信网、广播电视网与计算机网,以及其他数据传输系统中,都得到了广泛应用。光纤宽带干线传送网和接入网发展迅速,是当前研究开发应用的主要目标。光纤通信的应用可概括如下。

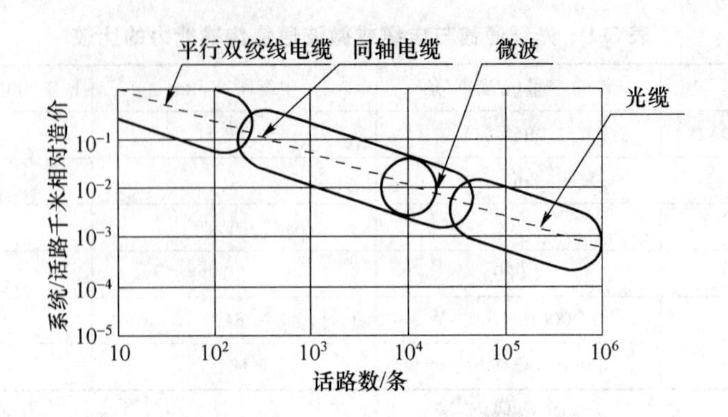

图 3-1　各种通信系统相对造价与传输容量的关系

（1）通信网，包括全球通信网（如横跨大西洋和太平洋的海底光缆和跨越欧亚大陆的洲际光缆干线）、各国的公共电信网（如我国的国家一级干线、各省二级干线和县以下的支线）、各种专用通信网（如电力、铁道、国防等部门通信、指挥、调度、监控的光缆系统）、特殊通信手段（如石油、化工、煤矿等部门易燃易爆环境下使用的光缆，以及飞机、军舰、潜艇、导弹和宇宙飞船内部的光缆系统）。

（2）构成因特网的计算机局域网和广域网，如光纤以太网、路由器之间的光纤高速传输链路。

（3）有线电视网的干线和分配网；工业电视系统，如工厂、银行、商场、交通和公安部门的监控；自动控制系统的数据传输。

（4）综合业务光纤接入网，分为有源接入网和无源接入网，可实现电话、数据、视频（会议电视、可视电话等）及多媒体业务综合接入核心网，提供各种各样的社区服务。

3.1.3　光纤通信系统的基本组成

所谓光纤通信，就是利用光纤来传输携带信息的光波以达到通信的目的。要使光波成为携带信息的载体，必须在发射端对其进行调制，而在接收端把信息从光波中检测出来（解调）。

光纤通信系统可以传输数字信号，也可以传输模拟信号。用户要传输的信息多种多样，一般有话音、图像、数据或多媒体信息。图 3-2 示出了单向传输的光纤通信系统，包括发射、接收和作为广义信道的基本光纤传输系统。

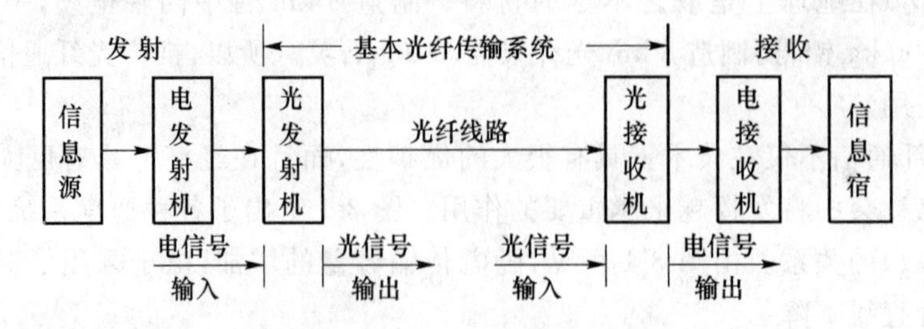

图 3-2　光纤通信系统的基本组成

如图 3-2 所示，信息源把用户信息转换为原始电信号，这种信号称为基带信号。电发射机把基带信号转换为适合信道传输的信号，这个转换如果需要调制，则其输出信号称为已调信号。对于数字电话传输,电话机把话音转换为频率范围为0.3～3.4 kHz的模拟基带信号,电发射机把这种模拟信号转换为数字信号,并把多路数字信号组合在一起。模/数转换目前普遍采用PCM方式,这种方式是通过对模拟信号进行抽样、量化和编码而实现的。一路话音转换成传输速率为64 kbit/s的数字信号,然后用数字复接器把24路或30路PCM信号组合成1.544 Mbit/s或2.048 Mbit/s的一次群甚至高次群的数字系列,最后输入光发射机。对于模拟电视传输,则用摄像机把图像转换为6 MHz的模拟基带信号,直接输入光发射机。

不论数字系统,还是模拟系统,输入到光发射机带有信息的电信号,都通过调制转换为光信号。光载波经过光纤线路传输到接收端,再由光接收机把光信号转换为电信号。

电接收机的功能和电发射机的功能相反,它把接收的电信号转换为基带信号,最后由信宿恢复用户信息。

在整个通信系统中,在光发射机之前和光接收机之后的电信号段,光纤通信所用的技术和设备与电缆通信相同,不同的只是由光发射机、光纤线路和光接收机所组成的基本光纤传输系统代替了电缆传输。

基本光纤传输系统作为独立的"光信道"单元,若配置适当的接口设备,则可以插入现有的数字通信系统或模拟通信系统,或者在有线通信系统或无线通信系统的发射与接收之间加入光发射机、光纤线路和光接收机,再配置适当的光器件,可以组成传输能力更强、功能更完善的光纤通信系统。例如,在光纤线路中插入光纤放大器组成光中继长途系统,配置波分复用器和解复用器,组成大容量波分复用系统,使用耦合器或光开关组成无源光网络,等等。下面简要介绍基本光纤传输系统的3个组成部分。

1. 光发射机

光发射机的功能是把输入电信号转换为光信号,并用耦合技术把光信号最大限度地注入光纤线路。光发射机由光源、驱动器和调制器组成,光源是光发射机的核心。光发射机的性能基本上取决于光源的特性,对光源的要求是输出光功率足够大、调制频率足够高、谱线宽度和光束发散角尽可能小、输出功率和波长稳定、器件寿命长。目前广泛使用的光源有半导体发光二极管(LED)和半导体激光二极管(或称激光器,LD),以及谱线宽度很小的动态单纵模分布反馈(DFB)激光器。有些场合也使用固体激光器,如大功率的掺钕钇铝石榴石(Nd：YAG)激光器。

2. 光纤线路

光纤线路的功能是把来自光发射机的光信号,以尽可能小的畸变(失真)和衰减传输到光接收机。光纤线路由光纤、光纤接头和光纤连接器组成。光纤是光纤线路的主体,接头和连接器是不可缺少的器件。实际工程中使用的是容纳许多根光纤的光缆。

光纤线路的性能主要由光缆内光纤的传输特性决定。对光纤的基本要求是损耗和色散这两个传输特性参数都尽可能地小,而且有足够好的机械特性和环境特性。

目前使用的石英光纤有多模光纤和单模光纤,单模光纤的传输特性比多模光纤好,价格比多模光纤便宜,因而应用更广泛。单模光纤配合半导体激光器,适合大容量长距离光纤传输系统,而小容量短距离系统用多模光纤配合半导体发光二极管更加合适。为适应不同通信系统的需要,已经设计了多种结构不同、特性优良的单模光纤,并成功地投入实际应用。

石英光纤在近红外波段，除杂质吸收峰外，其损耗随波长的增加而减小，在 0.85、1.31和 1.55 μm 有 3 个损耗很小的波长窗口。在这 3 个波长窗口损耗分别小于 2、0.4 和 0.2 dB/km。石英光纤在波长 1.31 μm 色散为 0，带宽极大值高达几十 GHz·km。通过光纤设计，可以使零色散波长移到 1.55 μm，实现损耗和色散都最小的色散移位单模光纤。根据光纤传输特性的特点，光纤通信系统的工作波长都选择在 0.85、1.31 或 1.55 μm，特别是 1.31 μm 和 1.55 μm 应用更加广泛。

因此，作为光源的激光器的发射波长和作为光检测器的光电二极管的波长响应，都要和光纤的 3 个波长窗口相一致。目前，在实验室条件下，1.55 μm 波长的损耗已达到 0.154 dB/km，接近石英光纤损耗的理论极限，因此人们开始研究新的光纤材料。光纤是光纤通信的基础，光纤的技术进步有力地推动着光纤通信向前发展。

3. 光接收机

光接收机的功能是把从光纤线路输出、产生畸变和衰减的微弱光信号转换为电信号，并经放大和处理后恢复成发射前的电信号。光接收机由光检测器、放大器和相关电路组成，光检测器是光接收机的核心。对光检测器的要求是响应度高、噪声低和响应速度快。目前广泛使用的光检测器有两种类型：在半导体 PN 结中加入本征层的 PIN 光电二极管(PIN-PD)和雪崩光电二极管(APD)。

光接收机最重要的特性参数是灵敏度。灵敏度是衡量光接收机质量的综合指标，它反映接收机调整到最佳状态时，接收微弱光信号的能力。灵敏度主要取决于组成光接收机的光电二极管和放大器的噪声，并受传输速率、光发射机的参数和光纤线路的色散影响，还与系统要求的误码率或信噪比有密切关系。所以灵敏度也是反映光纤通信系统质量的重要指标。

3.2 光纤与光器件

3.2.1 光纤

光纤是导光的玻璃纤维的简称，是石英玻璃丝，直径只有 0.1 mm，它和原来传送电话的明线、电缆一样，是一种新型的信息传输介质，但它比以上两种方式传送的信息量要高出成千上万倍，可达到上百千兆比特/秒，而且衰耗极低。

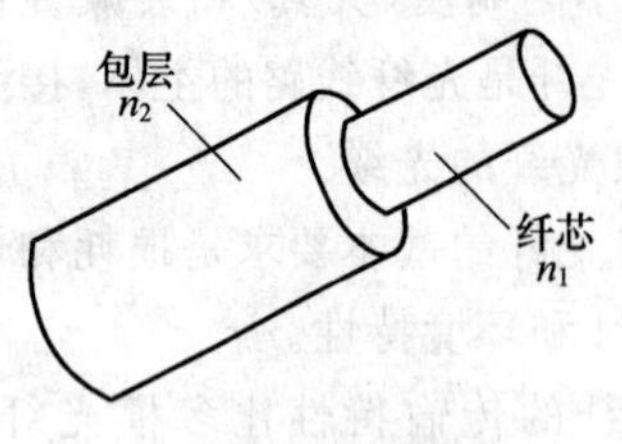

图 3-3 光纤的外形

光纤是由中心的纤芯和外围的包层同轴组成的圆柱形细丝，如图 3-3 所示。纤芯的折射率比包层稍高，损耗比包层更低，光能量主要在纤芯内传输。包层为光的传输提供反射面和光隔离，并起一定的机械保护作用。设纤芯和包层的折射率分别为 n_1 和 n_2，光能量在光纤中传输的必要条件是 $n_1>n_2$。

1. 光纤的导光原理

光纤为什么能导光，能传送大量信息呢？下面用简单的比喻，从物理概念上来说明，以加深对光纤传输信息的理解。

光纤是利用光的全反射特性来导光的。在物理中学习过光从一种介质向另一种介质传播，由于它们在不同介质中传输速率不同，因此，当通过两个不同的介质交界面时就会发生折射。

若有两种不同介质，其折射率分别为 n_0、n_1，而且 $n_1>n_0$，设界面为 XX'，折射率小的称为光疏媒质，折射率大的称为光密媒质，假定光线从光疏媒质射向光密媒质，其折射情况如图 3-4 所示。图中，入射角 θ_0 为入射光线与法线 YY' 的夹角，折射角为 θ_1 为折射光线与 YY' 的夹角。由图可见，$\theta_1<\theta_0$。

若使光束从光密媒质射向光疏媒质时，则折射角大于入射角，如图 3-5 所示。如果不断增大 θ_0 可使折射角 θ_1 达到 90°，这时的 θ_1 称为临界角。当光线从光密媒质射向光疏媒质，且入射角大于临界角时，就会产生全反射现象。光纤就是利用这种全反射来传输光信号的。

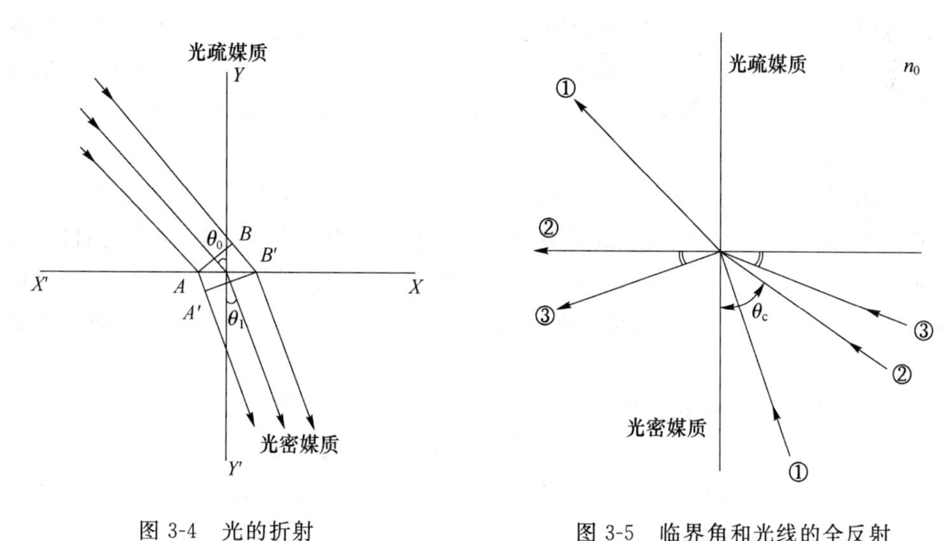

图 3-4　光的折射　　　　图 3-5　临界角和光线的全反射

在了解光的全反射原理后，画出光在阶跃光纤中的传播轨迹，即按“之”字形传播及沿纤芯与包层的分界面掠过，如图 3-6 所示。

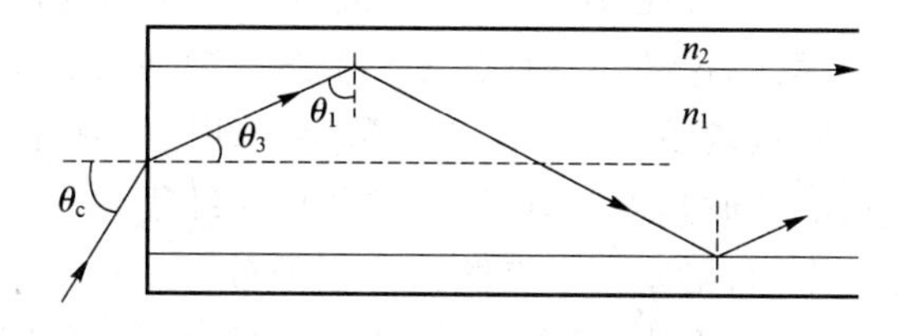

图 3-6　多模光纤的光线传播原理

2. 光纤的结构

光纤是光信号的传输介质，因此必须介绍光纤的结构、分类、光纤的导光原理及光纤的特性。为了保证光纤能在各种敷设条件下和各种环境中长期使用，必须将光纤构成光缆。

光纤呈圆柱形，由纤芯、包层和涂覆层 3 部分组成，如图 3-7 所示。

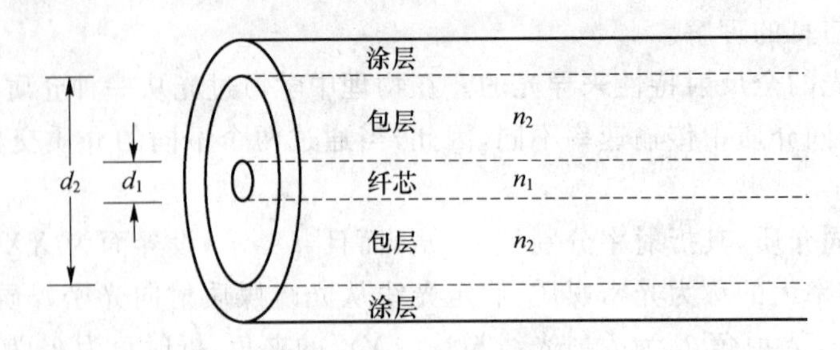

图 3-7 光纤结构示意图

(1) 纤芯。纤芯位于光纤的中心部位(直径 $d_1 = 4 \sim 50\ \mu m$),单模光纤的纤芯为 $4 \sim 10\ \mu m$,多模光纤的纤芯为 50 μm,纤芯的成分是高纯度二氧化硅。此外,还掺有极少量的掺杂剂(如二氧化锗(GeO_2)、五氧化二磷(P_2O_5)),其作用是适当提高纤芯对光的折射率(n_1),用于传输光信号。纤芯是光波的主要传输通道。

(2) 包层。包层位于纤芯的周围(直径 $d_2 = 125\ \mu m$),其成分也是含有极少量掺杂剂的高纯度二氧化硅。而掺杂剂(如三氧化二硼(B_2O_3))的作用则是适当降低包层对光的折射率(n_2),使之略低于纤芯的折射率,即 $n_1 > n_2$,这是光纤结构的关键,它使得光信号封闭在纤芯中传输。

(3) 涂覆层。光纤的最外层为涂覆层,包括一次涂覆层、缓冲层和二次涂覆层。一次涂覆层一般使用丙烯酸酚、有机硅或硅橡胶材料;缓冲层一般为性能良好的填充油膏;二次涂覆层一般多用聚丙烯或尼龙等高聚物。涂覆的作用是保护光纤不受水汽侵蚀和机械擦伤,同时又增加了光纤的机械强度与可弯曲性,起延长光纤寿命的作用。涂覆后的光纤其外径约 1.5 mm。

纤芯的粗细、纤芯材料和包层材料的折射率,对光纤的特性起决定性影响。由纤芯和包层组成的光纤称为裸纤,其强度、柔韧性较差,在裸纤从高温炉拉出后 2 s 内进行涂覆,经过涂覆后的光纤才能制成光缆,满足通信传输的要求。通常所说的光纤就是指这种经过涂覆后的光纤。

3. 光纤的分类

根据波导传输波动理论分析,光纤的传播模式可分为多模光纤和单模光纤。

当光纤的几何尺寸(主要是芯径 d_1)远大于光波波长时(约 1 μm),光纤传输过程中会存在几十种乃至几百种传输模式,这种光纤称为多模光纤。这种光纤结构简单、易于实现,接头连接要求不高,使用方便,也较便宜。在早期的数字光纤通信系统(PDH 系列)中采用,但这种光纤传输带宽窄、衰耗大、时延差大,已逐步被单模光纤代替。

在纤芯和包层横截面上,折射率剖面有两种典型分布。

突变型多模光纤(SIF,Step Index Fiber),如图 3-8(a)所示,纤芯折射率为 n_1 保持不变,到包层突然变为 n_2。这种光纤一般纤芯直径 $2a = 50 \sim 80\ \mu m$,光线以折线形状沿纤芯中心轴线方向传播,特点是信号畸变大。

渐变型多模光纤(GIF,Graded Index Fiber),如图 3-8(b)所示,在纤芯中心折射率最大为 n_1,沿径向 r 向外围逐渐变小,直到包层变为 n_2。这种光纤一般纤芯直径 $2a = 50\ \mu m$,光线以正弦形状沿纤芯中心轴线方向传播,特点是信号畸变小。

单模光纤(SMF,Single Mode Fiber),如图 3-8(c)所示,折射率分布和突变型光纤相似,纤芯直径只有 8～10 μm，光线以直线形状沿纤芯中心轴线方向传播。因为这种光纤只能传输一种模式，所以称为单模光纤，其信号畸变很小。

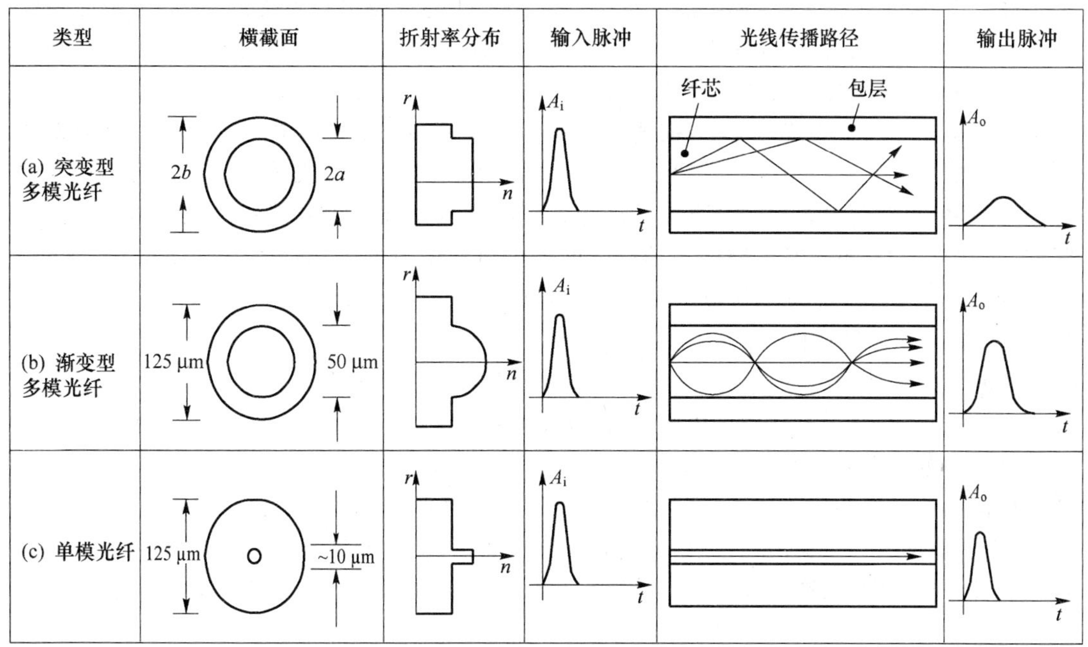

图 3-8　3 种基本类型的光纤

相对于单模光纤而言，突变型光纤和渐变型光纤的纤芯直径都很大，可以容纳数百个模式，所以称为多模光纤。

按传输波长不同，光纤可分为短波长光纤和长波长光纤，短波长光纤的波长为 0.85 μm（0.8～0.9 μm），长波长光纤的波长为 1.3～1.6 μm，主要有 1.31 μm 和 1.55 μm 两个窗口。波长为 0.85 μm 的多模光纤主要用于短距离市话中继线路或专用通信网等线路。长波长光纤主要用于干线传输。

ITU-T 建议规范了 G.652、G.653、G.654 和 G.655 4 种单模光纤。

4. 光纤的传输特性

光纤的传输特性主要是指光纤的损耗特性和色散特性，它依存于光波长相关的传输损耗及重迭在光的基带信号的速率和频率。

(1) 光纤的损耗特性

光波在光纤中传输，光功率强度随着传输距离的增加而逐渐减弱，光纤对光波产生衰减作用，称为光纤的损耗（或衰减）。光纤的损耗特性是一个非常重要的、对光信号的传播产生制约作用的特性，光纤的损耗限制了（没有光放大的）光信号的传播距离。光纤的损耗主要有吸收损耗、散射损耗和弯曲损耗 3 种。

① 吸收损耗：是制造光纤的材料本身造成的损耗，包括紫外吸收、红外吸收和杂质吸收。

② 散射损耗：由于材料的不均匀使光信号向四面八方散射而引起的损耗称为瑞利散射损耗。瑞利散射是光纤材料二氧化硅的本征损耗，它是由材料折射指数小尺度的随机不均

匀性所引起的。

③ 弯曲损耗:光纤的弯曲会引起辐射损耗。产生微弯曲的原因很多,在光纤和光缆的生产过程中,限于工艺条件,都可能产生微弯曲。光纤的弯曲损耗不可避免,因为不能保证光纤和光缆在生产过程中或使用过程中,不产生任何形式的弯曲。弯曲损耗对光纤衰减常数的影响不大,决定光纤衰减常数的损耗主要是吸收损耗和散射损耗。

损耗是光纤的主要特性之一,描述光纤损耗的主要参数是衰减系数。光纤的衰减系数是指光在单位长度光纤中传输时的衰耗量,单位一般用 dB/km。衰减系数是光纤最重要的特性参数之一,它在很大程度上决定了光纤通信的传输距离。在单模光纤中有两个低损耗区域,分别在 1 310 nm 和 1 550 nm 附近,即通常所说的 1 310 nm 窗口和 1 550 nm 窗口。1 550 nm窗口又可以分为 C-band (1 525～1 562 nm)和 L-band (1 565～1 610 nm)。

(2) 光纤的色散特性

光脉冲中的不同频率或模式在光纤中的群速度不同,因而这些频率成分和模式到达光纤终端有先有后,使得光脉冲产生展宽,这就是光纤的色散。色散是光纤的一个重要传输特性。光纤的色散现象对光纤通信极为不利。光纤数字通信传输的是一系列脉冲码,光纤在传输中的脉冲展宽导致了脉冲与脉冲相重叠的现象,即产生了码间干扰,从而形成传输码的失误,造成差错。为避免出现误码,就要拉长脉冲间距,导致传输速率降低,从而减少通信容量。另外,光纤脉冲的展宽程度随着传输距离的增长而越来越严重。因此,为了避免误码,光纤的传输码速要降低,距离也要缩短。

光纤的色散主要有模式色散、色度色散和偏振模色散等。

3.2.2 光缆

为了使光纤能在工程中实用化,能承受工程中拉伸、侧压和各种外力作用,还要具有一定的机械强度才能使性能稳定。因此,需要将光纤制成不同结构、不同形状和不同种类的光缆以适应光纤通信的需要。

1. 光缆的结构

光缆是以一根或多根光纤或光纤束制成符合光学、机械和环境特性的结构,光缆主要由缆芯、护套和加强元件组成。其结构直接影响系统的传输质量,而且与施工也有较大的关系。

(1) 缆芯

缆芯由光纤芯组成,可分为单芯和多芯两种。单芯型由单根二次涂覆处理后的光纤组成。多芯型由多根二次涂覆处理后的光纤组成,又分为带状结构和单位式结构。

(2) 护层

光缆的护层主要对已成缆的光纤芯线起保护作用,避免受外界机械力和环境损坏,因此要求护层具有耐压力、防潮、温度特性好、重量轻、耐化学浸蚀和阻燃等特点。光缆的护层可分为内护层和外护层。内护层一般采用聚乙烯或聚氯乙烯等;外护层可根据敷设条件而定,采用铝带和聚乙烯组成的层纹式(LAP)外护套加钢丝恺装等。

(3) 加强芯

加强芯主要承受敷设安装时所加的外力和性能。施工人员在敷设光缆前,必须了解光缆的结构和性能。工程施工应按所选用光缆的结构、性能,采取正确的操作方法,完成传输线路的建设，并确保光缆的正常使用寿命。

由于光纤具有脆性和微弯损耗增加的特性，使光缆结构设计变得复杂。在光通信发展的前期，多数厂家沿用原用的电缆生产技术和设备，采用中心增强构件配置方法生产层绞式光缆和塑料骨架式光缆。随着光缆生产技术的不断成熟，分散增强构件光缆和护层增强构件光缆等得到不断开发和应用。实践表明，光纤越靠中心，其稳定性、可靠性就越高。

2. 光缆的典型结构

光缆的结构类型多种多样，根据缆芯结构的特点，下面介绍几种有代表性的光缆结构形式。

(1) 层绞式光缆

层绞式光缆是将若干根光纤芯线以强度元件为中心绞合在一起的结构，如图 3-9(a)所示。特点是成本低，芯线数不超过 10 根。

(2) 单位式光缆

单位式光缆是将几根至十几根光纤芯线集合成一个单位，再由数个单位以强度元件为中心绞合成缆，如图 3-9 (b)所示，其芯线数一般适用于几十芯。

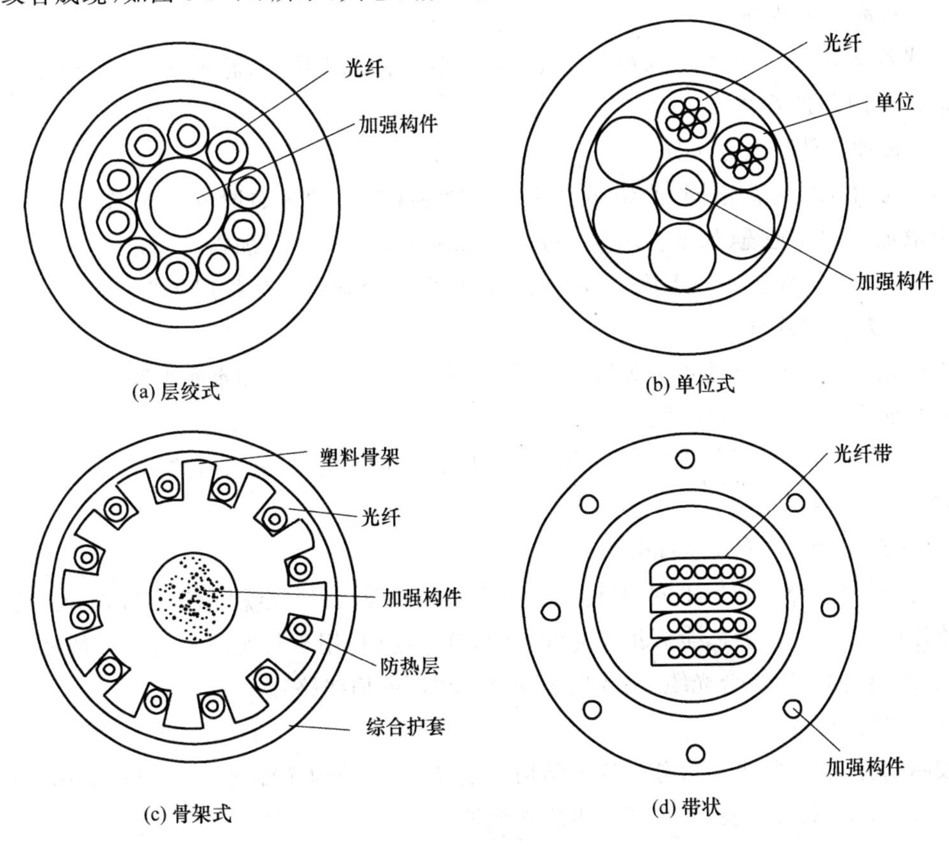

图 3-9　典型光缆结构

(3) 骨架式光缆

骨架式光缆是将单根或多根光纤放入骨架的螺旋槽内，骨架中心是强度元件，骨架上的沟槽可以是 V 型、U 型或凹型，如图 3-9(c)所示。这种光纤具有耐侧压、抗弯曲、抗拉的特点。

（4）带状式光缆

带状式光缆是将 4～12 根光纤芯线排列成行，构成带状光纤单元，再将多个带状单元按一定方式排列成缆，如图 3-9(d)所示。这种光缆的结构紧凑，采用此种结构可做成上千芯的高密度用户光缆。

3. 光缆的种类

光缆的种类较多，其分类方法更多，很多分类不如电缆分类那样单纯、明确。下面介绍一些习惯的分类方法。

（1）按传输性能、距离和用途分

按传输性能、距离和用途不同，光缆可分为市话光缆、长途光缆、海底光缆和用户光缆。

（2）按光纤的种类分

根据使用光纤的种类不同，光缆可分为多模光缆和单模光缆。

（3）按光纤套塑方法分

按光纤套塑的方法不同，光缆可分为紧套光缆、松套光缆、束管式光缆和带状多芯单元光缆。

（4）按光纤芯数分

按光纤缆芯数，光缆可分为单芯光缆、双芯光缆、四芯光缆、六芯光缆、八芯光缆、十二芯光缆和二十四芯光缆等。

（5）按加强件配置方法分

按加强件配置方法不同，光缆可分为中心加强构件光缆（如层绞式光缆、骨架式光缆等）、分散加强构件光缆（如束管两侧加强光缆和扁平光缆）、护层加强构件光缆（如束管钢丝轻铠光缆和 PE 护外层加一定数量的细钢丝，即 PE 细钢丝综合外护层光缆）。

（6）按敷设方式分

按敷设方式不同，光缆可分为管道光缆、直埋光缆、架空光缆和水底光缆。

（7）按护层材料性质分

按护层材料性质不同，光缆可分为聚乙烯护层普通光缆、聚氯乙烯护层足燃光缆和尼龙防蚁防鼠光缆。

（8）按传输导体、介质状况分

按传输导体、介质状况不同，光缆可分为无金属光缆、普通光缆（包括有铀铜导线作远供或联络用的金属加强构件、金属护层光缆）和综合光缆（指用于长距离通信的光缆和用于区间通信的对称四芯组综合光缆，主要用于铁路专用网通信线路）。

（9）按结构方式分

按结构方式不同，光缆可分为扁平结构光缆、层绞式结构光缆、骨架式结构光缆、铠装结构光缆（包括单、双层铠装）和高密度用户光缆等。

（10）通信用光缆

目前通信用光缆可分为：

- 室（野）外光缆：用于室外直埋、管道、槽道、隧道、架空及水下敷设的光缆。
- 软光缆：具有优良的曲挠性能的可移动光缆。
- 室（局）内光缆：适用于室内布放的光缆。

- 设备内光缆：用于设备内布放的光缆。
- 海底光缆：用于跨海洋敷设的光缆。
- 特种光缆：除上述类型外，作特殊用途的光缆。

4. 光缆的型号和规格

光缆的种类较多，同其他产品一样，有具体的型号和规格。目前，光缆型号由它的型号和规格代号构成，中间用一短横线分开。

(1) 光缆型号

光缆型号由 5 部分组成，如图 3-10 所示。

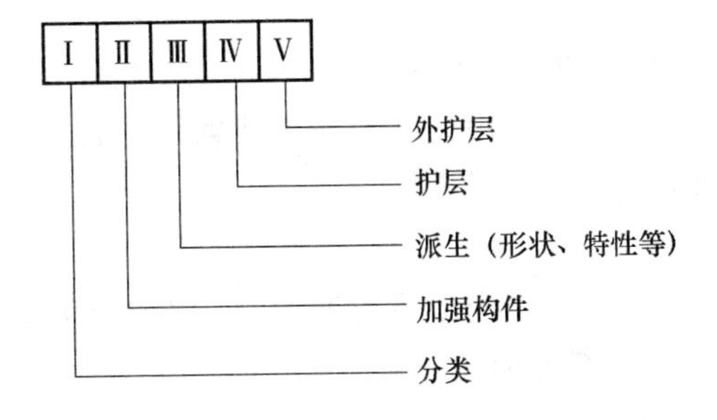

图 3-10　光缆型号组成

① 分类代号及其意义

GY——通信用室（野）外光缆

GR——通信用软光缆

GJ——通信用室（局）内光缆

GS——通信用设备内光缆

GH——通信用海底光缆

GT——通信用特殊光缆

② 加强构件代号及其意义

无符号——金属加强构件

F——非金属加强构件

G——金属重型加强构件

H——非金属重型加强构件

③ 派生特征代号及其意义

D——光纤带状结构

G——骨架槽结构

B——扁平式结构

Z——自承式结构

T——填充式结构

④ 护层代号及其意义

Y——聚乙烯护层

V——聚氯乙烯护层

U——聚氨酯护层

A——铝-聚乙烯粘结护层

L——铝护套

G——钢护套

Q——铅护套

S——钢-铝-聚乙烯综合护套

⑤ 外护层的代号及其意义

外护层是指铠装层及其铠装外边的外护层，外护层的代号及其意义如表 3-2 所示。

表 3-2　光缆外护层的代号及其意义

代　号	铠装层(方式)	代　号	外波层(材料)
0	无	0	无
1	无	1	纤维层
2	双钢带	2	聚氯乙烯套
3	细圆钢丝	3	聚乙烯
4	粗圆钢丝	—	—
5	单钢带皱纹纵包	—	—

(2) 光纤规格代号

光纤的规格由光纤数和光纤类别构成。如果同一根光缆含有两种或两种以上的规格，中间应该用"＋"号连接。

① 光纤数目代号

光纤数目用光缆中同类别光纤的实际有效数目来表示。

② 光纤类别代号

依据 IEC60793-2(2001)(光纤第二部分:产品规范)等标准，A 代表多模光纤，如表 3-3 所示;B 代表单模光纤，如表 3-4 所示。接着以数字和小写字母表示不同种类和类别的光纤。

表 3-3　多模光纤

分类代号	特性	纤芯直径/μm	包层直径/μm	材料
A1a	渐变折射率	50.0	125	二氧化硅
A1b	渐变折射率	62.5	125	二氧化硅
A1c	渐变折射率	85.0	125	二氧化硅
A1d	渐变折射率	100.0	140	二氧化硅
A2a	突变折射率	100.0	140	二氧化硅

表 3-4　单模光纤

分类代号	名称	材料	分类代号	名称	材料
B1.1	非色散位移型	二氧化硅	B2	色散位移型	二氧化硅
B1.2	截止波长位移型	二氧化硅	B4	非零色散位移型	二氧化硅

(3) 光缆型号示例

例 3-1　光缆型号为 GYTA53-12A1

解　松套层绞结构、金属加强件、铝-塑粘接护层、单钢带皱纹纵包式铠装、聚乙烯外护套，通信用室外光缆，内装 12 根石英系渐变多模光纤。

例 3-2　光缆型号为 GYDXTW-Z16B1

解　中心束管式结构、带状光纤、金属加强件、石油膏填充式、夹带增强聚乙烯护套，通信用室外光缆，内装 216 根石英系常规单模光纤(G.652)。

3.2.3　通信用光器件

1. 光源

光源器件是光纤通信设备的核心，其作用是将电信号转换成光信号送入光纤。光纤通信中常用的光源器件有半导体激光器(LD)和半导体发光二极管(LED)两种。

半导体激光器主要适用于长距离大容量的光纤通信系统。尤其是单纵模半导体激光器，在高速、大容量的数字光纤通信系统中得到广泛应用。近年来逐渐成熟的波长可谐激光器是WDM光纤通信系统的关键器件，越来越受到人们的关注。

发光二极管虽然没有半导体激光器那样优越，但其制造工艺简单、成本低、可靠性好，适用于短距离、低码速的数字光纤通信系统或模拟光纤通信系统。

激光器的工作原理如下。半导体激光器是向半导体P-N结注入电流，实现粒子数反转分布，产生受激辐射，再利用谐振腔的正反馈，实现光放大而产生激光振荡输出激光。下面介绍如何实现粒子数反转分布及如何构成具有正反馈的谐振腔。

(1) 激光器的物理基础

① 光子的概念

1905年爱因斯坦提出光量子学说。他认为，光是由能量为hf的光量子组成的，其中，$h=6.628\times10^{-34}$ J·s(焦耳·秒)为普朗克常数，f为光波频率。这些光量子称为光子。不同频率的光子具有不同的能量。而携带信息的光波所具有的能量只能是hf的整数倍。当光与物质相互作用时，光子的能量作为一个整体被吸收或发射。

光子概念的提出使人们认识到，光不仅具有波动性，而且具有粒子性，而波动性和粒子性是不可分割的统一体，因此光具有波、粒两重性。

② 原子能级

物质由原子组成，而原子由原子核和核外电子构成。当物质中原子的内部能量变化时，可能产生光波。因此，要研究激光的产生过程，就必须对物质的原子能级分布有一定了解。

电子在原子核外以确定的轨道绕核旋转，电子离核越远，其能量越大，这样就使原子形成不同稳定状态的能级。能级是不连续的。最低的能级E_1称为基态，能量比基态大的所有其他能级E_i(i=2,3,4,…)都称为激发态。当电子从较高能级E_2跃迁至较低能级E_1时，其能级间的能量差为$\Delta E=E_2-E_1$，并以光子的形式释放出来，这个能量差与辐射光的频率f_{12}之间有以下关系：

$$\Delta E=E_2-E_1=hf_{12} \tag{3-1}$$

反之，当处于低能级E_1的电子受到一个光子能量$\Delta E=hf_{12}$的光照射时，该能量被吸收，使原子中的电子激发到较高的能级E_2上去。光纤通信用的发光元件和光检测元件就是利用频率与这两能级间的能量差ΔE成比例的光的辐射和光的吸收现象。

③ 光与物质的两种作用形式

光可以被物质吸收，也可以从物质中发射。爱因斯坦指出，光与物质的相互作用可以归结为光与原子的相互作用，将发生受激吸收、自发辐射、受激辐射3种物理过程，如图3-11所示。

在正常状态下，电子通常处于低能级(即基态)E_1，如图3-11(a)所示，在入射光的作用下，电子吸收光子的能量后跃迁到高能级(即激发态)E_2，产生光电流，这种跃迁称为受激吸收——光电检测器。电子跃迁后，在低能级留下相同数目的空穴。

处于高能级 E_2 上的电子是不稳定的，即使没有外界的作用，也会自发地跃迁到低能级 E_1 上与空穴复合，释放的能量转换为光子辐射出去，这种跃迁称为自发辐射——发光二极管，如图 3-11(b)所示。

在高能级 E_2 上的电子，受到能量为 hf_{12} 的外来光子激发时，使电子被迫跃迁到低能级 E_1 上与空穴复合，同时释放出一个与激光发光同频率、同相位、同方向的光子(称为全同光子)。由于这个过程是在外来光子的激发下产生的，因此这种跃迁称为受激辐射——激光器，如图 3-11(c)所示。

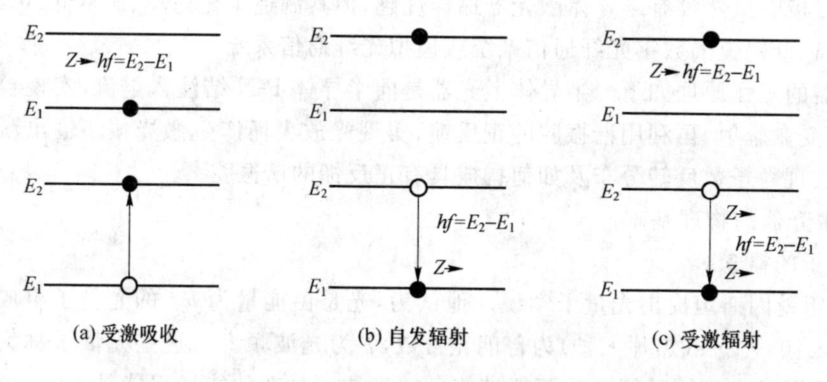

图 3-11　能级和电子跃迁

事实上，上述的物质与光子之间相互作用的 3 种基本过程总是同时存在的，只要其中一种过程预先设法受到控制，就可设计出相应的器件应用于光电转换技术中。例如，光电检测器利用了受激吸收原理，发光二极管和激光器则分别利用了自发和受激辐射原理。

受激辐射和自发辐射所产生的光的特点是不相同的。受激辐射光的频率、相位、偏振态和传播方向与入射光相同，这种光称为相干光。自发辐射光是由大量不同激发态的电子自发跃迁时产生的，其频率和方向分布在一定范围内，相位和偏振态是杂乱无章的，这种光称为非相干光。

④ 粒子数反转分布与光的放大

要使光产生振荡，必须先使光得到放大，由上面的讨论可知，产生光放大的前提是物质中的受激辐射必须大于受激吸收。因此受激辐射是产生激光的关键。

物质中的电子是按一定规律占据能级的。由物理学知道，在正常分布状态下，即热平衡状态下，低能级上的电子多，高能级上的电子少。如设低能级上的粒子密度为 N_1，高能级上的粒子密度为 N_2，在正常状态下，$N_1>N_2$，那么在单位时间内，从高能级跃迁到低能级上的粒子数总是少于从低能级跃迁到高能级上的粒子数，因此总是受激吸收大于受激辐射，即在热平衡条件下，物质不可能有光的放大作用。

要想物质能够产生光的放大，就必须使受激辐射大于受激吸收，即 $N_2>N_1$(高能级上的电子数多于低能级上的电子数)，这种粒子数的反常态分布称为粒子(电子)数反转分布。因此，粒子数反转分布状态是使物质产生光放大而发光的首要条件。

在外界足够强的激励源(称为泵浦源)下，能形成粒子数反转分布的工作物质称为激活物质或增益物质。可以利用适当的半导体材料作激光工作物质制造出半导体光源。

(2) 激光器的工作原理

构成一个激光器应具有的先决条件是工作物质、激励源和光学谐振腔。

工作物质是能够发光的介质，可以是气体、液体或固体。激励源是保证工作物质形成粒子数反转分布状态的能源。光学谐振腔是一个谐振系统，提供正反馈和选择频率的功能。最简单的光学谐振腔就是，在工作物质两端适当的位置放置两个互相平行的反射镜 M_1 和 M_2。其中，一个能全反射，反射系数为 $r_1=1$，另一个为部分反射，反射系数 $r_2<1$，产生的激光由此射出，如图 3-12 所示。

工作物质在泵浦源的激发下，实现粒子数反转分布。由于高能级上的粒子不稳定，会自发跃迁到低能级上，并放出一个光子，即产生自发辐射，自发辐射的光子方向任意。这些自发辐射光在运动过程中，又会激发高能级上的粒子，从而引起受激辐射，放出与激发光子全同的光子，使光得到放大，当达到一定强度后，就从部分反射镜投射出来，形成一束笔直的激光。当达到平衡时，受激辐射光在谐振腔中每往返一次由放大所得的能量恰好抵消所消耗的能量时，激光器能保持稳定输出。

一个激光器并不是在任何情况下都可以发出激光，还要满足一定的振幅平衡条件和相位平衡条件。

阈值条件即振幅平衡条件，是光的增益与损耗间应满足的平衡条件。受激辐射可以使光放大，即光波有增益。最低限度应要求激光器增益刚好能抵消掉它的衰减。

相位平衡条件是指光学谐振腔内形成正反馈的相位条件，并不是所有的受激辐射的光都形成正反馈，只有与谐振腔平行，且往返一次的相位差等于 2π 整数倍的光才形成正反馈，产生谐振，使光波加强，不满足该条件的光波会因损耗而消失。

(3) 激光器的特性

1) 激光器的 P-I 特性

激光器的非线性很大程度上展现在激光器输出光功率(P)和注入电流(I)的关系，即激光器的 P-I 曲线上。要使系统有好的传输特性，选择 P-I 曲线线性好的激光器件是很重要的。

从激光器的 P-I 特性曲线可看出(见图 3-13)，在超过门限电流 I_{th} 以后，光输出相对于注入电流是直线增加，但有逐渐达到饱和的倾向，激光器的工作就是利用这一直线段，一般把偏置电流设定于这直线段的中部，利用信号电流进行光强度调制，所以其线性(直线的程度)就显得极为重要。这段直线的倾斜度，即表示驱动电流变化引起光强度变化的比例，称为微分效率，单位为 mW/mA，相当于调制时的调制灵敏度。若离开直线段，就会产生失真。即使在类似直线线段内，但只要稍有弯曲，在已调制的光输出信号中就包含有失真成分。

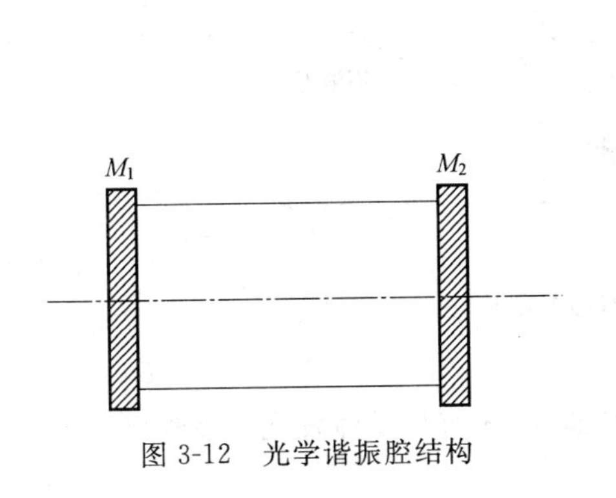

图 3-12　光学谐振腔结构

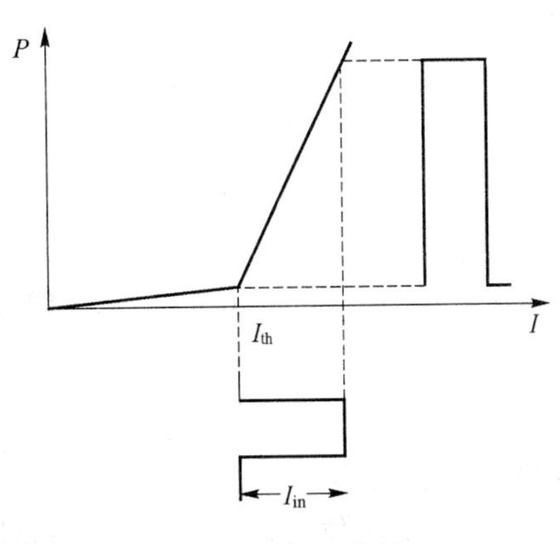

图 3-13　P-I 特性

2）光谱特性

所谓光谱特性是指激光器输出的光功率随波长的变化情况，一般用光源谱线宽度来表示。光谱宽度取决于激光器的纵模数，对于存在多个纵模的激光器，可画出输出光功率的包络线，其谱线宽度定义为输出光功率峰值下降 3 dB 时的半功率点对应的宽度。对于单纵模激光器，则以光功率峰值下降 20 dB 时的功率点对应的宽度评定。一般要求多纵模激光器光谱特性包络内含有 3～5 个纵模，即 $\Delta\lambda$ 值为 3～5 nm；较好的单纵模激光器 $\Delta\lambda$ 值约为 0.1 nm，甚至更小，$\Delta\lambda$ 越小越好。

半导体激光器的光谱宽度还随着注入电流而变化。当 $I<I_{th}$ 时，发出的是荧光，光谱很宽，可达数百埃；当 $I>I_{th}$ 时，发出的是激光，光谱变窄，谱线中心强度急剧增加。

3）功率转换效率

功率转换效率是衡量激光器的电/光转换率高低的参量，其定义是激光器的输出光功率与器件消耗的电功率之比，即

$$\eta_P=\frac{P_0}{I^2R_S+IV} \tag{3-2}$$

式中，P_0 是在电流为 I 时的发射光功率；V 是 P-N 结的正向电压；R_S 是激光器的串联电阻。从功率转换效率的角度看，器件电阻不能太大；同时，由于发热的原因，串联电阻太大也将影响到器件的工作寿命。一般要求器件的串联电阻不大于 0.5 Ω。通常，半导体激光器的功率转换效率为 40%～50%。

4）温度特性

激光器的阈值电流和输出光功率随温度变化的特性为温度特性。阈值电流随温度的升高而加大，其变化情况如图 3-14 所示。从图 3-14 可以看出，温度对激光器阈值电流的影响很大。所以，为了使光纤通信系统稳定、可靠地工作，一般要采用各种自动温度控制电路来稳定激光器的阈值电流和输出光功率。另外，激光器的阈值电流和使用时间也有关系。随着激光器使用时间的增加，阈值电流也会逐渐加大。

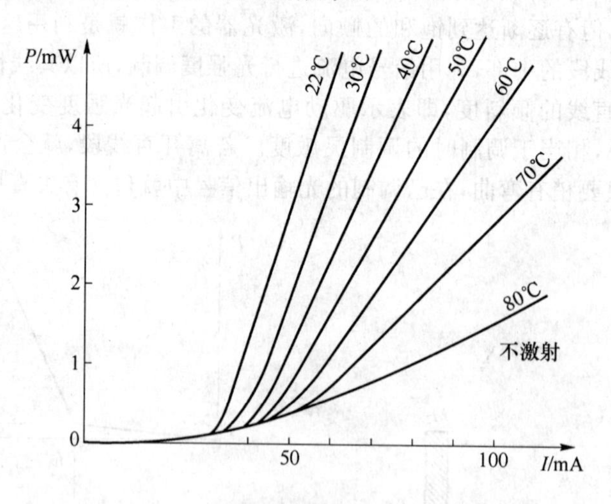

图 3-14　激光器的温度特性

(4) 发光二极管

在光纤通信中使用的光源，除了半导体激光器外，还有半导体发光二极管(LED)。它除

了没有光学谐振腔外，其他方面和激光器相同，它是无阈值器件，它的发光源于自发辐射，输出的是荧光。半导体激光器是受激辐射，发出的光是相干光。

1）*P-I* 特性

由于 LED 是无阈值器件，加上电流后，即有光输出；且随着注入电流的增加，输出光功率近似呈线性增加，其 *P-I* 曲线图 3-15 所示。因此，在进行调制时，其动态范围大，信号失真小，最适于模拟通信。

2）光谱特性

由于 LED 属于自发辐射发光，因此其谱线宽度比 LD 宽得多。谱线宽度对系统性能有很大影响，谱宽 $\Delta\lambda$ 越大，与波长相关的色散就越大，系统所能传输的信号速率也就越低。在短波长范围，$\Delta\lambda$ 的典型值为 25～40 nm；在长波长 1.31～1.55 μm 波段，$\Delta\lambda$ 的典型值为 50～100 nm。

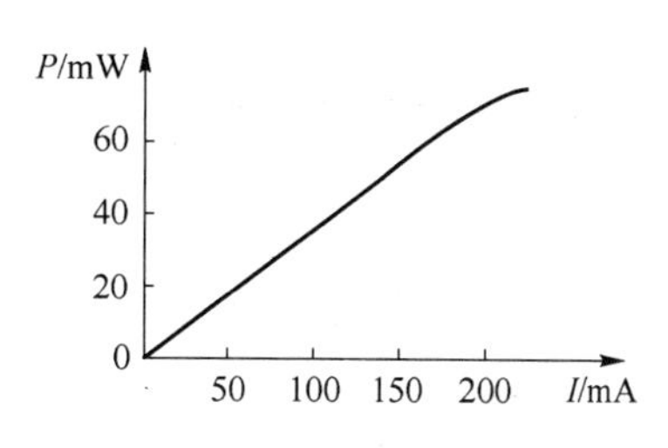

图 3-15　发光二极管的 *P-I* 特性

3）调制特性

LED 在调制过程中，其输出光功率受调制频率和复合区中少数载流子寿命时间 τ 的限制。为了提高调制频率，应设法减小 τ。但调制频率提高后，输出光功率可能下降。这样就大大缩小了 LED 可供使用的范围。在一般工作条件下，面发光型 LED 截止频率为 20～30 MHz，边发光型 LED 截止频率为 1 00～150 MHz。

4）温度特性

温度特性主要影响 LED 的平均发送光功率、*P-I* 特性的线性及工作波长。当温度上升时，LED 的平均发送光功率会下降；线性工作区变窄，导致光发送电路噪声增加，系统性能下降；峰值工作波长向长波长方向漂移，附加衰减增大。

实际上，温度对 LED 工作状态的影响比对 LD 的影响小得多，LED 的温度特性很好，一般不需要加温控电路。

基于以上特性分析，与 LD 相比，LED 输出光功率较小，谱线宽度较宽，调制频率较低。但 LED 性能稳定，寿命长，使用简单，输出光功率线性范围宽，而且制造工艺简单，价格低廉。因此，这种器件在中、低速短距离数字光纤通信系统和模拟光纤通信系统中得到广泛应用。

2. 光电检测器

光电检测器是光纤通信系统的另一个核心器件，主要完成光信号到电信号的转换功能，具有灵敏度高、响应时间短、噪声小、功耗低、可靠性高等优点。目前，能较好地满足这些要求的是由半导体材料做成的光电检测器。在实际应用中，光电检测器有两种类型：一种是 PIN 光电二极管（PIN-PD）；另一种是雪崩光电二极管（APD）。PIN 光电二极管主要应用于短距离、小容量的光纤通信系统中；APD 主要应用于长距离、大容量的光纤通信系统中。

（1）光电检测器的工作原理

光电二极管（PD）由半导体 P-N 结组成，利用光电效应原理完成光电转换。当有光照射到 P-N 结上时，若光子能量（hf）大于或等于半导体禁带宽度（E_g），则占据低能级（价带）中的电子吸收光子能量，而跃迁到较高能级（导带），在导带中出现电子，在价带中出现空穴，这种现象称为半导体的光电效应。这些光生电子-空穴对称为光生载流子。

如果这些光生载流子是在P-N结耗尽区内产生，则它们在内建场的作用下，电子向N区漂移，空穴向P区漂移，于是P区有过剩的空穴，N区有过剩的电子积累，即在P-N结两边产生光生电动势，如果把外电路接通，就会有光生电流流过。在耗尽区内，由于有内建场的作用，响应速度快。若是在耗尽区外产生，则没有内建场的加速作用，运动速度慢；响应速度低；而且容易被复合，使光电转换效率差。

为了提高转换效率和响应速度，希望加宽耗尽区。采取的措施，一是外加负偏压，即P接负，N接正；二是改变半导体的掺杂浓度。这就导致了PIN光电二极管和雪崩光电二极管的出现。

(2) PIN光电二极管

PIN光电二极管是在光电二极管的基础上改进而成的，结构如图3-16所示。在P型材料和N型材料之间加一层很轻的N型材料或不掺杂的本征材料，称为I层。由于I区的存在，使耗尽区的宽度增加，几乎占领整个P-N结的宽度。同时，为了减小P-N结两端的接触电阻，以便与外电路连接，P区和N区均做成重掺杂。

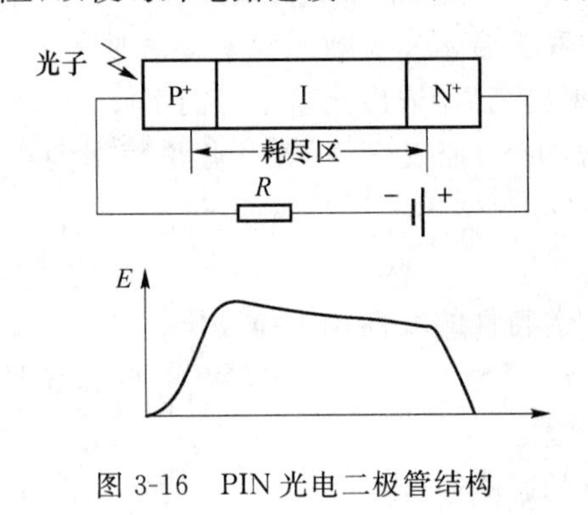

图3-16　PIN光电二极管结构

当光照射到PIN光电二极管的光敏面上时，会在整个耗尽区及其附近产生受激吸收现象，从而产生电子-空穴对。其中，耗尽区内产生的电子-空穴对，在外加负偏压和内建场的共同作用下加速运动，当外电路闭合，就会有电流流过，响应速度快，转换效率高；而在耗尽区外产生的电子-空穴对，因掺杂很重，会很快复合掉，到耗尽区边缘的粒子数很少，因而其作用可忽略不计。

在光电二极管中，为了获得较高的量子效率，希望耗尽区宽；但耗尽区宽，光生载流子的运动时间会加长，响应速度慢，所以又希望耗尽区窄。所以在实际设计中，要兼顾量子效率和响应速度，合理选择耗尽区宽度。一般工区厚度为70～100 μm，而P区和N区厚度均为数微米。

(3) APD

在长途光纤通信系统中，仅有毫瓦数量级的光功率从光发射机输出后，经过几十千米光纤衰减，到达光接收机处的光信号将变得十分微弱，如果采用PIN光电二极管，则输出的光电流仅几纳安。为了使数字光接收机的判决电路正常工作，需要采用多级放大。但放大的同时会引入噪声，从而使光接收机的灵敏度下降。

如果能使电信号进入放大器之前，先在光电二极管内部进行放大，则可克服PIN光电二极管的上述缺点。这就引出了一种光电二极管，即APD。这种光电二极管是应用光生载流子在其耗尽区内的碰撞电离效应而获得光生电流的雪崩倍增。

① APD的结构

常用的APD结构包括拉通型APD和保护环型APD，如图3-17所示。由于实现电流放大作用需要很高的电场，因此只能在如图3-17所示的高场区发生雪崩倍增效应。拉通型APD容易发生极间现象，从而使器件损坏；由于保护环型APD在极间边缘设置了保护环，因此不会发生击穿现象。

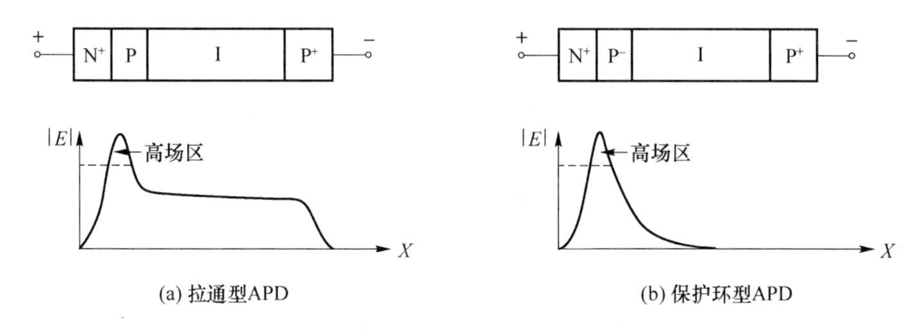

图 3-17　APD 的结构

由图 3-17 可知，APD 仍然是一个 P-N 结的结构形式，只是其中的 P 型材料是由 3 部分构成，即重掺杂的 P^+ 层、轻掺杂的 I 层和普通掺杂的 P 层。

② 雪崩倍增原理

当光照射到 APD 的光敏面上时，由于受激吸收作用产生电子-空穴对，这些光生载流子在很强的反向电场作用下被加速，从而获得足够的能量，它们在高场区中高速运动，与晶体的原子相碰撞，使晶体中的原子电离而释放出新的电子-空穴对，这个过程称为碰撞电离。新产生的电子-空穴对在高场区中再次被加速，又可以碰撞其他的原子，产生新的电子-空穴对。如此反复碰撞电离的结果，使载流数迅速增加，光生电流急剧倍增放大，产生雪崩现象。APD 使用时，需要几十伏以至数百伏的高反向电压，且反向偏压对环境温度变化敏感，使用有点不方便。但由于有内部电流放大作用，可以提高接收机灵敏度，因此广泛用于中、长距离的光纤通信系统。

(4) 光电检测器特性

响应度和量子效率都是描述光电检测器光电转换能力的物理量。

① 响应度。在一定波长的光照射下，光电检测器的平均输出电流与入射的平均光功率之比称为响应度，可以表示为

$$R_0=\frac{I_P}{P_0} \tag{3-3}$$

式中，I_P 为光电检测器的平均输出电流值(单位：A)；P_0 为平均入射光功率值(单位：W)。光电检测器的响应度一般在 0.3～0.7 A/W。

② 量子效率。响应度是器件在外部电路中呈现的宏观灵敏特性，量子效率是器件在内部呈现的微观灵敏度特性。量子效率定义为光电检测器输出的光生电子-空穴对数与入射的光子数之比，即

$$\eta=\frac{\text{输出的光生载流子数}}{\text{入射光子数}}=\frac{I_P/e}{P_0/hf}=R_0\frac{hf}{e} \tag{3-4}$$

式中，e 为电子电荷，$e=1.6\times10^{-19}$ C。

③ 响应时间。速度是指半导体光电二极管产生的光电流随入射光信号变化快慢的状态。一般用响应时间(上升时间和下降时间)表示。显然，响应时间越短越好。

④ 暗电流。理想条件下，当没有光照时，光电检测器应无光电流输出。但是实际上由于热激励等，在无光情况下，光电检测器仍有电流输出，这种电流称为暗电流。严格地说，暗

电流还应包括器件表面的漏电流。暗电流会引起接收机噪声增大。因此，器件的暗电流越小越好。

⑤ APD 的倍增因子。APD 的倍增因子实际上是电流增益系数，定义为有倍增时光电流的平均值与无倍增时光电流的平均值之比。要想获得较大的光电倍增因子，可以减小 APD 平均输出电流值和 APD 的内阻或增大击穿电压。一般 APD 的倍增因子 G 在 40～100 之间。PIN 光电二极管没有雪崩增益作用，所以 $G=1$。

⑥ 倍增噪声特性。对于 PIN 而言，其噪声源主要是散粒噪声，即由入射到光电检测器光敏面上的光子产生电子-空穴对的随机性引起的噪声；对于 APD 而言，其雪崩过程中会对初始电流的散粒噪声产生倍增作用，因此称为雪崩倍增噪声。雪崩倍增噪声是 APD 独有的，由于雪崩是半导体内电子-空穴对的多次反复碰撞电离产生的，而每一电子-空穴对的碰撞电离是随机的，这种随机性引起输出光电流起伏增加从而产生附加噪声。

3. 无源光器件

在光纤通信的传输系统中，除了必备的光终端设备、电终端设备和光纤外，在传输线路中还需要各种辅助器件以实现光纤与光纤之间或光纤与光端机之间的连接、耦合、合分路、线路倒换及保护等多种功能。相对于光电器件，如半导体激光器、发光二极管、光电二极管以及光纤放大器等光有源器件而言，这类本身不发光、不放大、不产生光电转换的光学器件常称为光无源器件。

无源器件的种类繁多，功能及形式各异，但在光纤通信网络里是一种使用性很强的不可缺少的器件。主要的无源器件有光纤连接器、光缆连接器、光纤耦合器、光开关、光复用器（合波器和分波器）、光分路器、光隔离器、光衰耗器、光滤波器等。主要作用是：连接光波导或光路；控制光的传播方向；控制光功率的分配；控制光波导之间、器件之间和光波导与器件之间的光耦合；合波和分波等。

（1）光纤连接器

光纤连接器又称光纤活动连接器或活接头。这是用于连接两根光纤或光缆形成连续光通路的可拆卸重复使用的光无源器件，被广泛应用在光纤传输线路、光纤配线架和光纤测试仪器、仪表中，也是目前使用数量最多的光无源器件。

尽管光纤连接器在结构上千差万别，品种上多种多样，但按其功能可以分成如下几个部分。

① 连接器插头。插头由插针体和外部配件组成，用于完成在光纤器件连接中插拔功能。两个插头在插入转换器或变换器后可以实现光纤之间的对接。通常将一端装有插头的光纤称为尾纤。

② 光纤跳线。将一根光纤两头都装上插头，称为跳线。连接器插头是其特殊情况，即只在光纤的一头装有插头。跳线的两头可以是同一型号，也可以是不同型号；可以是单芯的，也可以是多芯的。

③ 转换器。把两个光纤插头连接在一起，从而使光纤接通的器件称为转换器。转换器又称法兰盘。

④ 变换器。将某种型号的插头变换成另一种型号插头的器件称为变换器。在实际使用中往往会遇到这种情况，即手头上有某种型号的插头，而设备或仪器上是另一种信号的插头或变换器，彼此配接不上，不能工作。此时，使用相对应型号的变换器，问题就迎刃而

解了。

⑤ 裸光纤转接器。将裸光纤与光源、探测器及各类光仪器进行连接的器件称为裸光纤转接器。裸光纤与裸光纤转接器使用时可相互连接；用完后，可以将裸光纤抽出它用。因此彼此是可以结合和分离的。

光纤连接器按传输媒介的不同可分为单模光纤连接器和多模光纤连接器；按结构类型的不同可分为FC、SC、ST、MU、LC、MT等型式；按连接器的插针端面接触方式可分为FC、PC(UPC)和APC；按光纤芯数的多少可分为单芯光纤连接器和多芯光纤连接器。不管何种连接器，都必须具备损耗低、体积小、重量轻、可靠性高、便于操作、重复性和互换性好及价格低廉等优点。

FC、SC、ST连接器是目前世界上使用量最大的品种，也是我国经常采用的光纤品种。

1) FC(平面对接型)连接器

FC连接器采用卡口螺纹方式连接。这种连接器插入损耗小，重复性、互换性和环境可靠性都能满足光纤通信系统的要求，是目前国内广泛使用的类型。

FC连接器结构采用插头-转接器-插头的螺旋耦合方式。两插针套管互相对接，对接套管端面抛磨成平面，外套一个弹性对中套筒，使其压紧并精确对中定位。FC光连接器制造中的主要工艺是高精度插针套管和对中套筒的加工。高精度插针套管有毛细管型、陶瓷整体型和模塑型3种典型结构。对中套筒是保证插针套管精确对准的定位机构。根据其插针端面形状的不同，分为固定光纤端面的平面接触FC、球面接触的FC/PC和斜球面接触的FC/APC结构，后两种有利于减少插针端面的反射损耗。FC连接器外形结构图如图3-18和图3-19所示。它具有结构简单、操作方便、制造容易的优点。缺点是对玷污较敏感，应保持插针端面的绝对干净，否则影响连接衰耗。

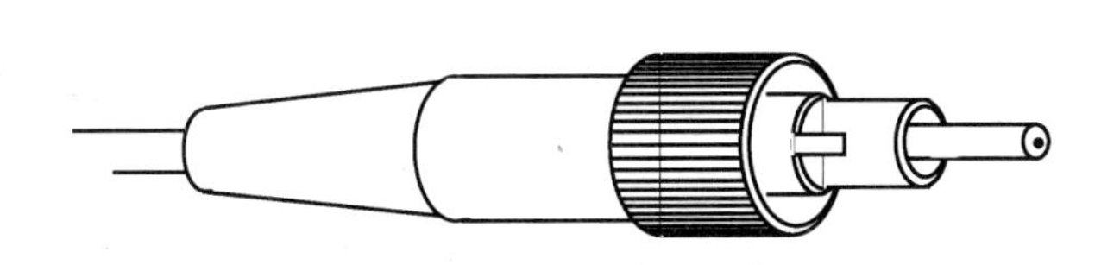

图3-18　FC光纤活动连接器外形结构

图3-19　FC光纤活动连接器实物

2) SC(矩形)光纤连接器

SC光纤连接器是一种直接插拔耦合式连接器，不用旋转，可自锁和开启，为非螺旋卡口型。它的外壳是矩形结构，采用模塑工艺制作，用增强的PBT的内注模玻璃制造。插针套管是氧化锆整体型，将其端面研磨成凸球面。插针体尾入口是锥形的，以便光纤插入到套管内。SC矩形光纤连接器可以是单纤连接器也可以是多纤连接器，单纤外形结构如图3-20和图3-21所示。该器件特点是不需要螺纹连接，直接插拔，操作空间小，非常适合在密集安装状态下使用，如光纤配线架，光端机，及局域网、用户网等。按其插针端面形状分为平面接触SC、球面接触的SC/PC和斜球面接触的SC/APC结构。

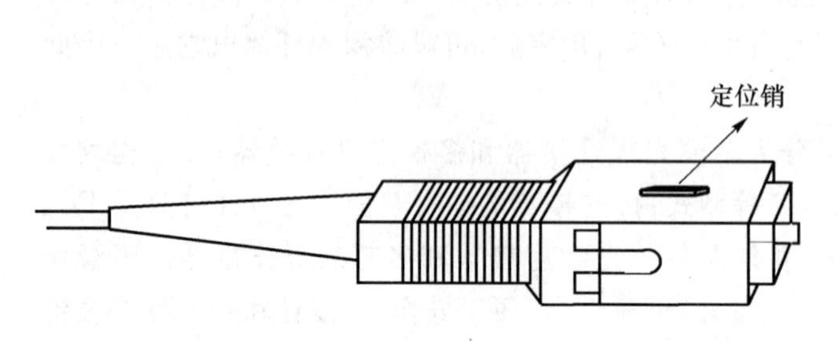

图 3-20　SC 光纤活动连接器外形结构

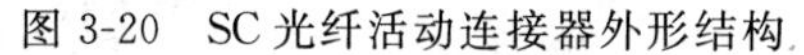

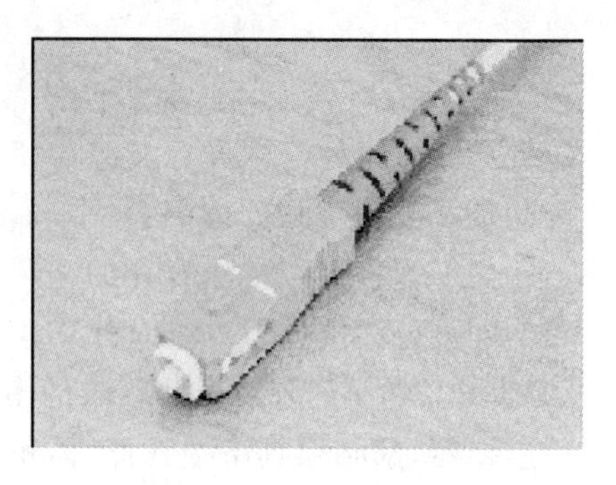

图 3-21　SC 光纤活动连接器实物

3）ST 连接器

ST 连接器是一种采用带键的卡口式锁紧机构来确保连接时准确对中的连接器，插针的端面形状通常为 PC 面，其主要特点是使用非常方便，ST 连接器外形结构如图 3-22 和图 3-23 所示。

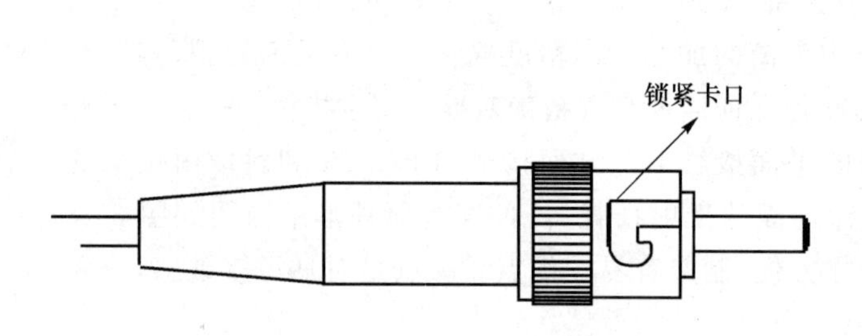

图 3-22　ST 光纤活动连接器外形结构

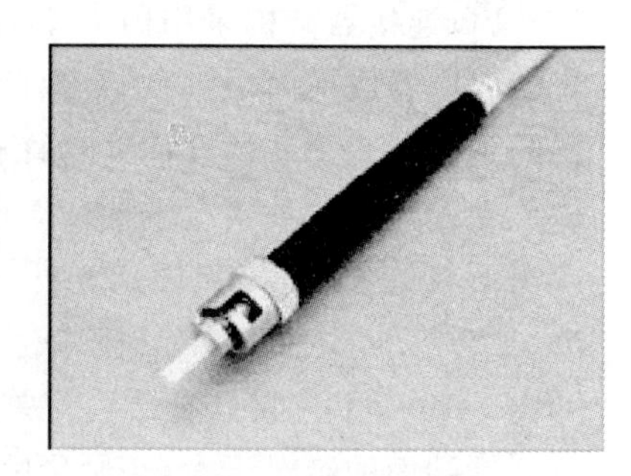

图 3-23　ST 光纤活动连接器实物

表征光纤连接器特性的参数主要是插入损耗、回波损耗、重复性和互换性等。

① 插入损耗(Insertion Loss)。即连接损耗，是指光纤中的光信号通过光纤连接器，其输出光功率(P_1)与输入光功率(P_0)比值的分贝数，表示为

$$\mathrm{IL}=-10\lg\frac{P_1}{P_0}\ \mathrm{dB} \tag{3-5}$$

插入损耗越小越好，一般要求应不大于 0.5 dB。

② 回波损耗(Return Loss，Reflection Loss)。又称后向反射损耗，是指连接器对链路光功率反射的抑制能力，指在光纤连接处，后向反射光功率(P_r)与输入光功率(P_0)比值的分贝数，表示为

$$\mathrm{RL}=-10\lg\frac{P_r}{P_0}\ \mathrm{dB} \tag{3-6}$$

回波损耗越大越好，这样可减少反射光对光源和系统的影响。其典型值应不小于 25 dB。实际应用的连接器，插针表面经过了专门的抛光处理，可以使回波损耗更大，一般不低于 45 dB。

③ 重复性和互换性。重复性和互换性指标是对活动连接器而言的。重复性是指光纤连接器多次插拔后插入损耗的变化，用分贝表示。互换性是指连接器各部件互换时插入损耗的变化，也用分贝表示。连接器一般由跳线和转换器组成，连接器的重复性和互换性指标

可以考核连接器结构设计和加工工艺的合理性，它们是连接器实用化的重要标志。

④ 使用寿命（插拔数）。反映连接器满足技术参数范围内插拔次数的多少。目前使用的光纤连接器一般都可以插拔 1 000 次以上。

⑤ 温度性能。是指连接器能够正常使用的温度范围。具体是在一定温度范围内（通常在－40 ℃～＋70 ℃）连接器的损耗变化量应在 0.2 dB 以内。

此外还有抗拉强度、振动等各种环境试验数据。

（2）耦合器件

光耦合器是一种用于传送和分配光信号的无源器件。通常，光信号由耦合器一个端口输入，而从另一个或几个端口输出。光耦合器在光纤局域网、光纤有线电视网、干涉型光纤传感器和某些测量仪表中有广泛应用。

光耦合器已形成了一个多功能、多用途的产品系列。根据不同的情况，有不同的分类方法。从功能上，光耦合器可分为光功率分配器和光波长分配耦合器；从传导模式上可分为单模耦合器和多模耦合器；从端口形式上可分为 X 形耦合器、Y 形耦合器、星形耦合器和钳形耦合器等；从工作带宽上可分为单工作窗口的窄带耦合器、单工作窗口的宽带耦合器（WFC）和双工作窗口的宽带耦合器（WIC）。几种端口形式的耦合器如图 3-24 所示。

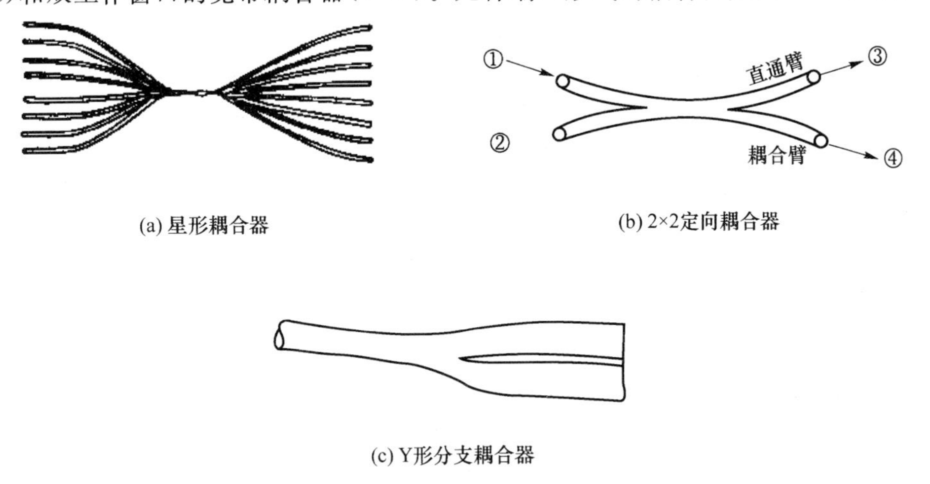

(a) 星形耦合器　(b) 2×2定向耦合器

(c) Y形分支耦合器

图 3-24　几种端口形式的光耦合器

通常将与波长无关的耦合器称为合/分路器；而将与波长有关者又称为波分复用器。与波长无关类合/分路器常用 $1\times N$ 表示其合/分路数，也就是在星形耦合的某侧只保留一个端口。实际上，对于路数较多的合/分路器完全可以采取和星形耦合器一样的工艺，如熔融技术。

表征耦合器特性的主要参数是插入损耗、功率耦合系数、分光比和隔离度。

① 插入损耗。是指某一输出端口的光功率（P_{outi}）与全部输入光功率（P_{in}）比值的分贝数，表示为

$$\text{IL}_i=-10\lg\frac{P_{\text{outi}}}{P_{\text{in}}}\ \text{dB} \tag{3-7}$$

② 功率耦合系数。定义为耦合器输出功率（P_{c}）与输入光功率（P_{in}）之比，表示为

$$c=\frac{P_{\text{c}}}{P_{\text{in}}} \tag{3-8}$$

③ 分光比。定义为耦合器各输出端口输出功率（P_{outi}）与总输出功率的比值，表示为

$$\alpha = \frac{P_{\text{outi}}}{\sum P_{\text{outi}}} \tag{3-9}$$

④ 隔离度。是指光耦合器的某一光路对其他光路中的光信号的隔离能力。定义为某一光路输出端测到的其他光路的光信号的功率值(P_t)与光信号输入功率(P_{in})比值的分贝数,表示为

$$I = -10\lg \frac{P_t}{P_{in}}\ \text{dB} \tag{3-10}$$

光波分复用器(WDM)是对光波波长进行分离与合成的光无源器件。光波分复用器在解决光缆线路扩容或复用中起关键性作用。它能将多个光载波进行合波或分波,使光纤通信的容量成倍增加。波分复用器包括复用器(或光合波器)和解复用器(或光分波器)两部分。复用器用在光纤通信系统的发送端,其作用是将不同频率的光信号组合起来,送入一根光纤。解复用器用在接收端,其作用是将光纤送来的多路信号按频率一一分开。两波长波分复用器的原理如图 3-25 所示。

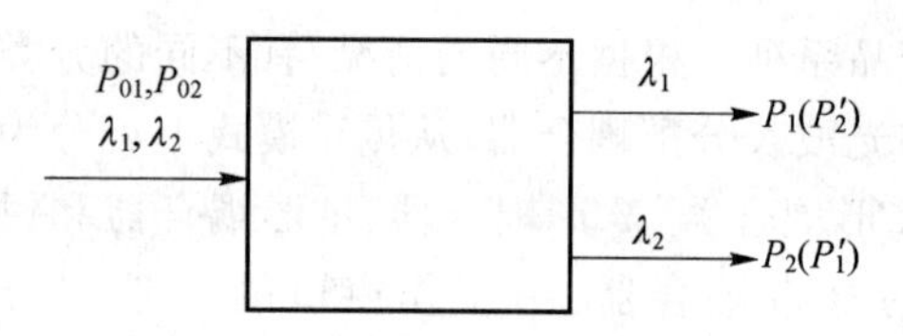

图 3-25 波分复用器原理图

表征波分复用器特性的参数是复用中心波长、信道通信带宽、插入损耗、回波损耗、隔离度、最大光功率和温度稳定性等。

① 信道通信带宽。信道通信带宽指允许中心波长变化的范围。

② 插入损耗。插入损耗指对同一波长(λ_i),器件输出端光功率(P_i,i=1 或 2)与输入端光功率(P_{0i},i=1 或 2)比值的分贝数,表示为

$$\text{IL}_i = -10\lg \frac{P_i}{P_{0i}}\ \text{dB} \tag{3-11}$$

③ 回波损耗。回波损耗指光信号从指定端口输入时,由于器件引起反向回传的光能量。

④ 隔离度。隔离度指器件输出端口的光进入非指定输出口的光能量(P'_1或 P'_2)与该输出端口的光能量之比的分贝数,表示为

$$I_{1,2} = -10\lg \frac{P'_1}{P_2}\ \text{dB} \tag{3-12}$$

$$I_{2,1} = -10\ \lg \frac{P'_2}{P_1}\ \text{dB} \tag{3-13}$$

⑤ 最大光功率。最大光功率指器件允许通过的最大光功率值。

⑥ 温度稳定性。温度稳定性指器件插入损耗随温度的变化率。

(3) 光衰减器

能够使传输线路中的光信号产生定量衰减的器件称为光衰减器。光衰减器可分为固定和可变两类。固定衰减器和可变衰减器的主要指标是其衰减量的准确度、精度和稳定性或重复性,以及适用的波长区域。

使光纤中的光信号功率衰减的办法很多,因此衰减器的原理和结构形式也多种多样。图 3-26 是一种小型法兰式光可调衰减器(FC 标准适配器形式),应用于光纤传输线

图 3-26 小型法兰式光可调衰减器

路中，可对光强进行 0～25 dB 连续可变的衰减，对衰减量进行在线式调整与锁定，使用极为方便。

3.3 话音在光纤通信系统中传输

话音在光纤通信系统中传输由光纤传输终端设备完成。光纤传输终端设备也称光端机，包括光发送机和光接收机。框图如图 3-27 所示。

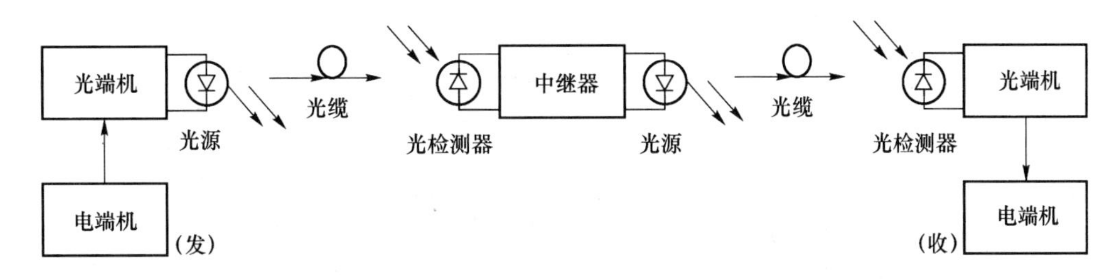

图 3-27　光纤通信系统构成

光发送机的主要作用是将电端机送来的数字基带电信号变换为光信号，并耦合进光纤线路中进行传输。电/光转换是用承载信息的数字电信号对光源进行调制来实现的。调制分为直接调制和间接调制两种方式，其中直接光强调制在技术上比较成熟，并在实际光纤通信系统中得到广泛的应用。光发送机中的光源是整个系统的核心器件，它的性能直接关系到光纤通信系统的性能和质量指标。

光接收机的主要作用是将光纤传输后的幅度被衰减、波形产生畸变的、微弱的光信号变换为电信号，并对电信号进行放大、整形、再生后，再生成与发送端相同的电信号，输入到电接收端机。光接收机中关键器件是半导体光检测器，其用自动增益控制电路(AGC)保证信号的稳定输出，它和接收机中的前置放大器合称光接收机前端。前端的性能是决定光接收机的主要因素。

3.3.1 光端机

话音在光纤通信系统中传输如图 3-28 所示。其各部分电路功能如下。

1. 电端机

电端机组成就是模块二中数字基带传输系统的组成，数字基带通信系统中主要由电话接口模块、话音编解码模块、帧复接解复接模块、线路编解码模块、锁相环模块组成。这个系统适合话音在电缆信道中传输。

2. 光端机

光端机如图 3-28 所示，由 PCM 端机送来的 HDB_3 或 CMI 码流，首先要进行均衡放大以补偿由电缆传输所产生的衰减和畸变，保证电、光端机间信号的幅度、阻抗适配，以便正确译码。

① HDB_3 编译码

由均衡器输出的 HDB_3 码或 CMI 码，前者是双极性归零码(即＋1，0，－1)，后者是归零码，在数字电路中为了处理方便，需通过码型电路进行适当的码型变换，将其变换为非归零(NRZ)码，以适合光发送机的要求。

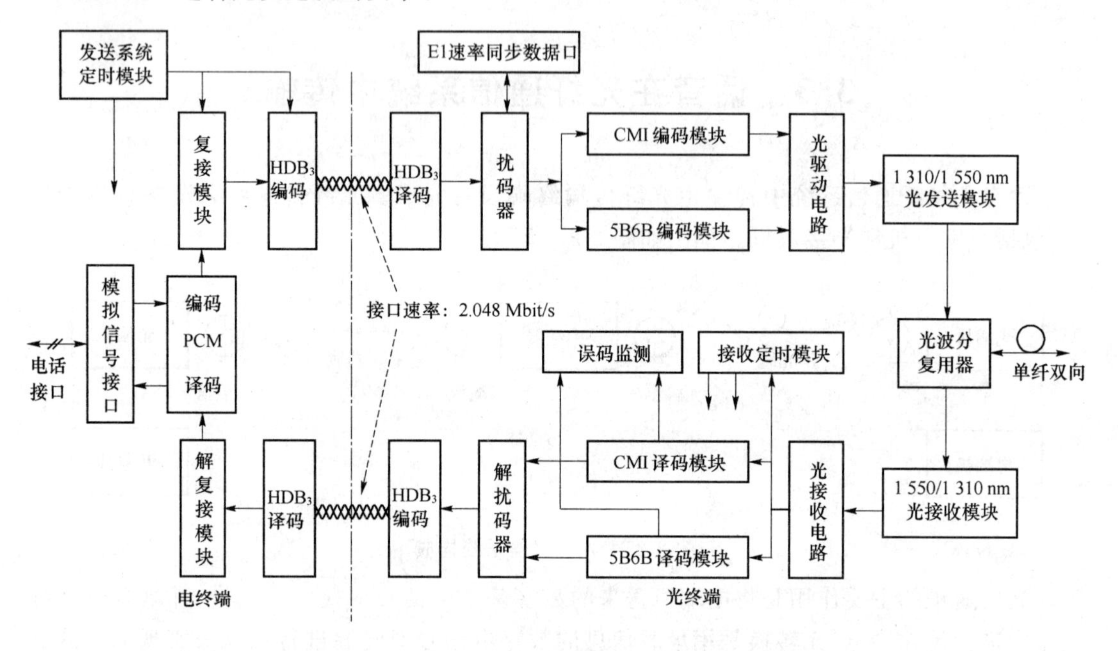

图 3-28　话音在光纤通信系统中传输连接示意图

② 信号扰码

若信码流中出现长连“0 ”或长连“1 ”的情况，将会给时钟信号的提取带来困难，为了避免这种情况，需加一扰码电路，它可有规律地破坏长连“0”和长连“1”的码流，从而达到“0”“1”等概率出现，利于收端从线路数据码流中提取时钟。

③ 接收定时

由于码型变换和扰码过程都需要以时钟信号作为依据，因此，在均衡电路后，由时钟提取电路提取出时钟信号，供给码型变换和扰码电路使用。

④ 线路编码

在光纤通信系统中，由于光源不可能有负光能，只能采用“0”“1”二电平码。但是，简单的二电平码具有随信息随机起伏的直流和低频分量，对接收端判决不利；另外，从实用角度来看，为了便于不间断业务的误码监测、区间通信联络、监控，在实际的光纤通信系统中，都要对经过扰码以后的信码流进行线路编码，以满足上述要求。经过编码以后，则已变为适合在光纤线路中传送的线路码型(关于光纤通信中的线路码型将在后面讨论)。

⑤ 电/光转换电路各部分的功能

电/光转换电路主要完成将电信号转换成光信号，并将光信号送入光纤的任务。

光源驱动电路(又称调制电路)是光发送盘的核心。它用经过编码以后的数字信号来调制发光器件的发光强度，完成电光变换任务。当使用不同光源时，由于 LD 和 LED 的 *P-I* 特性不同，因此驱动的方式也不同。

对由 LD 管构成的光源，发送盘还有自动光功率控制和自动温度控制电路。由 LD 的温度特性可知，阈值电流随 LD 管的老化或温度升高而加大，这样会使得输出光功率发生变化。半导体激光器是对温度敏感的器件，它的输出光功率和输出光谱的中心波长随温度发生变化。因此为了稳定输出功率和波长，光发送机往往加有控制电路，控制电路包括自动功率控制（APC）电路和自动温度控制（ATC）电路，以稳定输出的平均光功率和工作温度。

光源的调制是指在光纤通信系统中，由承载信息的数字电信号对光波进行调制使其载荷信息。

直接调制是将电信号直接注入电流，使其输出的光载波信号的强度随调制信号的变化而变化。直接调制技术具有简单、经济、容易实现等优点，是光纤通信中最常采用的调制方式，但只适用于半导体激光器和发光二极管，这是因为发光二极管和半导体激光器的输出光功率（对激光器来说，是指阈值以上线性部分）基本上与注入电流成正比，而且电流的变化转换为光频调制也呈线性，所以可以通过改变注入电流来实现光强度调制。

图 3-29 给出了 LED 和 LD 数字调制原理。通常为消除码型效应、减小电光延迟时间和抑制张弛振荡，提高激光器的高速调制质量，需增加直流预偏置电流使激光工作在阈值附近。

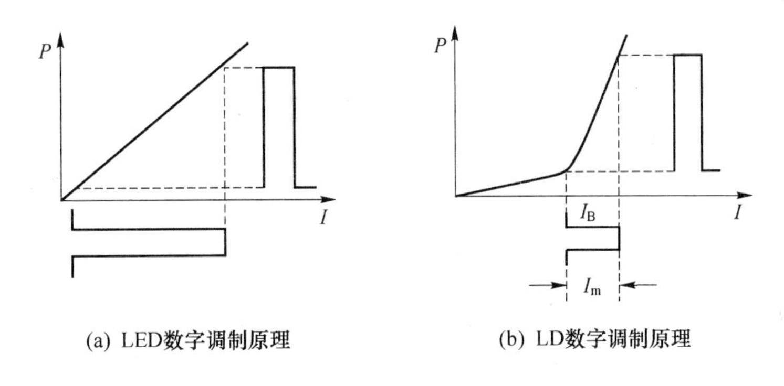

(a) LED数字调制原理　　(b) LD数字调制原理

图 3-29　LED 和 LD 数字调制原理

直接调制的特点是，输出功率正比于调制电流，调制简单、损耗小、成本低。但存在波长（频率）的抖动，使光源的光谱特性变坏，限制了系统的传输速率和距离。

⑥ 光/电转换电路各部分的功能

光电检测器是把光信号变换为电信号的器件，由于从光纤中传输过来的光信号一般是非常微弱且产生了畸变的信号，光电检测器是接收机实现光/电（O/E）转换的关键器件，其性能特别是响应度和噪声直接影响光接收机的灵敏度。因此，光纤通信系统对光电检测器提出了非常高的要求。

在系统的工作波长上要有足够高的响应度，即对一定的入射光功率，光电检测器能输出尽可能大的光电流。波长响应要和光纤的 3 个低损耗窗口（0.85 μm、1.31 μm 和 1.55 μm）兼容。有足够高的响应速度和足够的工作带宽，即对高速光脉冲信号有足够快的响应能力。产生的附加噪声要尽可能低，能够接收极微弱的光信号。光电转换线性好，保真度高。工作性能稳定，可靠性高，寿命长。

目前，满足上述要求、适合于光纤通信系统使用的光电检测器主要有半导体光电二极管、雪崩光电二极管和光电晶体管等，其中前两种应用最为广泛。

3.3.2 光端机的性能指标

1. 光发送机的性能指标

(1) 平均发光功率

光发送机的平均发送光功率是在正常条件下发送光源尾纤输出的平均光功率。平均发送光功率指标应是根据整个系统的经济性、稳定性、可维护性及光纤线路的长短等因素全面考虑,并不是越大越好。

(2) 消光比

在数字光纤通信系统中,通过“有光”与“无光”来对应传输的二进制码流信号,这也是最常见的光强调制传输方式。为了提高系统光功率的利用率,这种“有光”与“无光”光信号强度的差异将直接影响接收光端机的性能。因而,在光纤通信系统中一般通过消光比来衡量光发送机机的一个性能指标。消光比是指在发送“1”对应光信号功率与发送“0”对应光信号功率的比值,即

$$\mathrm{EXT}=10\ \lg\frac{P_{11}}{P_{00}}\ \mathrm{dB} \tag{3-14}$$

式中,P_{11}为全“1”码时的平均光功率;P_{00}为全“0”码时的平均光功率。

消光比直接影响光接收机的灵敏度,从提高接收机灵敏度的角度希望消光比尽可能大,有利于减少功率代价,但也不是越大越好。G. 957 规定长距离传输时,消光比一般应大于等于 10 dB。

(3)光谱特性

对于高速光纤通信系统,光源的光谱特性成为制约系统性能的至关重要的参数指标,它影响了系统的色散性能,需要仔细考虑。ITU-T 建议 G. 957 中只规范了最大均方根宽度、最大−20 dB 宽度和最小边模抑制比 3 种参数。

在光纤通信系统中,光发送机的作用是把从电端机送来的电信号转变成光信号,送入光纤线路进行传输。因此对光发送机有一定的要求。

(4) 有合适的输出光功率

光发送机的输出光功率通常是指耦合进光纤的功率,亦称入纤功率。入纤功率越大,可通信的距离就越长,但光功率太大也会使系统工作在非线性状态,对通信将产生不良影响。因此,要求光源应有合适的光功率输出,一般为 0.01～0.5 mW。

同时,要求输出光功率要保持恒定,在环境温度变化或器件老化的过程中,稳定度要求在 5%～10%。

(5) 有较好的消光比

消光比在前面已定义过,作为一个被调制的好的光源,希望在“0”码时没有光功率输出,否则它将使光纤系统产生噪声,从而使接收机灵敏度降低。

(6) 调制特性要好

所谓调制特性好,即要求调制效率和调制频率要高,以满足大容量、高速率光纤通信系统的需要。目前,一般认为 LD 管可以实现的最高调制频率为 10 GHz。实际上可以更高。

除此之外,还要求电路尽量简单、成本低、光源寿命长等。

2. 光接收机的主要指标

数字光接收机主要指标有光接收机的灵敏度和动态范围。

(1) 接收灵敏度

接收灵敏度表示了接收机接收微弱光信号的能力，数值越小，接收灵敏度越高，系统性能越好。该指标是系统设计的重要依据。具体反映是在保证一定的误码率条件下(通常误码率为 $P_e=10^{-10}$)，光接收机所允许接收的最小光功率，以 dBm 为单位。该测量点设在接收端第一个外部活动连接器上进行。影响接收灵敏度的主要因素是各种噪声。光接收机灵敏度中的光功率若用相对值来表示，其表达式为

$$P_R=10\lg\frac{P_{min}}{1\ \text{mW}}\ \text{dBm} \tag{3-15}$$

(2) 系统动态范围

动态范围指在保证一定的误码率前提下(通常误码率为 $P_e=10^{-10}$)光接收机所允许接收的最大和最小光功率之差，以 dB 为单位，公式表示为

$$D=(P_{max}-P_{min})\ \text{dB}=10\lg\frac{P_{max}}{P_{min}}\ \text{dB} \tag{3-16}$$

当接收光功率高于接收灵敏度时，由于信噪比的改善使误码减少。当继续增加接收光功率时，接收机前端放大器进入非线性工作区，继而发生饱和或过载，使信号脉冲波形产生畸变，导致码间干扰迅速增加和误码率开始劣化。因此，动态范围表示了光接收机对输入信号的适应能力，数值越大越好。

3.3.3　线路编码

在光纤通信系统中，从电端机输出的是适合于电缆传输的双极性码。光源不可能发射负光脉冲，因此必须进行码型变换，以适合于数字光纤通信系统传输的要求。数字光纤通信系统普遍采用二进制二电平码，即“有光脉冲”表示“1”码，“无光脉冲”表示“0”码。但是简单的二电平码会带来如下问题。

(1) 在码流中，出现“1”码和“0”码的个数是随机变化的，因而直流分量也会发生随机波动(基线漂移)，给光接收机的判决带来困难。

(2) 在随机码流中，容易出现长串连“1”码或长串连“0”码，这样可能造成位同步信息丢失，给定时提取造成困难或产生较大的定时误差。

(3) 不能实现在线的误码检测，不利于长途通信系统的维护。

数字光纤通信系统对线路码型的主要要求是保证传输的透明性，具体要求如下。

(1) 能限制信号带宽，减小功率谱中的高低频分量。这样就可以减小基线漂移、提高输出功率的稳定性和减小码间干扰，有利于提高光接收机的灵敏度。

(2) 能给光接收机提供足够的定时信息。因而，应尽可能减少连“1”码和连“0”码的数目，使“1”码和“0”码的分布均匀，保证定时信息丰富。

(3) 能提供一定的冗余码，用于平衡码流、误码监测和公务通信。但对高速光纤通信系统，应适当减少冗余码，以免占用过大的带宽。

1. 扰码

为了保证传输的透明性，在系统光发射机的调制器前需要附加一个扰码器，将原始的二

进制码序列加以变换，使其接近于随机序列。相应地，在光接收机的判决器之后附加一个解扰器，以恢复原始序列。扰码与解扰可由反馈移位寄存器和对应的前馈移位寄存器实现。扰码改变了“1”码与“0”码的分布，从而改善了码流的一些特性。

例如：

扰码前：1 1 0 0 0 0 0 0 1 1 0 0 0 …

扰码后：1 1 0 1 1 1 0 1 1 0 0 1 1 …

常用扰码器可采用 m 序列进行实现。扰码器是在发端使用移位寄存器产生 m 序列，然后将信息序列与 m 序列作模二加，其输出即为加扰的随机序列。一般扰码器的结构图 3-30 所示。

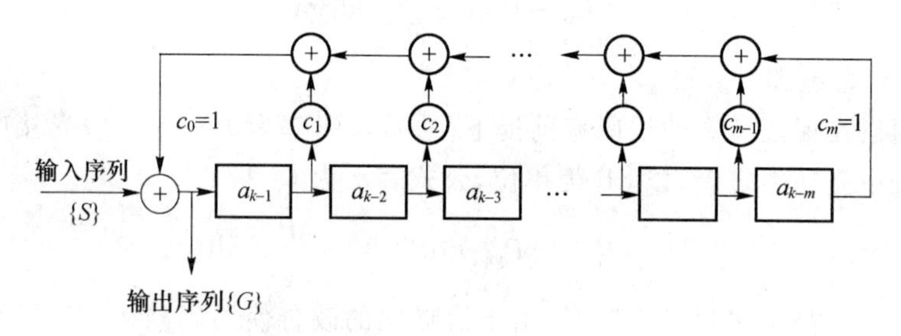

图 3-30 扰码器组成结构

解扰器(也称去扰器)是在接收机端使用相同的扰码序列与收到的被扰信息模二加，将原信息得到恢复。其结构如图 3-31 所示。

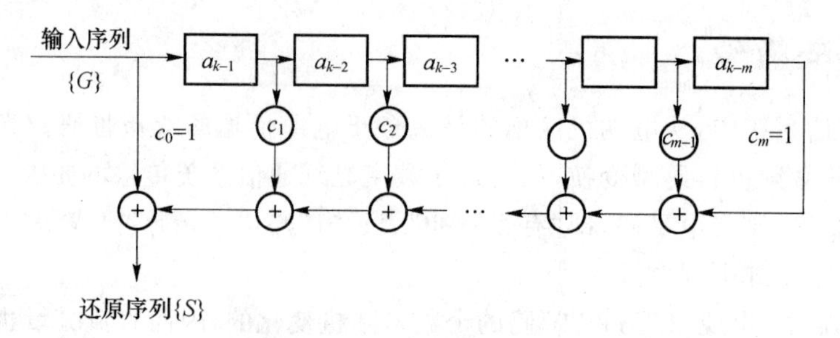

图 3-31 去扰码器组成结构

在同步数字体系(SDH)光纤通信系统中广泛使用的是加扰的 NRZ 码。但是，扰码仍具有下列缺点：

(1) 不能完全控制长串连“1”和长串连“0”序列的出现；

(2) 没有引入冗余，不能进行在线误码监测；

(3) 信号频谱中接近于直流的分量较大，不能解决基线漂移。

因为扰码不能完全满足光纤通信对线路码型的要求，所以许多光纤通信设备除采用扰码外还采用其他类型的线路编码。

2. mBnB 码

mBnB 码是把输入的二进制原始码流进行分组，每组有 m 个二进制码，记为 mB，称为一个码字，然后把一个码字变换为 n 个二进制码，记为 nB，并在同一个时隙内输出。这种码型是把 mB 变换为 nB，所以称为 mBnB 码，其中 m 和 n 都是正整数，$n>m$，一般取 $n=$

$m+1$。mBnB 码有 1B2B、3B4B、5B6B、8B9B、17B18B 等。

mBnB 码编码原理以最简单的 mBnB 码为例，它是 1B2B 码，即曼彻斯特码，这就是把原码的“0”变换为“01”，把“1”变换为“10”。因此最大的连“0”和连“1”的数目不会超过两个，如 1001 和 0110。但是在相同时隙内，传输 1 bit 变为传输 2 bit，码速提高了 1 倍。

以 3B4B 码为例，输入的原始码流 3B 码，共有(2^3)8 个码字，变换为 4B 码时，共有(2^4) 16 个码字，如表 3-5 所示。

表 3-5　3B4B 码表

3B	4B		3B	4B	
000	0000	1000	100	0100	1100
001	0001	1001	101	0101	1101
010	0010	1010	110	0110	1110
011	0011	1011	111	0111	1111

为保证信息的完整传输，必须从 4B 码的 16 个码字中挑选 8 个码字来代替 3B 码。设计者应根据最佳线路码特性的原则来选择码表。例如，在 3B 码中有 2 个“0”，变为 4B 码时补 1 个“1”；在 3B 码中有 2 个“1”，变为 4B 码时补 1 个“0”。而 000 用 0001 和 1110 交替使用；111 用 0111 和 1000 交替使用。同时，规定一些禁止使用的码字，称为禁字，如 0000 和 1111。所谓“码字数字和”，是在 nB 码的码字中，用“-1”代表“0”码，用“$+1$”代表“1”码，整个码字的代数和即为 WDS。如果整个码字“1”码的数目多于“0”码，则 WDS 为正；如果“0”码的数目多于“1”码，则 WDS 为负；如果“0”码和“1”码的数目相等，则 WDS$=0$。例如，对于 0111，WDS$=+2$；对于 0001，WDS$=-2$；对于 0011，WDS$=0$。nB 码的选择原则是尽可能选择|WDS|最小的码字，禁止使用|WDS|最大的码字。

以 3B4B 为例，应选择 WDS$=0$ 和 WDS$=\pm 2$ 的码字，禁止使用 WDS$=\pm 4$ 的码字。表 3-6 示出根据这个规则编制的一种 3B4B 码表，表中正组和负组交替使用。

表 3-6　3B4B 码表

信号码(3B)		线路码(4B)			
		模式 1(正组)		模式 2(负组)	
		码字	WDS	码字	WDS
0	000	1001	+2	0100	−2
1	001	1110	+2	0001	−2
2	010	0101	0	0101	0
3	011	0110	0	0110	0
4	100	1001	0	1001	0
5	101	1010	0	1010	0
6	110	0111	+2	1000	−2
7	111	1101	+2	0010	−2

我国 3 次群和 4 次群光纤通信系统最常用的线路码型是 5B6B 码，其编码规则如下。

5B 码共有(25)32 个码字，变换 6B 码时共有(2^6)64 个码字，其中 WDS$=0$ 有 20 个，

WDS=±2 有 15 个,WDS=−2 有 15 个,共有 50 个|WDS|最小的码字可供选择。由于变换为 6B 码时只需 32 个码字,为减少连“1”和连“0”的数目,删去 000011、110000、001111 和 111100。禁用 WDS=±4 和±6 的码字。表 3-7 示出根据这个规则编制的一种 5B6B 码表,正组和负组交替使用。表中正组选用 20 个 WDS=0 和 12 个 WDS=+2,负组选用 20 个 WDS=0 和 12 个 WDS=−2。

表 3-7　5B6B 码表

信号码(5B)		线路码(6B)			
		模式 1(正组)		模式 2(负组)	
		码字	WDS	码字	WDS
0	00000	010111	+2	101000	−2
1	00001	100111	+2	011000	−2
2	00010	011011	+2	100100	−2
3	00011	000111	0	000111	0
4	00100	101011	+2	010100	−2
5	00101	001011	0	001011	0
6	00110	001101	0	001101	0
7	00111	001110	0	001110	0
8	01000	110011	+2	001100	−2
9	01001	010011	0	010011	0
10	01010	010101	0	010101	0
11	01011	010110	0	010110	0
12	01100	011001	0	011001	0
13	01101	011010	0	011010	0
14	01110	011100	0	011100	0
15	01111	101101	+2	010010	−2
16	10000	011101	+2	100010	−2
17	10001	100011	0	100011	0
18	10010	100101	0	100101	0
19	10011	100110	0	100110	0
20	10100	101001	0	101001	0
21	10101	101010	0	101010	0
22	10110	101100	0	101100	0
23	10111	110101	+2	001010	−2
24	11000	110001	0	110001	0
25	11001	110010	0	110010	0
26	11010	110100	0	110100	0
27	11011	111001	+2	000110	−2
28	11100	111000	0	111000	0
29	11101	101110	+2	010001	−2
30	11110	110110	+2	001001	−2
31	11111	111010	+2	000101	−2

mBnB 码是一种分组码，设计者可以根据传输特性的要求确定某种码表。mBnB 码的特点是：

(1) 码流中“0”和“1”码的概率相等，连“0”和连“1”的数目较少，定时信息丰富；

(2) 高低频分量较小，信号频谱特性较好，基线漂移小；

(3) 在码流中引入一定的冗余码，便于在线误码检测。

mBnB 码的缺点是传输辅助信号比较困难。因此，在要求传输辅助信号或有一定数量的区间通信的设备中，不宜用这种码型。在准同步数字体系(PDH)光纤通信系统中，常用的线路编码有 5B6B、CMI 和插入码。

3. 插入比特码

插入比特码是当前我国应用较多的一种线路编码，设计灵活，适于高码速系统。插入比特码把输入的原码流以 m bit 为一组，在它的末位后插入 1 bit，组成线路编码。根据插入码的用途不同，可以分为 mB1C，mB1H 和 mB1P 码。

(1) mB1C 码。末位之后插入 C 码，C 码称为反码或补码。当第 m 位码为“1”时，补码为“0”，反之为“1”。例如：

mB 码	100	110	001	101
mB1C 码	1001	1101	0010	1010

C 码的优点是可以减少连续的“0”或“1”的个数，还可以进行在线误码率监测。

(2) mB1H 码。末位之后插入 H 码，所插入的 H 码可以根据不同用途分为 3 类：第一类是 C 码，用于在线误码率监测；第二类是 L 码，用于区间通信；第三类是 G 码，用于帧同步、公务、数据、监测等信息的传输。mB1H 码适于高码率的系统。可以将插入码中的一部分用来传输误码、监控、公务和区间通信信息，即构成 H 混合码。这样，全部辅助信息都可以在光路中传输，而不使用铜线。

(3) mB1P 码。末位之后插入 P 码，P 码称为奇偶校验码。它把 m 位奇数原码校正为偶数码。即当 m 位码“1”的个数为奇数时，插入 P 码为“1”；反之插入 P 码为“0”，以保持 $m+1$位码“1”的个数为偶数。同样，也可以采取保持 $m+1$ 位码“1”的个数为奇数的方式。例如：

m 码	100	000	001	110
mB1P 码	1001	0000	0011	1100

其缺点是连续的“1”和“0”的个数较多，最大数为 $2m$，且只能检出一个误码，在 m 码元中出现双数误码时无法检出。

4. CMI 编码

根据 CCITT 建议，CMI 码一般作为 PCM 4 次群数字中继接口的码型。同时，CMI 码也是我国目前主要采用的传输码之一。CMI 的编码规则如表 3-8 所示。

表 3-8　CMI 的编码规则

输入码字	编码结果
0	01
1	00/11 交替表示

因而在 CMI 编码中，输入码字 0 直接输出 01 码型，较为简单。对于输入为 1 的码字，其输出 CMI 码字存在两种结果 00 或 11 码，因而对输入 1 的状态必须记忆。同时，编码后的速率增加一倍，因而整形输出必须有 2 倍的输入码流时钟。这里，CMI 码的第一位称为 CMI 码的高位，第二位称为 CMI 码的低位。

在 CMI 解码端，存在同步和不同步两种状态，因而需进行同步。同步过程的设计可根据码字的状态进行：因为在输入码字中不存在 10 码型，如果出现 10 码，则必须调整同步状态。在该功能模块中，可以观测到 CMI 在译码过程中的同步过程。CMI 码具有如下特点：

(1) 不存在直流分量，且具有很强的时钟分量，有利于在接收端对时钟信号进行恢复；

(2) 具有检错能力，这是因为 1 码用 00 或 11 表示，而 0 码用 01 码表示，因而在 CMI 码流中不存在 10 码，且无 00 与 11 码组连续出现，这个特点可用于检测 CMI 的部分错码。

3.4 SDH 光传输系统

3.4.1 数字复接原理

1. 时分复用

在实际通信中，信道上往往允许甚至需要多路信号同时传输。解决多路信号同时传输问题就是信道复用问题。常用的复用方式有频分复用、时分复用和码分复用等。频分多路复用用于模拟通信，如载波通信；时分多路复用用于数字通信，如 PCM 通信。

时分多路复用通信是各路信号在同一信道上占有不同时间间隙进行通信。由抽样理论可知，抽样的一个重要作用是将时间上连续的信号变成时间上离散的信号，其在信道上占用时间的有限性，为多路信号沿同一信道传输提供了条件。具体说，就是把时间分成一些均匀的时间间隙，将各路信号的传输时间分配在不同的时间间隙，以达到互相分开、互不干扰的目的。

2. PCM 复用

所谓 PCM 复用就是直接将多路信号编码复用，即将多路模拟话音信号按周期分别进行抽样，然后合在一起统一编码形成多路数字信号。显然，一次群(PCM30/32 路)的形成属于 PCM 复用。

随着数字通信的容量不断增大，PCM 通信方式的传输容量需要由一次群(PCM30/32 路或 PCM24 路)扩大到二次群、三次群、四次群及五次群，甚至更高速率的多路系统。

高次群如果采用 PCM 复用，编码速度快，对编码器的元件精度要求高，不易实现。所以，高次群的形成一般不采用 PCM 复用，而采用数字复接。

3. 数字复接

数字复接技术就是在多路复用的基础上把若干个小容量低速数据流在时域上合并成一个大容量的高速数据流，再通过高速信道传输，传到接收端再分开，完成这个数字大容量传输的过程。

数字复接将几个低次群在时间的空隙上迭加合成高次群。例如，将 4 个一次群合成二次群，4 个二次群合成三次群等。数字复接的原理示意图如图 3-32 所示。

图中，低次群(1)与低次群(2)的速率完全相同(假设全为“1”码)，为了达到数字复接的目的，首先将各低次群的脉宽缩窄（波形是脉宽缩窄后的低次群），以便留出空隙进行复接；然后对低次群(2)进行时间位移，就是将低次群(2)的脉冲信号移到低次群(1)的脉冲信号的空隙中；最后将低次群(1)和低次群(2)合成高次群 C。

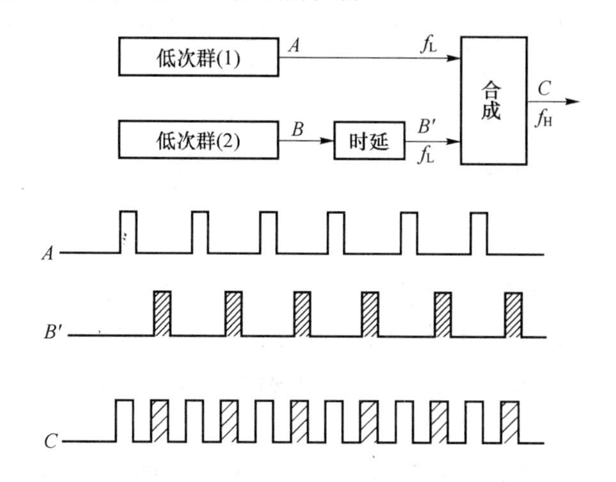

图 3-32　数字复接原理示意图

数字复接系统包括数字复接器和数字分接器两大部分。把两路或两路以上的支路数字信号按时分复用方式合并成为一路数字信号的过程称为数字复接。在传输线路的接收端把一个复合数字信号分离成各分支信号的过程称为数字分接。将数字复接器和数字分接器用于信道传输，就构成了数字复接系统（见图 3-33）。数字复接系统包括 3 个主要部分：定时，码速调整和复接。数字分接系统包括同步分离、产生定时、分接、支路码速恢复。

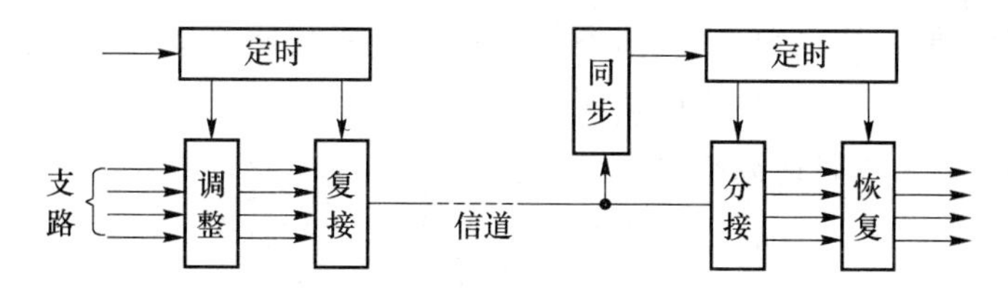

图 3-33　数字复接系统

按复接中各支路信号的交织长度，数字复接分为：

1）按位复接。按位复接每次只依次复接一位码。

2）按路复接。对 PCM 基群来说，一个路时隙有 8 位码。按路复接就是指每次按顺序复接 8 位码。

3）按帧复接。按帧复接是指每次复接一个支路的一帧数码（一帧含有 256 个码）。

从复接中各支路信号时钟间的关系角度，数字复接分为：

1）同步复接。如果被复接的各支路信号使用的时钟都是由一个总时钟提供的，称为同步复接。

2）异步复接。如果各支路信号的时钟并非来自同一时钟源，各信号之间不存在同步关系，称为异步复接。

3）准同步复接。如果各支路信号的时钟由不同的时钟源提供，而这些时钟源在一定的容差范围内为标称相等情况，对应的复接称为准同步复接。

4. 同步复接、异步复接和准同步复接

(1) 同步复接

同步复接是用一个高稳定的主时钟来控制被复接的几个低次群，使这几个低次群的数码率(简称码速)统一在主时钟的频率上，可直接进行复接。

(2) 异步复接

异步复接各支路信号的时钟源无固定关系，且无统一的标称频率，时钟频率偏差非常大。

(3) 准同步复接

准同步复接是各低次群各自使用自己的时钟，由于各低次群的时钟频率不一定相等，使得各低次群的数码率不完全相同，因而先要进行码速调整，使各低次群获得同步，再复接。各低次群的标称数码率相等，允许有一定范围的偏差。所以称为准同步复接。PDH 采用的是准同步复接方式，所以命名为准同步数字体系。

数字复接的同步指使被复接的几个低次群的数码率相同。几个低次群信号如果是由各自的时钟控制产生的，即使它们的标称数码率相同，如 PCM30/32 路基群的数码率都是 2 048 kbit/s，但它们的瞬时数码率总是不相同的，因为几个晶体振荡器的振荡频率不可能完全相同。

ITU-T 规定 PCM30/32 路的数码率为 2 048 kbit/s ± 100 kbit/s，即允许它们有 100 kbit/s的误差。如果不进行同步，这样几个低次群直接复接后的数码就会产生重叠和错位。所以，数码率不同的低次群信号是不能直接复接的。

为此，在各低次群复接之前，必须使各低次群数码率互相同步，同时使其数码率符合高次群帧结构的要求。这一过程称为码速调整。

码速调整技术分为正码速调整、正/负码速调整和正/零/负码速调整 3 种。其中，正码速调整应用最普遍，就是人为地在各待复接的支路信号中插入一些脉冲，速率低的多插一些，速率高的少插一些，从而使这些支路信号在插入适当的脉冲之后，变为瞬时数码率完全一致的信号。在收端，分接器先把高次群总信码进行分接，再通过标志信号检出电路，检出标志信号，依据此信号扣除插入脉冲，恢复出原支路信码。

5. 按位复接和按字复接

(1) 按位复接

按位复接是每次复接各低次群的一位码形成高次群。图 3-34(a)是 4 个 PCM30/32 路基群的时隙的码字情况。图 3-34 (b)是按位复接的情况，复接后的二次群信号码中第一位码表示第一支路第一位码的状态，第二位码表示第二支路第一位码的状态，第三位码表示第三支路第一位码的状态，第四位码表示第四支路第一位码的状态。

4 个支路第一位码取过之后，再循环取以后各位，如此循环下去就实现了数字复接。复接后高次群每位码的间隔是复接前各支路的 1/4，即高次群的速率提高到复接前各支路的 4 倍。

按位复接要求复接电路存储容量小，简单易行，PDH 大多采用按位复接。但这种方法破坏了一个字节的完整性，不利于以字节为单位的信息的处理和交换。

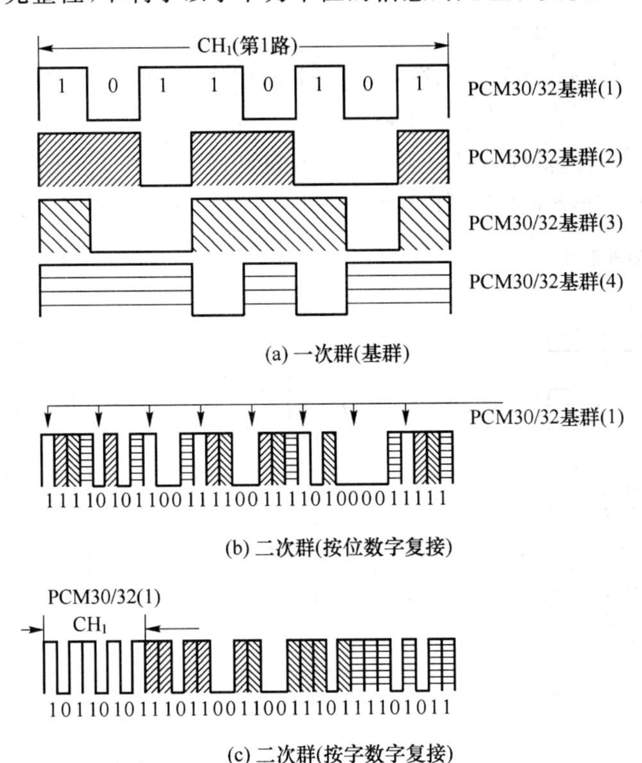

(a) 一次群(基群)

(b) 二次群(按位数字复接)

(c) 二次群(按字数字复接)

图 3-34　按字复接和按位复接

(2) 按字复接

按字复接是每次复接各低次群的一个码字形成高次群。图 3-34 (c)是按字复接，每个支路都要设置缓冲存储器，事先将接收到的每一支路的信码储存起来，传送时刻到来时，一次高速将 8 位码取出，4 个支路轮流被复接。这种按字复接要求有较大的存储容量，但保证了一个码字的完整性，有利于以字节为单位的信息处理和交换。SDH 大多采用这种方法。

下面举例来说明按字复接方式。有 3 个信号，帧结构各为每帧 3 个字节，如下所示。

A

A1	A2	A3

B

B1	B2	B3

C

C1	C2	C3

若将这 3 个信号通过字节间插复用方式复用成信号 D，那么 D 就应该是这样一种帧结构：帧中有 9 个字节，且这 9 个字节的排放次序如下所示。

D

A1	B1	C1	A2	B2	C2	A3	B3	C3

这样的复用方式就是按字复接方式。

3.4.2　PDH

PDH 有两种基础速率：一种是以 1.544 Mbit/s 为第一级（一次群，或称基群）基础速率，采用的国家有北美各国和日本；另一种是以 2.048 Mbit/s 为第一级（一次群）基础速率，采用的国家有西欧各国和中国。

图 3-35 是世界各国商用数字光纤通信系统的 PDH 传输体制，图中示出两种基础速率各次群的速率、话路数及其关系。对于以 2.048 Mbit/s 为基础速率的制式，各次群的话路数按 4 倍递增，速率的关系略大于 4 倍，这是因为复接时插入了一些相关的比特。对于以 1.544 Mbit/s 为基础速率的制式，在 3 次群以上，日本和北美各国又不相同。

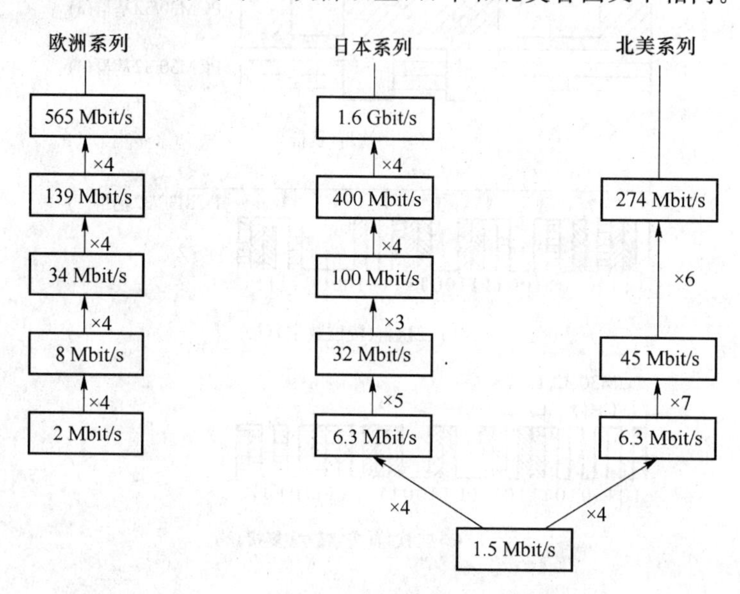

图 3-35　3 种信号系列的电接口速率等级

PDH 各次群比特率相对于其标准值有一个规定的容差，而且是异源的，通常采用正码速调整方法实现准同步复用。1 次群至 4 次群接口比特率早在 1976 年就实现了标准化，并得到各国广泛采用，主要适用于中、低速率点对点的传输。

传统的由 PDH 传输体制组建的传输网，由于其复用的方式明显不能满足信号大容量传输的要求，另外 PDH 体制的地区性规范也使网络互连增加了难度，因此在通信网向大容量、标准化发展的今天，PDH 的传输体制已经愈来愈成为现代通信网的瓶颈，制约了传输网向更高的速率发展。

传统的 PDH 传输体制的缺陷体现在以下方面。

1. 接口方面

只有地区性的电接口规范，不存在世界性标准。现有的 PDH 数字信号序列有 3 种信号速率等级：欧洲系列、北美系列和日本系列。各种信号系列的电接口速率等级、信号的帧结构及复用方式均不相同，这种局面造成了国际互通的困难，不适应当前随时随地便捷通信的发展趋势。

2. 电接口速率等级图

没有世界性标准的光接口规范。为了完成设备对光路上的传输性能进行监控，各厂家各自采用自行开发的线路码型。典型的例子是 mBnB 码，其中 mB 为信息码；nB 为冗余码，作用是实现设备对线路传输性能的监控功能。由于冗余码的接入使同一速率等级上光接口的信号速率大于电接口的标准信号速率，不仅增加了发光器的光功率代价，而且由于各厂家在进行线路编码时，为完成不同的线路监控功能，在信息码后加上不同的冗余码，导致不同厂家同一速率等级的光接口码型和速率也不同，致使不同厂家的设备无法实现横向兼容。这样在同一传输路线两端必须采用同一厂家的设备，给组网、管理及网络互通带来困难。

3. 复用方式

现在的PDH体制中，只有1.5 Mbit/s和2 Mbit/s速率的信号(包括日本系列6.3 Mbit/s速率的信号)是同步的，其他速率的信号都是异步的，需要通过码速的调整来匹配和容纳时钟的差异。由于PDH采用异步复用方式，导致当低速信号复用到高速信号时，其在高速信号的帧结构中的位置没规律性和固定性。也就是说，在高速信号中不能确认低速信号的位置，而这一点正是能否从高速信号中直接分/插出低速信号的关键所在。

既然PDH采用异步复用方式，那么从PDH的高速信号中就不能直接地分/插出低速信号。例如，不能从140 Mbit/s的信号中直接分/插出2 Mbit/s的信号。这就会引起两个问题。

首先从高速信号中分/插出低速信号要逐级进行。例如，从140 Mbit/s的信号中分/插出2 Mbit/s低速信号要经过如图3-36所示的过程。

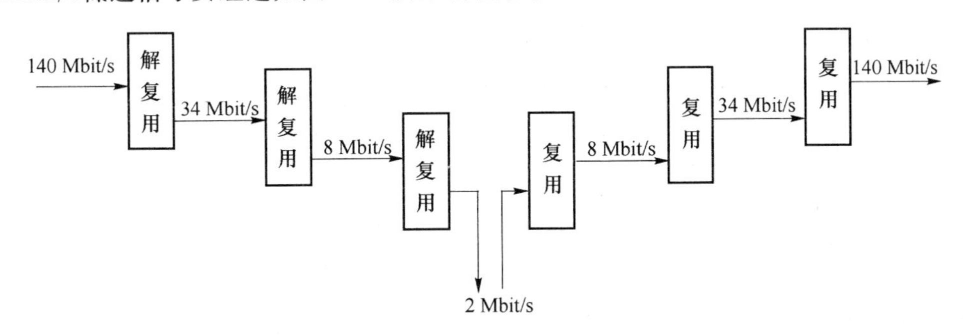

图3-36　从140 Mbit/s信号分/插出2 Mbit/s信号示意图

从图3-36可以看出，在将140 Mbit/s信号分/插出2 Mbit/s信号过程中，使用了大量的“背靠背”设备。通过三级解复用设备从140 Mbit/s的信号中分出2 Mbit/s低速信号；再通过三级复用设备将2 Mbit/s的低速信号复用到140 Mbit/s信号中。一个140 Mbit/s信号可复用进64个2 Mbit/s信号，但是若在此仅从140 Mbit/s信号中上下一个2 Mbit/s的信号，也需要全套的三级复用和解复用设备。这样不仅增加了设备的体积、成本、功耗，还增加了设备的复杂性，降低了设备的可靠性。

其次，由于低速信号分/插到高速信号要通过层层的复用和解复用过程，就会使信号在复用/解复用过程中产生的损伤加大，使传输性能劣化，在大容量传输时，此种缺点是不能容忍的。这也就是PDH体制传输信号的速率没有更进一步提高的原因。

4. 运行维护方面

PDH信号的帧结构里用于运行维护工作(OAM)的开销字节不多，因此在设备进行光路上的线路编码时，要通过增加冗余编码来完成线路性能监控功能。由于PDH信号运行维护工作的开销字节少，因此对完成传输网的分层管理、性能监控、业务的实时调度、传输带宽的控制、告警的分析定位是很不利的。

5. 没有统一的网管接口

如果没有统一的网管接口，那么购买一套某厂家的设备，就需购买一套该厂家的网管系统。容易形成网络七国八制的局面,不利于形成统一的电信管理网。

基于上述缺陷,使PDH传输体制越来越不适应传输网的发展,于是美国贝尔通信研究所首先提出了用一整套分等级的标准数字传递结构组成的同步网络(SONET)体制。CCITT于1988年接受了SONET概念,并重命名为SDH,使其成为不仅适用于光纤传输,也适用于微波和卫星传输的通用技术体制。

3.4.3 SDH

SDH传输体制是由PDH传输体制进化而来的,因此它具有PDH体制所无可比拟的优点,它是不同于PDH体制的全新的一代传输体制,与PDH相比在技术体制上进行了根本变革。

1. SDH概述

SDH概念的核心是从统一的国家电信网和国际互通的高度来组建数字通信网,是构成综合业务数字网(ISDN),特别是宽带综合业务数字网(B-ISDN)的重要组成部分。与传统的PDH体制不同,按SDH组建的网络是一个高度统一的、标准化的、智能化的网络。它采用全球统一的接口以实现设备多厂家环境的兼容,在全程全网范围实现高效的协调一致的管理和操作、灵活的组网与业务调度、网络自愈功能,提高网络资源利用率。由于维护功能的加强,大大降低了设备的运行维护费用。

SDH所具有的优势如下。

(1) 接口方面

① 电接口方面

接口的规范化与否是决定不同厂家的设备能否互连的关键。SDH体制对网络节点接口(NNI)作了统一的规范。规范的内容有数字信号速率等级、帧结构、复接方法、线路接口、监控管理等。这就使SDH设备容易实现多厂家互连,也就是说在同一传输线路上可以安装不同厂家的设备,体现了横向兼容性。

SDH体制有一套标准的信息结构等级,即有一套标准的速率等级。基本的信号传输结构等级是同步传输模块——STM-1,相应的速率是155 Mbit/s。高等级的数字信号系列(如622 Mbit/s(STM-4)、2.5 Gbit/s(STM-16)等),是将低速率等级的信息模块(如STM-1)通过字节间插同步复接而成,复接的个数是4的倍数,如STM-4=4×STM-1、STM-16=4×STM-4。

② 光接口方面

线路接口(指光口)采用世界性统一标准规范,SDH信号的线路编码仅对信号进行扰码,不再进行冗余码的插入。

扰码的标准是世界统一的,这样对端设备仅需通过标准的解码器就可与不同厂家SDH设备进行光口互连。扰码的目的是抑制线路码中的长连“0”和长连“1”,便于从线路信号中提取时钟信号。由于线路信号仅通过扰码,因此SDH的线路信号速率与SDH电口标准信号速率一致,这样就不会增加发端激光器的光功率代价。

(2) 复用方式

由于低速SDH信号是以字节间插方式复用进高速SDH信号的帧结构中,使得低速SDH信号在高速SDH信号的帧中的位置是固定的、有规律的,即可预见的。这样就能从高速SDH信号(如2.5 Gbit/s(STM-16))中直接分/插出低速SDH信号(如155 Mbit/s

(STM-1)),从而简化信号的复接和分接,使 SDH 体制特别适合于高速大容量的光纤通信系统。

另外,由于采用了同步复用方式和灵活的映射结构,可将 PDH 低速支路信号(如 2 Mbit/s)复用进 SDH 信号的帧中(STM-*N*),使低速支路信号在 STM-*N* 帧中的位置也是可预见的,于是可以从 STM-*N* 信号中直接分/插出低速支路信号。注意,此处不同于前面所说的从高速 SDH 信号中直接分插出低速 SDH 信号,此处是指从 SDH 信号中直接分/插出低速支路信号,如 2 Mbit/s、34 Mbit/s 与 140 Mbit/s 等低速信号。于是节省了大量的复接/分接设备(背靠背设备),增加了可靠性,减少了信号损伤、设备成本、功耗、复杂性等,使业务的上、下更加简便。

SDH 的这种复用方式使数字交叉连接(DXC)功能更易于实现,使网络具有了很强的自愈功能,便于用户按需动态组网,实现灵活的业务调配。

网络自愈是指当业务信道损坏导致业务中断时,网络会自动将业务切换到备用业务信道,使业务能在较短的时间(ITU-T 规定为 50 ms 以内)得以恢复正常传输。注意,这里仅指业务得以恢复,而发生故障的设备和发生故障的信道则还是要人为修复。

为达到网络自愈功能,除了设备具有 DXC 功能(完成将业务从主用信道切换到备用信道)外,还需要有冗余信道(备用信道)和冗余设备(备用设备)。

(3) 运行维护方面

SDH 信号的帧结构中安排了丰富的用于 OAM 功能的开销字节,使网络的监控功能大大加强,即维护的自动化程度大大加强。PDH 的信号中开销字节不多,在对线路进行性能监控时,还要通过在线路编码时加入冗余比特来完成。以 PCM30/32 信号为例,其帧结构中仅有 TS_0 时隙和 TS_{16} 时隙中的比特是用于 OAM 功能。

SDH 信号丰富的开销占用整个帧所有比特的 1/20,大大加强了 OAM 功能。这使得系统的维护费用大大降低,而在通信设备的综合成本中,维护费用占相当大的一部分,于是 SDH 系统的综合成本要比 PDH 系统的综合成本低,据估算仅为 PDH 系统的 65.8%。

(4) 兼容性

SDH 有很强的兼容性,这意味着当组建 SDH 传输网时,原有的 PDH 传输网不会作废,两种传输网可以共同存在。也就是说,可以用 SDH 网传送 PDH 业务。另外,异步转移模式(ATM)的信号、光纤分布数据接口(FDDI)信号等其他体制的信号也可用 SDH 网来传输。

SDH 网中用 SDH 信号的基本传输模块(STM-1)可以容纳 PDH 的 3 个数字信号系列和其他各种体制的数字信号系列——ATM、FDDI、分布式对列双总线(DQDB)等,从而体现了 SDH 的前向兼容性和后向兼容性,确保了 PDH 向 SDH 及 SDH 向 ATM 的顺利过渡。SDH 把各种体制的低速信号在网络边界处(如 SDH/PDH 起点)复用进 STM-1 信号的帧结构中,在网络边界处(终点)再将它们拆分出来即可,这样就可以在 SDH 传输网上传输各种体制的数字信号了。

在 SDH 网中,SDH 的信号实际上起运货车的功能,它将各种不同体制的信号(本书主要指 PDH 信号)像货物一样打成不同大小的(速率级别)包,然后装入货车(装入 STM-*N* 帧中),在 SDH 的主干道上(光纤上)传输。在收端从货车上卸下打成货包的货物(其他体制的信号),然后拆包封,恢复出原来体制的信号。这形象地说明了不同体制的低速信号复用进 SDH 信号(STM-*N*),在 SDH 网上传输和最后拆分出原体制信号的全过程。

SDH 的上述优点是以牺牲其他方面为代价的,下面简单讨论 SDH 的缺陷。

(1) 频带利用率低

有效性和可靠性是一对矛盾,增加了有效性必将降低可靠性,增加可靠性也会相应地使有效性降低。例如,收音机的选择性增加,可选的电台就增多,这样就提高了选择性。但是由于这时通频带相应地会变窄,必然会使音质下降,即可靠性下降。相应的,SDH 一个很大的优势是系统的可靠性大大增强了(运行维护的自动化程度高),这是由于在 SDH 的信号——STM-*N* 帧中加入了大量用于 OAM 功能的开销字节,这样必然会使在传输同样多有效信息的情况下,PDH 信号所占用的频带(传输速率)比 SDH 信号所占用的频带(传输速率)窄,即 PDH 信号所用的速率低。例如,SDH 的 STM-1 信号可复用进 63 个 2 Mbit/s 或 3 个 34 Mbit/s(相当于 48×2 Mbit/s)或 1 个 140 Mbit/s(相当于 64×2 Mbit/s)的 PDH 信号。只有当 PDH 信号是以 140 Mbit/s 的信号复用进 STM-1 信号的帧时,STM-1 信号才能容纳 64×2 Mbit/s 的信息量,但此时它的信号速率是 155 Mbit/s,速率要高于 PDH 同样信息容量的 E4 信号(140 Mbit/s),也就是说 STM-1 所占用的传输频带要大于 PDH E4 信号的传输频带(二者的信息容量是一样的)。

(2) 指针调整机理复杂

SDH 体制可从高速信号(如 STM-1)中直接下低速信号(如 2 Mbit/s),省去了多级复用/解复用过程。而这种功能的实现是通过指针机理来完成的,指针的作用就是时刻指示低速信号的位置,以便在“拆包”时能正确地拆分出所需的低速信号,保证了 SDH 从高速信号中直接下低速信号的功能的实现。指针是 SDH 的一大特色。

但是指针功能的实现增加了系统的复杂性。最重要的是,使系统产生 SDH 的一种特有抖动——由指针调整引起的结合抖动。这种抖动多发于网络边界处(SDH/PDH),其频率低、幅度大,会导致低速信号在拆出后性能劣化,这种抖动的滤除相当困难。

(3) 软件的大量使用对系统安全性的影响

SDH 的一大特点是 OAM 的自动化程度高,这也意味着软件在系统中占用相当大的比重,这就使系统很容易受到计算机病毒的侵害,特别是在计算机病毒无处不在的今天。另外,在网络层上人为的错误操作、软件故障,对系统的影响也是致命的。这样,系统的安全性就成了很重要的一个方面。

SDH 体制是一种在发展中不断成熟的体制,尽管还有这样那样的缺陷,但它已在传输网的发展中显露出了强大的生命力,传输网从 PDH 过渡到 SDH 是一个不争的事实。

2. SDH 信号的帧结构

STM-*N* 信号帧结构的安排应尽可能使支路低速信号在一帧内均匀、有规律地排列。这样便于实现支路低速信号的分/插、复用和交换,最终为了方便地从高速 SDH 信号中直接上/下低速支路信号。鉴于此,ITU-T 规定了 STM-*N* 的帧是以字节(8 bit)为单位的矩形块状帧结构,如图 3-37 所示。

为了便于对信号进行分析,往往将信号的帧结构等效为块状帧结构,这不是 SDH 信号所特有的,PDH 信号、ATM 信号、分组交换的数据包,它们的帧结构都算是块状帧。例如,E1 信号的帧是 32 字节组成的 1 行×32 列的块状帧,ATM 信号是 53 字节构成的块状帧。将信号的帧结构等效为块状,仅仅是为了分析方便。

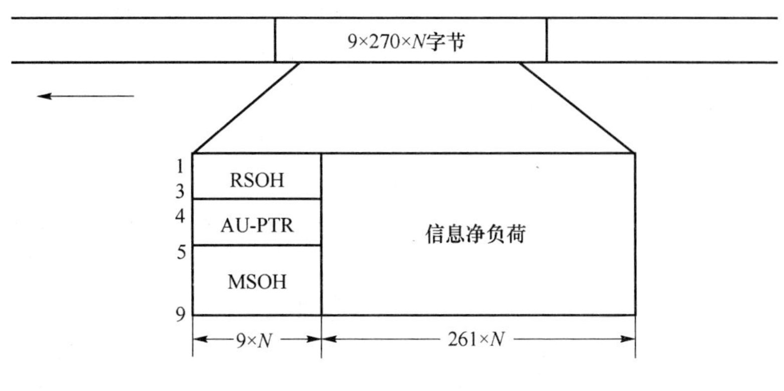

图 3-37　STM-N 帧结构

从图 3-37 可以看出 STM-N 的信号是 9 行×270×N 列的帧结构。此处的 N 与 STM-N的 N 一致，取值范围为 1，4，16，64，…，表示此信号由 N 个 STM-1 信号通过字节间插复用而成。由此可知，STM-1 信号的帧结构是 9 行×270 列的块状帧，由图 3-37 可以看出，当 N 个 STM-1 信号通过字节间插复用成 STM-N 信号时，仅仅是将 STM-1 信号的列按字节间插复用，行数恒定为 9 行。

信号在线路上传输时是逐个比特进行传输的，STM-N 信号的传输也遵循按比特的传输方式。SDH 信号帧传输的原则是，帧结构中的字节(8 bit)从左到右，从上到下逐个字节(比特)的传输，传完一行再传下一行，传完一帧再传下一帧。

ITU-T 规定，对于任何级别的 STM-N 帧，帧频是 8 000 帧/秒，即帧长或帧周期为恒定的 125 μs。PDH 的 E1 信号也是 8 000 帧/秒。

注意，帧周期的恒定是 SDH 信号的一大特点，任何级别的 STM-N 帧的帧频都是 8 000 帧/秒。由于帧周期的恒定使 STM-N 信号的速率有其规律性。例如，STM-4 的传输数速恒等于 STM-1 信号传输数速的 4 倍，STM-16 恒定等于 STM-4 的 4 倍，等于 STM-1 的 16 倍。而 PDH 中的 E2 信号速率不等于 E1 信号速率的 4 倍。SDH 信号的这种规律性使高速 SDH 信号直接分/插出低速 SDH 信号成为可能，特别适用于大容量的传输情况。

从图 3-37 可以看出，STM-N 的帧结构由 3 部分组成：段开销(SOH)，包括再生段开销(RSOH)和复用段开销(MSOH)；管理单元指针(AU-PTR)；信息净负荷(payload)。下面具体介绍这三大部分的功能。

(1) 信息净负荷

信息净负荷是在 STM-N 帧结构中用于存放将由 STM-N 传送的各种信息码块。信息净负荷区相当于 STM-N 这辆运货车的车箱，车箱内装载的货物就是经过打包的低速信号——待运输的货物。为了实时监测货物(打包的低速信号)在传输过程中是否有损坏，在将低速信号打包的过程中加入了监控开销字节——通道开销(POH)字节。POH 作为净负荷的一部分与信息码块一起装载在 STM-N 这辆货车上在 SDH 网中传送，它负责对打包的货物(低速信号)进行通道性能监视、管理和控制(类似于传感器)。

下面举例说明通道。STM-1 信号可复用进 63×2 Mbit/s 的信号，换一种说法可将 STM-1 信号看成一条传输大道，那么在这条大路上又分成了 63 条小路，每条小路通过相应速率的低速信号，那么每条小路就相当于一个低速信号通道，通道开销的作用可看成监控这些小路的传送状况。这 63 个 2M 通道复合成了 STM-1 信号这条大路——此处可称为“段”了。所谓通道指相应的低速支路信号,POH 的功能就是监测这些低速支路信号在由 STM-*N* 这辆货车承载,在 SDH 网上运输时的性能。

(2) SOH

SOH 是为了保证信息净负荷正常、灵活传送所必须附加的供网络运行、管理和维护使用的字节。例如,段开销可进行对 STM-*N* 这辆运货车中的所有货物在运输中是否有损坏进行监控;而 POH 的作用是当车上有货物损坏时,通过它来判定具体是哪件货物出现损坏。也就是说,SOH 完成对货物整体的监控,POH 完成对某件特定的货物进行监控。当然,SOH 和 POH 还有一些管理功能。

SOH 又分为 RSOH 和 MSOH,分别对相应的段层进行监控。段其实也相当于一条大的传输通道,RSOH 和 MSOH 的作用也就是对这一条大的传输通道进行监控。

RSOH 和 MSOH 的区别在于监管的范围不同。例如,若光纤上传输的是 2.5 G 信号,那么,RSOH 监控的是 STM-16 整体的传输性能,而 MSOH 则是监控 STM-16 信号中每个 STM-1 的性能情况。

RSOH 在 STM-*N* 帧中的位置是第一到第三行的第一到第 9×*N* 列,共 3×9×*N* 字节;MSOH 在 STM-*N* 帧中的位置是第 5 到第 9 行的第一到第 9×*N* 列,共 5×9×*N* 字节。与 PDH 信号的帧结构相比,段开销丰富是 SDH 信号帧结构的一个重要特点。

(3) AU-PTR

AU-PTR 位于 STM-*N* 帧中第 4 行的 9×*N* 列,共 9×*N* 字节。SDH 能够从高速信号中直接分/插出低速支路信号(如 2 Mbit/s)。因为低速支路信号在高速 SDH 信号帧中的位置有预见性,也就是有规律性。预见性的实现就在于 SDH 帧结构中指针开销字节功能。AU-PTR 是用来指示信息净负荷的第一个字节在 STM-*N* 帧内准确位置的指示符,以便收端能根据这个位置指示符的值(指针值)正确分离信息净负荷。

指针有高、低阶之分,高阶指针是 AU-PTR,低阶指针是支路单元指针(TU-PTR),TU-PTR的作用类似于 AU-PTR,只是所指示的货物堆更小一些。

3. SDH 的复用结构和步骤

SDH 的复用包括两种情况:一种是低阶的 SDH 信号复用成高阶 SDH 信号;另一种是低速支路信号(如 2 Mbit/s、34 Mbit/s、140 Mbit/s)复用成 SDH 信号 STM-*N*。

第一种情况在前面已有所提及,复用主要通过字节间插复用方式来完成的,复用的个数是四合一,即 4×STM-1→STM-4,4×STM-4→STM-16。在复用过程中保持帧频不变(8 000 帧/秒),这就意味着高一级的 STM-*N* 信号速率是低一级的 STM-*N* 信号速率的 4 倍。在进行字节间插复用过程中,各帧的信息净负荷和指针字节按原值进行间插复用,而段开销则会有些取舍。在复用成的 STM-*N* 帧中,SOH 并不是所有低阶 SDH 帧中的段开销间插复用而成,而是舍弃了一些低阶帧中的段开销。

第二种情况用得最多的就是将 PDH 信号复用进 STM-*N* 信号中。

传统的将低速信号复用成高速信号的方法有两种。

(1) 比特塞入法

比特塞入法(又称码速调整法)利用固定位置的比特塞入指示来显示塞入的比特是否载有信号数据,允许被复用的净负荷有较大的频率差异(异步复用)。其缺点是因为存在一个比特塞入和去塞入的过程(码速调整),而不能将支路信号直接接入高速复用信号或从高速信号中分出低速支路信号,也就是说不能直接从高速信号中上/下低速支路信号,要逐级进行。这种比特塞入法就是 PDH 的复用方式。

(2) 固定位置映射法

固定位置映射法利用低速信号在高速信号中相对固定的位置来携带低速同步信号,要求低速信号与高速信号同步,也就是帧频相一致。其特点在于可方便地从高速信号中直接上/下低速支路信号,但当高速信号和低速信号间出现频差和相差(不同步)时,要用 125 μs (8 000 帧/秒)缓存器来进行频率校正和相位对准,导致信号较大延时和滑动损伤。

由上可见,两种复用方式都有缺陷,比特塞入法无法直接从高速信号中上/下低速支路信号;固定位置映射法引入的信号时延过大。

SDH 网的兼容性要求 SDH 的复用方式既能满足异步复用(如将 PDH 信号复用进 STM-*N*),又能满足同步复用(如 STM-1→STM-4),而且能方便地由高速 STM-*N* 信号分/插出低速信号,同时不造成较大的信号时延和滑动损伤,这就要求 SDH 需采用自己独特的复用步骤和复用结构。在这种复用结构中,通过指针调整定位技术来取代 125 μs 缓存器以校正支路信号频差和实现相位对准,各种业务信号复用进 STM-*N* 帧的过程都要经历映射(相当于信号打包)、定位(相当于指针调整)、复用(相当于字节间插复用)3 个步骤。

ITU-T 规定了一整套完整的复用结构(即复用路线),通过这些路线可将 PDH 的 3 个系列的数字信号以多种方法复用成 STM-*N* 信号。ITU-T 规定的复用路线如图 3-38 所示。

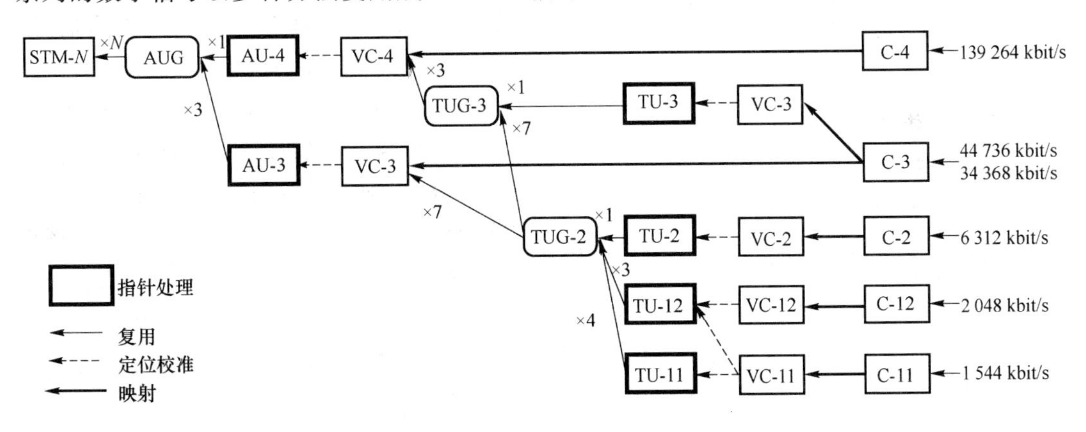

图 3-38　G. 709 复用映射结构

从图 3-38 中可以看到,此复用结构包括了一些基本的复用单元:C(容器)、VC(虚容器)、TU(支路单元)、TUG(支路单元组)、AU(管理单元)、AUG(管理单元组),这些复用单元后的数字表示与此复用单元相应的信号级别。图中,从一个有效负荷到 STM-*N* 的复用路线不是唯一的,有多条路线。例如,2 Mbit/s 的信号有两条复用路线,也就是说可用两种方法复用成 STM-*N* 信号。8 Mbit/s 的 PDH 信号是无法复用成 STM-*N* 信号的。

尽管一种信号复用成 SDH 的 STM-*N* 信号的路线有多种,但对于一个国家或地区则必须使复用路线唯一化。我国的光同步传输网技术体制规定了以 2 Mbit/s 信号为基础的 PDH 系列作为 SDH 的有效负荷,并选用 AU-4 的复用路线,其结构如图 3-39 所示。

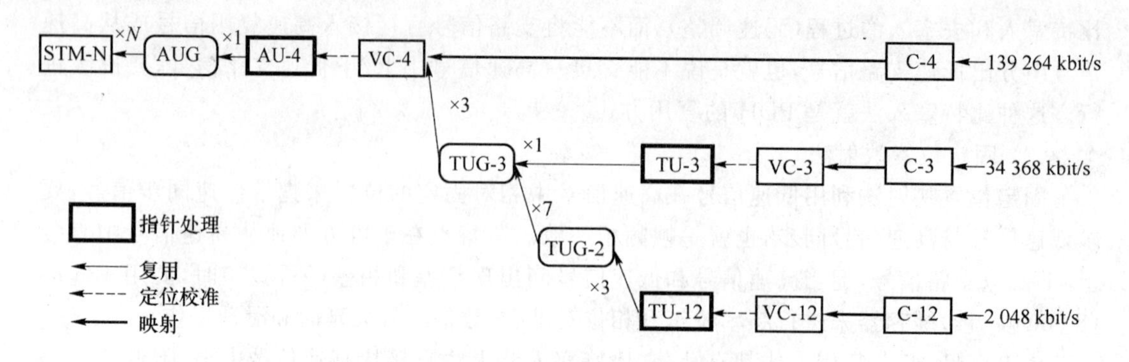

图 3-39　我国的 SDH 基本复用映射结构

4. SDH 网络的常见网元

SDH 传输网是由不同类型的网元通过光缆线路的连接组成的，通过不同的网元完成 SDH 网的传送功能，如上/下业务、交叉连接业务、网络故障自愈等。

下面介绍 SDH 网中常见网元的特点和基本功能。

(1) 终端复用器

终端复用器(TM)用在网络的终端站点上，例如一条链的两个端点上，是一个双端口器件，如图 3-40 所示。

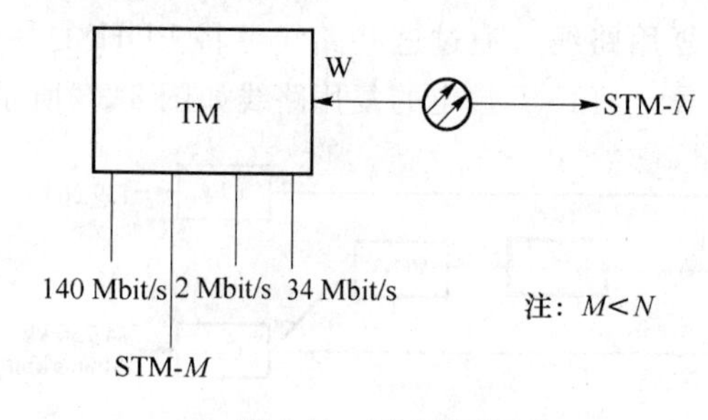

图 3-40　TM 模型

它的作用是将支路端口的低速信号复用到线路端口的高速信号 STM-N 中，或从 STM-N 的信号中分出低速支路信号。注意，它的线路端口输入/输出一路 STM-N信号，而支路端口却可以输出/输入多路低速支路信号。在将低速支路信号复用进 STM-N 帧(将低速信号复用到线路)上时，有一个交叉的功能，例如，可将支路的一个 STM-1 信号复用进线路上的 STM-16 信号中的任意位置上，也就是复用在 1～16 个 STM-1 的任一个位置上。支路的 2 Mbit/s 信号可复用到一个 STM-1 中 63 个 VC-12 的任一个位置上去。对于华为设备，TM 的线路端口(光口)一般以西向端口默认表示的。

(2) 分/插复用器

分/插复用器(ADM)用于 SDH 传输网络的转接站点处，例如，链的中间结点或环上结点是 SDH 网上使用最多、最重要的一种网元，是一个三端口的器件，如图 3-41 所示。

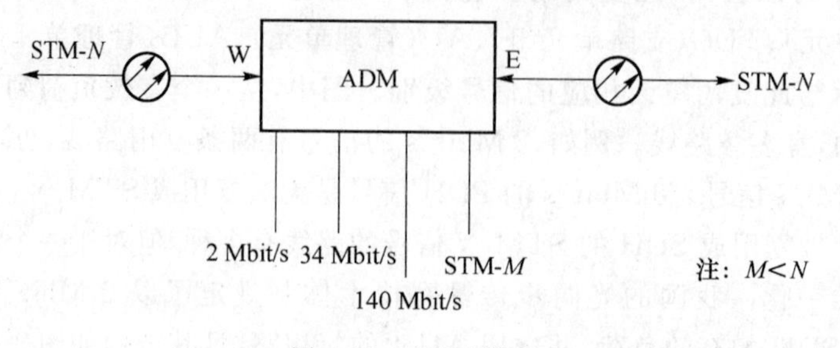

图 3-41　ADM 模型

ADM 有两个线路端口和一个支路端口。两个线路端口各接一侧的光缆(每侧收/发共两根光纤)。为了描述方便,将其分为西(W)向、东(E)向两个线路端口。ADM 的作用是将低速支路信号交叉复用进东或西向线路上去,或从东或西侧线路端口收的线路信号中拆分出低速支路信号。另外,还可将东/西向线路侧的 STM-*N* 信号进行交叉连接,例如,将东向 STM-16 中的 3＃STM-1 与西向 STM-16 中的 15＃STM-1 相连接。

ADM 是 SDH 最重要的一种网元,通过它可等效成其他网元,即能完成其他网元的功能,例如,一个 ADM 可等效成两个 TM。

(3) 再生中继器

光传输网的再生中继器(REG)有两种:一种是纯光的再生中继器,主要进行光功率放大以延长光传输距离;另一种是用于脉冲再生整形的电再生中继器,主要通过光/电变换、电信号抽样、判决、再生整形、电/光变换,以达到不积累线路噪声,保证线路上传送信号波形的完好性。这里指后一种再生中继器,REG 是双端口器件,只有两个线路端口——W、E,如图 3-42 所示。

图 3-42　电再生中继器

它的作用是将西/东侧的光信号经光/电变换、抽样、判决、再生整形、电/光变换在东/西侧发出。注意,REG 与 ADM 相比仅少了支路端口,所以 ADM 若本地不上/下话路(支路不上/下信号),完全可以等效为一个 REG。

真正的 REG 只需处理 STM-*N* 帧中的 RSOH,且不需要交叉连接功能(W—E 直通即可),而 ADM 和 TM 因为要完成将低速支路信号分/插到 STM-*N* 中,所以不仅要处理 RSOH,而且要处理 MSOH;另外,ADM 和 TM 都具有交叉复用能力(交叉连接功能),因此用 ADM 来等效 REG 有些大材小用。

(4) 数字交叉连接设备

数字交叉连接设备(DXC)主要完成 STM-*N* 信号的交叉连接功能,它是一个多端口器件,实际上相当于一个交叉矩阵,完成各信号间的交叉连接,如图 3-43 所示。

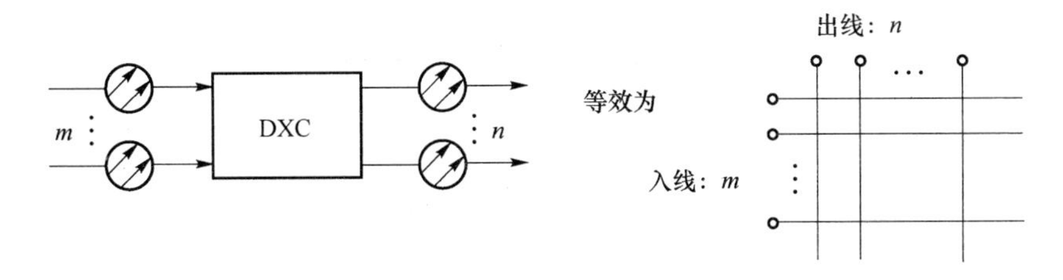

图 3-43　DXC 功能图

DXC 可将输入的 m 路 STM-*N* 信号交叉连接到输出的 n 路 STM-*N* 信号上,图 3-43 表示有 m 条入光纤和 n 条出光纤。DXC 的核心是交叉连接,功能强的 DXC 能完成高速(如 STM-16)信号在交叉矩阵内的低级别交叉(如 VC-12 级别的交叉)。

通常用 DXCm/n 来表示一个 DXC 的类型和性能($m \geqslant n$),其中,m 表示可接入 DXC 的最高速率等级；n 表示在交叉矩阵中能够进行交叉连接的最低速率级别。m 越大表示 DXC 的承载容量越大；n 越小表示 DXC 的交叉灵活性越大。m 和 n 的相应数值含义如表 3-9 所示。

表 3-9　m、n 数值与速率对应表

m 或 n	0	1	2	3	4	5	6
速率	64 kbit/s	2 Mbit/s	8 Mbit/s	34 Mbit/s	140 Mbit/s 155 Mbit/s	622 Mbit/s	2.5 Gbit/s

5. SDH 网络结构和网络保护机理

SDH 网是由 SDH 网元设备通过光缆互连而成的，网络节点（网元）和传输线路的几何排列就构成了网络的拓扑结构。网络的有效性（信道的利用率）、可靠性和经济性在很大程度上与其拓扑结构有关。

（1）网络拓扑的基本结构

网络拓扑的基本结构有链形、星形、树形、环形和网孔形，如图 3-44 所示。

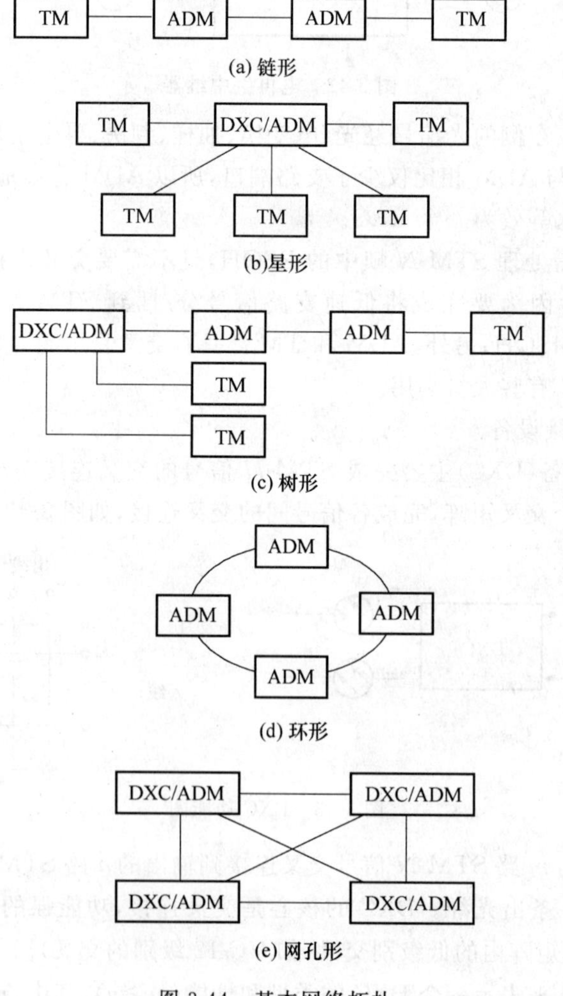

图 3-44　基本网络拓扑

① 链形网

此种网络拓扑是将网中的所有节点一一串联，而首尾两端开放。这种拓扑的特点是较经济，在 SDH 网的早期用得较多，主要用于专网（如铁路网）中。

② 星形网

此种网络拓扑是将网中一网元作为特殊节点与其他各网元节点相连，其他各网元节点互不相连，网元节点的业务都要经过这个特殊节点转接。这种网络拓扑的特点是可通过特殊节点来统一管理其他网络节点，利于分配带宽，节约成本，但存在特殊节点的安全保障和处理能力的潜在瓶颈问题。特殊节点的作用类似于交换网的汇接局，此种拓扑多用于本地网（接入网和用户网）。

③ 树形网

此种网络拓扑可看作链形拓扑和星形拓扑的结合，也存在特殊节点的安全保障和处理能力的潜在瓶颈。

④ 环形网

环形拓扑实际上是指将链形拓扑首尾相连，从而使网上任何一个网元节点都不对外开放的网络拓扑形式。这是当前使用最多的网络拓扑形式，主要是因为它具有很强的生存性，即自愈功能较强。环形网常用于本地网（接入网和用户网）、局间中继网。

⑤ 网孔形网

将所有网元节点两两相连，就形成了网孔形网络拓扑。这种网络拓扑为两网元节点间提供多个传输路由，使网络的可靠更强，不存在瓶颈问题和失效问题。但是，由于系统的冗余度高，必会使系统有效性降低，成本高且结构复杂。网孔形网主要用于长途网中，以提供网络的高可靠性。

当前用得最多的网络拓扑是链形和环形，通过它们的灵活组合，可构成更加复杂的网络。本节主要讲述链网的组成、特点，和环网几种主要的自愈形式的工作机理及特点。

(2) 自愈的概念

当今社会各行各业对信息的依赖愈来愈大，要求通信网络能及时准确地传递信息。随着网上传输的信息越来越多，传输信号的速率越来越快，一旦网络出现故障（这是难以避免的，如土建施工中将光缆挖断），将对整个社会造成极大的损坏。因此，网络的生存能力即网络的安全性是当今第一要考虑的问题。

自愈是指在网络发生故障（如光纤断）时，无需人为干预，网络在极短的时间内（ITU-T 规定为 50 ms 以内），使业务自动从故障中恢复传输，使用户几乎感觉不到网络出了故障。其基本原理是，网络要具备发现替代传输路由并重新建立通信的能力。替代路由可采用备用设备或利用现有设备中的冗余能力，以满足全部或指定优先级业务的恢复。由上可知，网络具有自愈能力的先决条件是有冗余的路由、网元强大的交叉能力及网元一定的智能。

自愈仅是通过备用信道将失效的业务恢复，而不涉及具体故障的部件和线路的修复或更换，所以故障点的修复仍需人工干预才能完成，就像断了的光缆还需人工接好。

当网络发生自愈时，业务切换到备用信道传输，切换的方式有恢复方式和不恢复方式两种。

恢复方式指在主用信道发生故障时，业务切换到备用信道，当主用信道修复后，再将业务切回主用信道。一般在主要信道修复后还要再等一段时间，一般是几到十几分钟，以使主用信道传输性能稳定,这时才将业务从备用信道切换过来。

不恢复方式指在主用信道发生故障时,业务切换到备用信道,主用信道恢复后业务不切回主用信道,此时将原主用信道作为备用信道,原备用信道当作主用信道,在原备用信道发生故障时,业务才会切回原主用信道。

(3) 自愈的分类

自愈网的分类方式分为多种,按照网络拓扑的方式分类如下。

① 链形网络业务保护方式:1+1 通道保护;1+1 复用段保护;1:1 复用段保护。

② 环形网络业务保护方式:二纤单向通道保护环;二纤双向通道保护环;二纤单向复用段保护环;二纤双向复用段保护环;四纤双向复用段保护环。

(4) 链形网保护

常见的链形网包括:

① 二纤链,不提供业务的保护功能(不提供自愈功能);

② 四纤链,一般提供业务的 1+1 或 1:1 保护,四纤链中两根光纤收/发作主用信道,另外两根光纤收/发作备用信道。

链型网保护的基本类型包括 1+1 通道保护、1+1 复用段保护、1:1 复用段保护。

① 1+1 通道保护

1+1 通道保护以通道为基础,倒换与否按分出的每一通道信号质量的优劣而定。

1+1 通道保护使用并发优收原则。插入时,通道业务信号同时馈入工作通路和保护通路;分出时,同时收到工作通路和保护通路两个通道信号,按其信号的优劣来选择一路作为分路信号。

通常利用简单的通道段告警指示信号通道(PATH-AIS)信号作为倒换依据,而不需自动保护倒换(APS)协议,倒换时间不超过 10 ms。

② 1+1 复用段保护

复用段保护以复用段为基础,倒换与否按每两站间的复用段信号质量的优劣而定。当复用段出故障时,整个站间的业务信号都转到保护通路,从而达到保护的目的。

1+1 复用段保护方式中,业务信号发送时同时跨接在工作通路和保护通路。

正常时工作通路接收业务信号,当系统检测到信号丢失(LOS)、帧定位丢失(LOF)、复用段告警指示信号(MS-AIS)及误码率大于 10^{-3} 告警时,则切换到保护通路接收业务信号。

③ 1:1 复用段保护

复用段 1:1 保护与复用段 1+1 保护不同,业务信号并不总是同时跨接在工作通路和保护通路上的,所以还可以在保护通路上开通低优先级的额外业务。

当工作通路发生故障时,保护通路将丢掉额外业务,根据 APS 协议,通过跨接和切换的操作,完成业务信号的保护。

正常工作时,1:1 相当于 2+0。

6. SDH 网络的整体层次结构

同 PDH 相比,SDH 具有巨大的优越性,但这种优越性只有在组成 SDH 网时才能完全发挥出来。

传统的组网概念中,提高传输设备利用率是第一位的,为了增加线路的占空系数,在每个节点都建立了许多直接通道,致使网络结构非常复杂。而现代通信的发展,最重要的任务是简化网络结构,建立强大的运营、维护和管理功能,降低传输费用并支持新业务的发展。

我国的 SDH 网络结构分为 4 个层面,如图 3-45 所示。

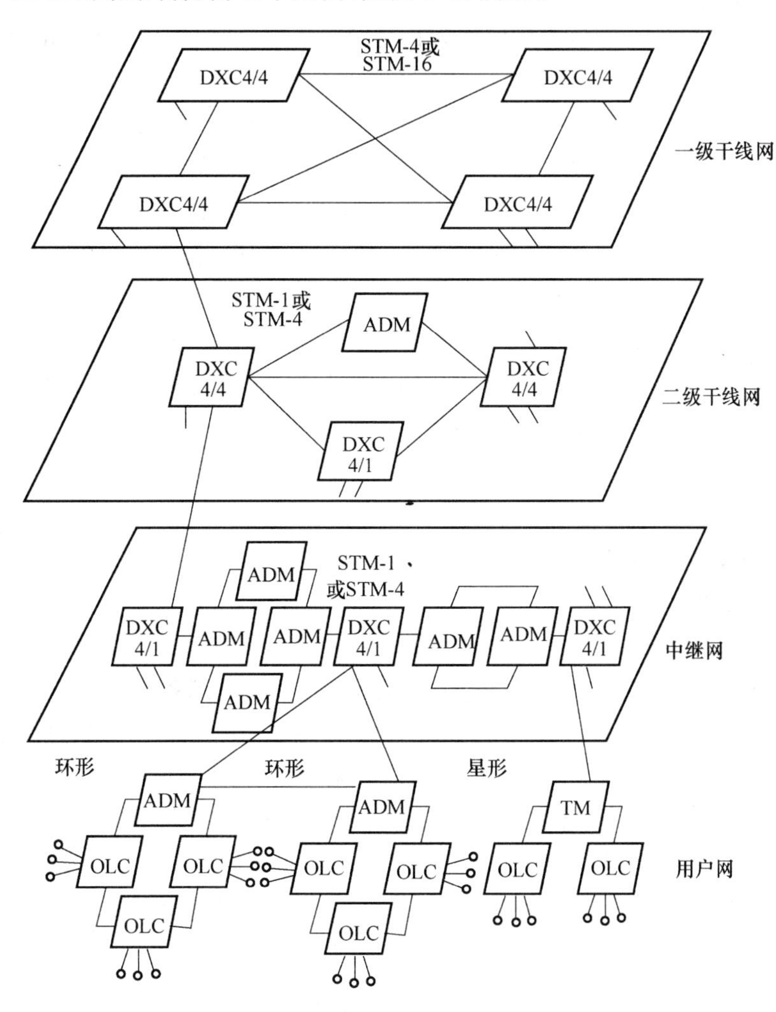

图 3-45　SDH 网络结构

最高层面为长途一级干线网,主要省会城市及业务量较大的汇接节点城市装有 DXC 4/4,其间由高速光纤链路 STM-4/STM-16 组成,形成了一个大容量、高可靠的网孔形国家骨干网结构,并辅以少量线形网。由于 DXC4/4 也具有 PDH 体系的 140 Mbit/s 接口,因而原有 PDH 的 140 Mbit/s 和 565 Mbit/s 系统也能纳入由 DXC4/4 统一管理的长途一级干线网中。

第二层面为二级干线网,主要汇接节点装有 DXC4/4 或 DXC4/1,其间由 STM-1/STM-4 组成,形成省内网状或环形骨干网结构,并辅以少量线性网结构。由于 DXC4/1 有 2 Mbit/s、34 Mbit/s 或 140 Mbit/s 接口,因而原来 PDH 系统也能纳入统一管理的二级干线网,并具有灵活调度电路的能力。

第三层面为中继网(即长途端局与市局之间及市话局之间的部分),可以按区域划分为若干个环,由 ADM 组成速率为 STM-1/STM-4 的自愈环,也可以是路由备用方式的两节点环。这些环具有很高的生存性,又具有业务量疏导功能。环形网中主要采用复用段倒换环方式,但究竟是四纤还是二纤取决于业务量和经济的比较。环间由 DXC4/1 沟通,完成业务量疏导和其他管理功能。同时,也可以作为长途网与中继网之间及中继网和用户网之间的网关或接口,最后还可以作为 PDH 与 SDH 之间的网关。

最低层面为用户接入网。由于处于网络的边界处,业务容量要求低,且大部分业务量汇集于一个节点(端局)上,因而通道倒换环和星形网都十分适合于该应用环境,所需设备除 ADM 外还有光用户环路载波系统(OLC)。速率为 STM-1/STM-4,接口可以为 STM-1 光/电接口,PDH 体系的 2 Mbit/s、34 Mbit/s 或 140 Mbit/s 接口,普通电话用户接口,小交换机接口,2B+D 或 30B+D 接口及城域网接口等。

用户接入网是 SDH 网中最庞大、最复杂的部分,占整个通信网投资的 50%以上,用户网的光纤化是一个逐步的过程。光纤到路边(FTTC)、光纤到大楼(FTTB)、光纤到家庭(FTTH)就是这个过程的不同阶段。目前,在我国推广光纤用户接入网时,必须要考虑采用一体化的 SDH/CATV 网,不但要开通电信业务,而且要提供有线电视(CATV)服务,这比较适合我国国情。

7. SDH 网同步电信管理网基础

(1) 电信管理网基础

为对电信网实施集成、统一、高效地管理,国际电联(ITU-T)提出了电信管理网(TMN)概念。TMN 的基本概念是提供一个有组织的体系结构,以达到各种类型的操作系统(网管系统)和电信设备之间的互通,并且使用一种具有标准接口(包括协议和信息规定)的统一体系结构来交换管理信息,从而实现电信网的自动化和标准化管理,并提供各种管理功能。TMN 在概念上是一种独立于电信网而专职进行网络管理的网络,它与电信网有若干不同的接口,可以接收来自电信网的信息,并控制电信网的运行。TMN 也常常利用电信网的部分设施来提供通信联络,因而两者可以有部分重叠。TMN 和电信网的关系如图 3-46 所示。

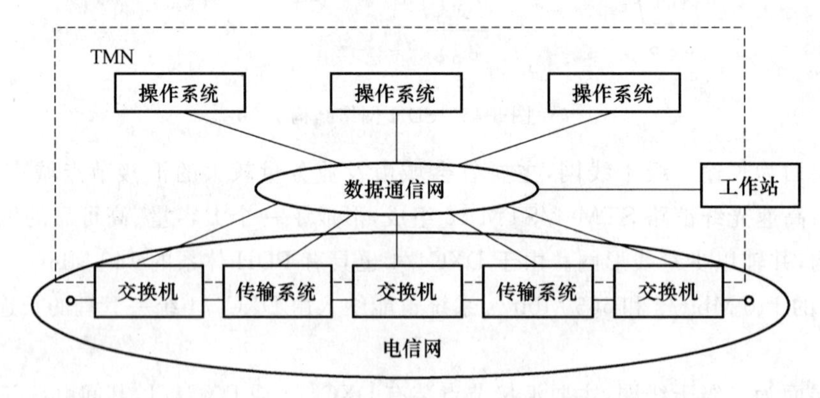

图 3-46 TMN 和电信网的关系示意图

(2) SDH 管理网

SDH 管理网(SMN)实际就是管理 SDH 网络单元的 TMN 的子集。它可以细分为一系列 SDH 管理子网(SMS),这些 SMS 由一系列分离的嵌入控制信道(ECC)及站内数据通信链路组成,并构成整个 TMN 的有机部分。具有智能的网络单元和采用嵌入的 ECC 是

SMN 的重要特点，这两者的结合使 TMN 信息的传送和响应时间大大缩短，而且可以将网管功能经 ECC 下载给网络单元，从而实现分布式管理。具有强大的、有效的网络管理能力是 SDH 的基本特点。

TMN、SMN 和 SMS 的关系如图 3-47 所示。

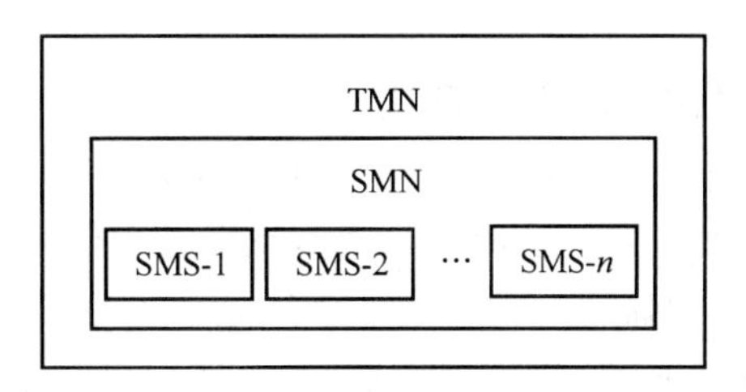

图 3-47　SMS、SMN、TMN 的关系图

如图 3-47 所示，TMN 是最一般的管理网范畴，SMN 是其子集，专门负责管理 SDH NE，SMN 又是由多个 SMS 组成。

在 SDH 系统内传送网管消息通道的逻辑通道为 ECC，其物理通道应是数据通信信道(DCC)，它是利用 SDH 再生段开销 RSOH 中 D1～D3 字节和复用段开销 MSOH 中 D4～D12 字节组成的 192 kbit/s 和 576 kbit/s 通道，分别称为 DCC(R)和 DCC(M)，前者可以接入中继站和端站，后者是端站间网管信息的快车道。

(3) SDH 管理接口

与 SDH 管理网有关的主要操作运行接口为 Qx 接口和 F 接口。SMS 将通过 Qx 接口与 TMN 通信。

(4) SDH 管理功能

ITU-T 规定了网管系统的五大功能：配置管理(Configuration Management)，故障管理(Fault Management)，性能管理(Performance Management)，安全管理(Security Management)和计费管理(Accounting Management)。

① 配置管理。对传输网络的资源和业务配置。包括网络数据的配置，设备数据的配置，链路通道的配置，保护倒换功能的配置，同步时钟源分配策略的配置，公务设备的配置，线路接口参数的配置，支路接口的配置，网元时间的配置，配置信息的查询、备份、恢复，通路资源的查询和统计等。

② 故障管理。对设备的故障进行检测、分析和定位。包括告警级别的设置，告警实时显示，告警确认、屏蔽、过滤、反转、声音的设置，当前历史告警的查询，告警定位，告警统计分析等。

③ 性能管理。对设备的各种性能进行有效检测和分析。包括设置性能门限、当前和历史性能数据查询、性能数据分析等。

④ 安全管理。对设备的维护提供安全保证。包括设置用户的级别、操作权限和管理区域，对用户登录进行管理，对用户的操作进行日志管理等。

⑤ 计费管理。提供与计费有关基础信息。包括电路建立时间，持续时间，服务质量等。

有时，也将维护管理作为一个功能模块单独列出来。维护管理用于对设备的正常运行和问题定位提供手段，包括环回控制、告警插入、误码插入等。

知识小结

1. 简单介绍了光纤通信技术的发展和应用情况。

2. 光纤通信系统的基本组成、光纤通信的特点与应用。

3. 光纤由纤芯、包层和涂覆层 3 部分组成，全反射是光信号在光纤中传播的必要条件。

4. 光缆由缆芯、护层和加强芯组成。光缆的种类很多，根据不同的方式有不同的分类。例如，按敷设方式分可分为管道光缆、直埋光缆、架空光缆和水底光缆。在施工中，应掌握光缆的型号和规格。

5. 光纤通信系统中所用的光器件有半导体光源、半导体光检测器及无源光器件。

6. 光源器件作用是将电信号转换成光信号送入光纤。常用的光源器件有 LD 和 LED 两种。

7. 半导体光电检测器的作用是将电信号转换成光信号。常用的光电检测器有 PIN 和 APD 两种。

8. 无源光器件，常用的无源光器件有光连接器、光衰减器、光耦合器、光隔离器、光环形器、光波长转换器、光开关、光滤波器和光纤光栅等。

9. 光发射机与光接收机统称为光端机。光发射机实现电/光转换，光接收机实现光/电转换。

10. 数字光接收机主要指标有光接收机的灵敏度和动态范围。

11. SDH 是一套可进行同步信息传输、复用、分插和交叉连接的标准化数字信号的结构等级；SDH 网络是由一些 NE 组成的、在传输媒质上进行同步信息传输、复用、分插和交叉连接的传送网。

12. SDH 的帧结构为矩形块状帧结构，由 9 行和 $270\times N$ 列组成，帧周期为 125 μs，整个帧结构由段开销、信息净负荷和管理单元指针 3 个区域组成。

13. 将各种速率的信号装入 SDH 帧结构，需要经过映射、定位和复用 3 个步骤。

14. SDH 传输网由各种网元构成，网元的基本类型有 TM、ADM、SDXC 和 REG 等。

15. SDH 网络的基本物理拓扑结构有 5 种类型：线形、星形、树形、环形和网孔形。

思 考 题

3-1　什么是光纤通信？

3-2　光纤通信的 3 个传输窗口是什么？

3-3　光纤通信有哪些特点？

3-4　说明光纤通信系统的组成及各组成部分的主要作用。

3-5　光纤的结构是什么？光纤的特性参数有哪些？

3-6　光纤通信系统的光源主要有几种？常用的光电检测器主要有几种？

3-7　光源、光电检测器各自的作用是什么？光纤通信系统对它们的要求是什么？

3-8　分析说明半导体激光器产生激光输出的工作原理。

3-9　为什么在光纤通信系统中无源光器件的使用是必不可少的？

3-10　光纤耦合器、隔离器、光衰减器的功能是什么？

3-11　画出话音在光纤通信系统中传输框图，并说明各组成部分的功能。

3-12　光通信中常用的码型有哪些？各自的特点和应用是什么？

3-13　SDH 的特点是什么？其速率是什么？

3-14　SDH 的帧结构由几部分构成？各部分的功能是什么？

3-15　SDH 传输网元由哪些基本的网元构成？每种网元的功能是什么？

3-16　SDH 网络有哪些常见网元设备？简要描述它们的功能。

实训项目 3　话音在光纤通信系统中的传输

任务一　光器件的认识与测试

一、单模光纤的测试

实训目的

（1）能够熟练测量光的特性；

（2）学习单模和多模光纤特性的测试方法；

（3）学习使用光功率计。

实训设备

（1）数字光纤通信实验系统

（2）数字三用表

（3）光功率计

（4）多模和单模光纤

实训原理

光纤是光波的传输媒质。按光纤中传输模式的多少，光纤可分为多模光纤和单模光纤两类。在单模光纤中只能传输一个模式，多模光纤则能承载成百上千个模式。

一般的光纤通信系统中，对光纤的要求为：① 低传输损耗；② 高带宽和高数据传输速率；③ 与系统元件的耦合损耗低；④ 高的机械稳定性；⑤ 在工作条件下光和机械性能的退化慢；⑥ 容易制造。

（1）多模光纤

中心玻璃芯较粗（50 或 62.5 μm），耦合入光纤的光功率较大，可传多种模式的光。但其模间色散较大，每种模式到达光纤终端的时间先后不同，造成了脉冲的展宽，这就限制了传输数字信号的频率,而且随距离的增加会更加严重。因此,多模光纤传输的距离就比较近,一般只有几千米。此外,多模光纤弯曲损耗较大。

多模光纤结构如图 3-48 所示。纤芯用来导光,包层保证光在纤芯内发生全反射。涂覆层则为保护光纤不受外界作用而产生微小裂纹。多模光纤的典型几何参数如表 3-10 所示。

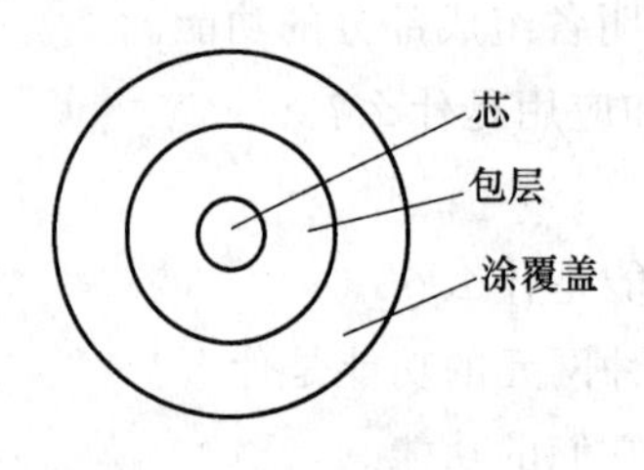

图 3-48　多模光纤的结构图

表 3-10　50/125 多模光纤典型几何参数

参　数	指　标
芯径/μm	50.0±2.5
包层直径/μm	125.0±2.0
芯/包层同心度误差/μm	≤1.5
包层不圆度/%	≤2

由于多模光纤一方面收发机相对便宜,另一方面多模光纤接续简单方便和费用低,因此应用范围也很广。目前是多模光纤研究与开发的一个新时期,多模光纤以前大多用在短程通信中,随着人类社会信息化进程步伐的加快,其传输速率和容量也在不断上升。

(2) 单模光纤

中心玻璃芯较细(5～10 μm),只能传一种模式的光。单模光纤可提供最大的信息载容量,在设计波长时,带宽可达到 50 GHz · km。目前,商用的常规单模光纤一般选用阶跃型折射率分布。阶跃型单模光纤是高带宽、低损耗的优质光纤,这种光纤适合长距离光传输。它一般由掺杂石英玻璃制成。单模光纤的芯径很小以确保其传输单模,但是其包层直径很大。为避免外界环境的影响,一般要用缓冲层来保护和增强单模光纤。实际使用的单模光纤可能结构如图 3-49 所示。

单模光纤的结构、参数和各组成部分的作用与多模光纤类似。它们的不同之处在于,单模光纤有模场直径和截止波长两个特殊参数。单模光纤的典型几何参数如表 3-11 所示。

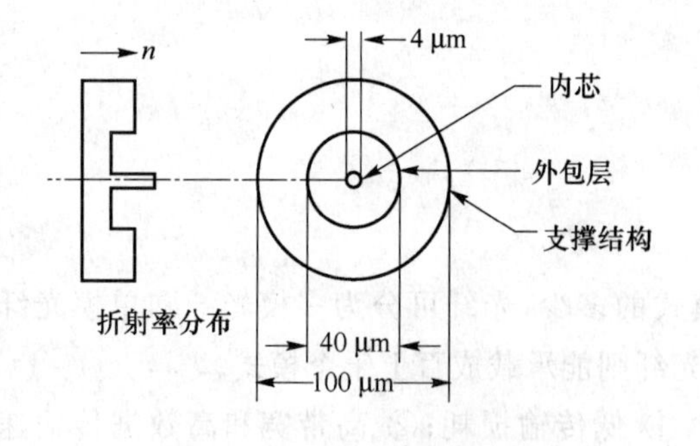

图 3-49　单模光纤的横截面图

表 3-11　单模光纤的典型几何参数

参　数	指　标
模场直径/μm	(8.6～10.5)±0.7
包层直径/μm	125±1
芯/包层同心度误差/μm	≤0.8
包层不圆度/%	≤2

单模光纤以其损耗低、频带宽、容量大、成本低、易于扩容等优点,作为一种理想的信息传输介质,得到了广泛的应用。随着光纤通信技术的飞速发展,人们研究开发了光纤放大器、时分复用技术、波分复用技术和频分复用技术,使单模光纤的传输距离、通信容量和传输速率进一步提高。

实训步骤

将光纤通信实验系统左上端的跳线开关 KE01 和 KJ02 都设置在“5B6B”工作方式下，将 5B6B 编码模块中的输入数据选择开关 KB01 设置在“*m* 序列”工作方式，KX02 设置在“正常”位置；用发送波长为 1 310 nm 和 1 550 nm 的光纤发送器作为光源；并准备好尾纤，为保证测试精度，测量前先用酒精棉将光纤头清洁一下。

1. 弯曲损耗测量

将单模光纤跳线的一端接入光纤收发模块中激光收发器 UE01 的发送端，然后用光功率计测量该光源的光功率并记录结果。

人为地抖动跳线，定量地观察光功率值的波动范围。

将光纤绕成直径为 10 cm 的圈共 10 圈，测量由此弯曲引起的衰耗。按此方法测量在直径为 5 cm、2 cm、1 cm 时的损耗。并画出损耗与弯曲直径之间的曲线图。

2. 不同波长的光信号在光纤中衰减量的测量

连接图如图 3-50 所示。将跳线的一端接到光发送波长为 1 310 nm 的激光发送器的输出端，用光功率计测出该点的光功率 p_{13}，在此跳线的另一端通过连接器再接入一根跳线，测光功率 p'_{13}，计算差值 $d_{13}=p_{13}-p'_{13}$。

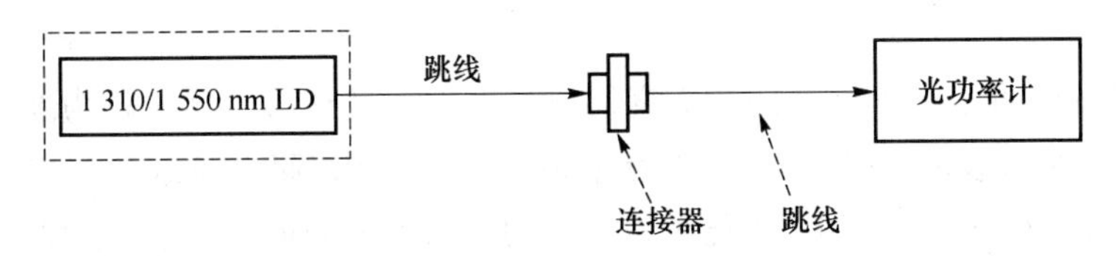

图 3-50　路线连接示意图

将跳线的一端接到光发送波长为 1 550 nm 的激光发送器的输出端，用光功率计测出该点的光功率 p_{15}，在此跳线的另一端通过连接器再接入跳线，测光功率 p'_{15}，计算差值 $d_{15}=p_{15}-p'_{15}$。

将 d_{13} 和 d_{15} 进行比较。

实训报告

(1) 收集资料、制定实训计划。计划内容包括任务名称、测试电路图、实训目的、所用设备和工具、实训步骤、时间安排、可能遇到的问题等。

(2) 实施实训计划。

(3) 记录训练过程和测试结果，编写实训任务报告。

二、光通信器件的测试

实训目的

(1) 能熟练测试光连接器、LD 光源的各种特性；

(2) 学习光连接器、LD 光源的应用方法。

实验设备

(1) 光纤通信实验系统

(2) 三用表

(3) 光功率计

(4) 各种光通信器件

实训原理

1. 光纤连接器

光纤连接器又称光纤活动连接器。这是用于连接两根光纤或光缆形成连续光通路的可以可拆卸重复使用的光无源器件，被广泛应用在光纤传输线路、光纤配线架和光纤测试仪表中，也是目前使用数量最多的光无源器件。尽管光纤连接器在结构上千差万别，品种上多种多样，但按其功能可以分成如下部分。

(1) 连接器插头。插头由插针体和外部配件组成，用于完成在光纤器件连接中插拔功能。两个插头在插入转换器或变换器后可实现光纤之间的对接。通常将一端装有插头的光纤称为尾纤。

(2) 光纤跳线。将一根光纤两头都装上插头，称为跳线。连接器插头是其特殊情况，即只在光纤的一头装有插头。跳线的两头可以是同一型号，也可以是不同的型号；可以是单芯的，也可以是多芯的。

(3) 转换器。把两个光纤插头连接在一起，从而使光纤接通的器件称为转换器。转换器又称法兰盘。

(4) 变换器。将某一种型号的插头变换成另一种型号插头的器件称为变换器。在实际使用中，往往会遇到这种情况，即手头上有某种型号的插头，而设备或仪器上是另一种信号的插头或变换器，彼此配接不上，不能工作。此时，使用相对应型号的变换器，问题就迎刃而解了。

光纤连接器按传输媒介的不同可分为单模光纤连接器和多模光纤连接器；按结构类型的不同可分为 FC、SC、ST、MU、LC、MT；按连接器的插针端面接触方式可分为 FC、PC (UPC)和 APC；按光纤芯数的多少可分为单芯光纤连接器和多芯光纤连接器。不管何种连接器，都必须具备损耗低、体积小、重量轻、可靠性高、便于操作、重复性和互换性好及价格低廉等优点。

2. 激光器

激光器(LD)的非线性很大程度上展现在激光器输出光功率(P)和注入电流(I)的关系，即激光器的 P-I 曲线上。要使系统有好的传输特性，选择 P-I 曲线线性好的激光器件是很重要的。

从激光器的 P-I 特性曲线可看出，如图 3-51 所示，在超过门限电流(I_{th})以后，光输出相对于注入电流是直线增加，但有逐渐达到饱和的倾向。激光器的工作就是利用这一直线段，一般把偏置电流设定于这一线段的中部，利用信号电流进行光强度调制，所以其线性就显得极为重要。这段直线的倾斜度，即表示驱动电流变化引起光强度变化的比例，也称为微分效率，以 mW/mA 为单位表示，相当于调制时的调制灵敏度，若离开直线段，就会产生失真。即使在类似直线线段内，但只要稍有弯曲，在已调制的光输出信号中，就包含有失真成分。

在光纤通信多实验系统中采用的激光器的 P-I 具有如表 3-12 所示的特性，可以学会

$P\text{-}I$特性的测量，并与表 3-12 进行对照。

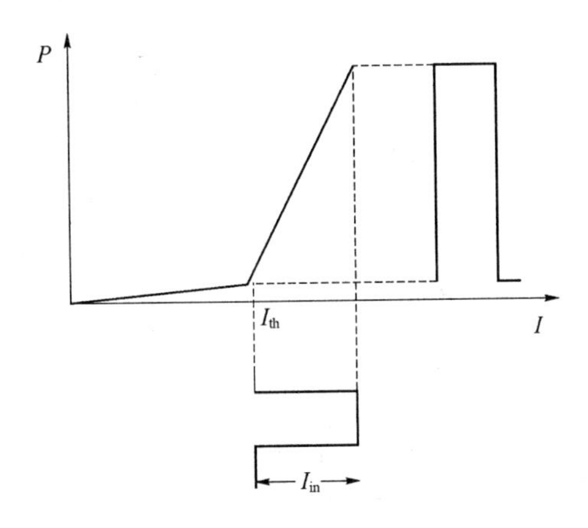

图 3-51　LD 数字调制原理

表 3-12　光源的 P-I 特性

I_{in}/mA	P/mw	P/dBm
10	1.23	−29.10
20	348	−4.50
30	716	−1.45
40	939	−0.27
50	1 390	1.45
60	1 750	2.43
70	2 020	3.09
80	2 200	3.40

模拟光驱动电路图如图 3-52 所示。

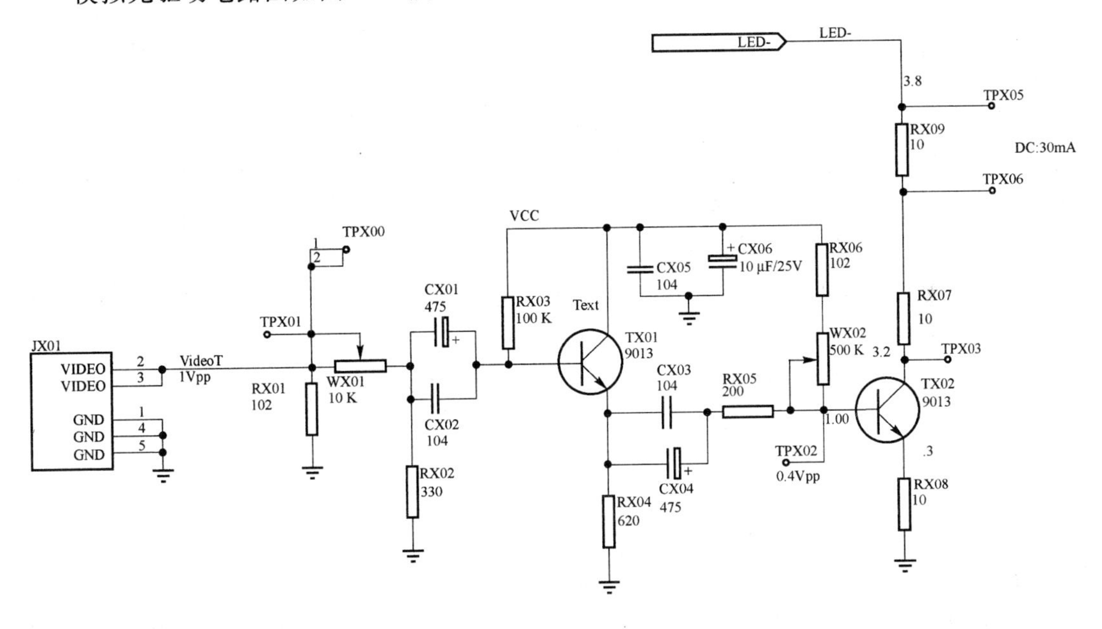

图 3-52　模拟光驱动电路图

实训步骤

1. 光连接器、衰减器的使用与测试

将光纤通信实验系统左上端的跳线开关 KE01 和 KJ02 都设置在“5B6B”工作方式下，将 5B6B 编码模块中的输入数据选择开关 KB01 设置在“*m* 序列”工作方式，KX02 设置在“正常”位置；分别以发送波长为 1 310 nm 和 1 550 nm 的两个激光收发器的发送端作为光源。按图 3-53 和图 3-54 连接好测试设备，连接跳线、连接器和光无源器件。

(1) 光连接器一般插入损耗测量

用光功率计测量图 3-53 中波长为 1 310 nm 的光源经跳线输出，在 *a* 点的光功率 p_a；然

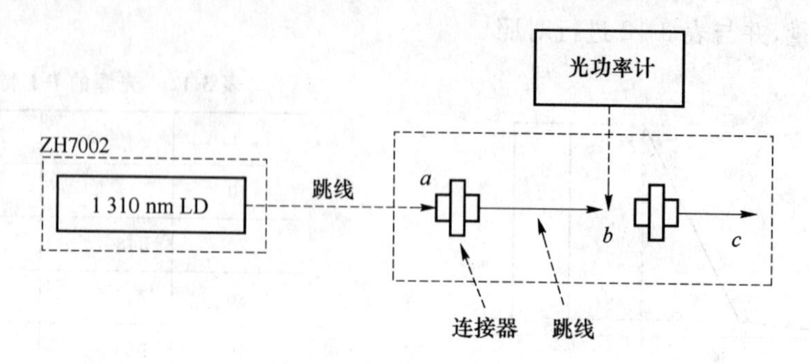

图 3-53　光连接器和跳线性能测试连接示意图

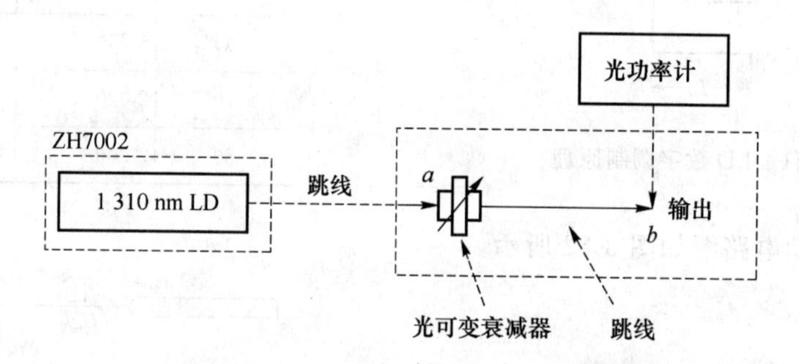

图 3-54　光可变衰减器性能测试连接示意图

后将此跳线接光功率计的一端接入连接器的输入端口，在连接器的另一端再接一根跳线，用光功率计测量经一对光连接器和光纤跳线器输出在 b 点光功率 p_b，记录测量结果，填入表格，计算一对光连接器和光纤跳线器插入损耗值。

可以在 b 点之后再接入一对光连接器和光纤跳线器，测量输出 c 点光功率 p_c，观测大致的误差偏离值。

输入功率/dBm	输出功率/dBm	插入损耗/dB
p_a：	p_b：	
p_a：	p_c：	

(2) 衰减器最小衰减量测量

首先将光可变衰减器的衰减量调整至最小。

用光功率计测量图 3-54 中激光收发器发送波长为 1 310 nm 的光源经跳线输出在 a 点的光功率 P_a，并记录测量结果。

将跳线的另一端(a 端)接入光可变衰减器的输入端口，在可变衰减器的另一端再接入一根跳线。用光功率计测量经光可变衰减器和光纤跳线输出在 b 点光功率 P_b。记录测量结果，填入表格，计算光可变衰减器的最小衰减量。

输入功率/dBm	输出功率/dBm	最小衰减量/dB
P_a：	P_b：	

(3) 衰减量调节范围测量

在图 3-54 中测试条件下，缓慢调节光可变衰减器(缓慢拧松调节螺扣)，逐渐增加衰减量至最大，测量在跳线输出端 b 点的光功率值。记录测量结果，估算可变衰减器的衰减量范围。计算端口 b 至端口 c 的隔离度 L_{bc}，

$$[L_{bc}] = [P_b] - [P_c']$$

将 1 550 nm 波长光源的输出信号从 a 点送入波分复用器，用光功率计测量对应输出端口 c 点光功率 P_c，然后快速测量隔离端口 b 点光功率 P_b'。记录测量结果，填入表格。计算端口 c 至端口 b 的隔离度 L_{cb}，

$$[L_{cb}] = [P_c] - [P_b']$$

对应端口输出功率/dBm	隔离端口输出功率/dBm	端口隔离度/dB
P_b(1 310 nm)：	P_c'(1 310 nm)：	L_{bc}：
P_c(1 550 nm)：	P_b'(1 550 nm)：	L_{cb}：

2. 激光器的使用与测试

首先如图 3-52 所示，用万用表测出视频输入模块测试点 TPX05、TPX06 之间的电压。

发光管电光转换特性（*P-I*）测量：调节电位器 WX02 可以改变发光管的注入电流。注入电流大小的测量通过测量视频输入模块电阻 RX09 两端（TPX05、TPX06）的电压计算获得。用光功率计测量实际输出光功率，然后与表 3-12 进行比较，并绘制出 *P-I* 特性曲线。

注入电流/mA									
实测量光功率									

重新调节电位器 WX02，使 TPX05、TPX06 两点之间的电压值恢复为步骤 1 的值。

实训报告

（1）收集资料、制定实训计划。计划内容包括任务名称、测试电路图、实训目的、所用设备和工具、实训步骤、时间安排、可能遇到的问题等。

（2）实施实训计划。

（3）记录训练过程和测试结果，编写实训任务报告。

（4）说明通信用光器件的种类、特性和功能。

任务二　话音在光纤通信系统中的传输

一、光纤通信系统电终端分析与测试

实训目的

（1）观察话音信号经 PCM 编译码系统后，抽样时钟、编译码数据之间的关系；

（2）熟悉 E1 帧的结构、帧组成过程，帧信号的观测方法；

（3）掌握 HDB_3 码的基本特征和编译码器工作原理和实现方法。

实训设备

（1）光纤通信实验系统

(2) 20 MHz 双踪示波器

(3) 函数信号发生器

实训电路图

实训电路图如图 3-55 所示。

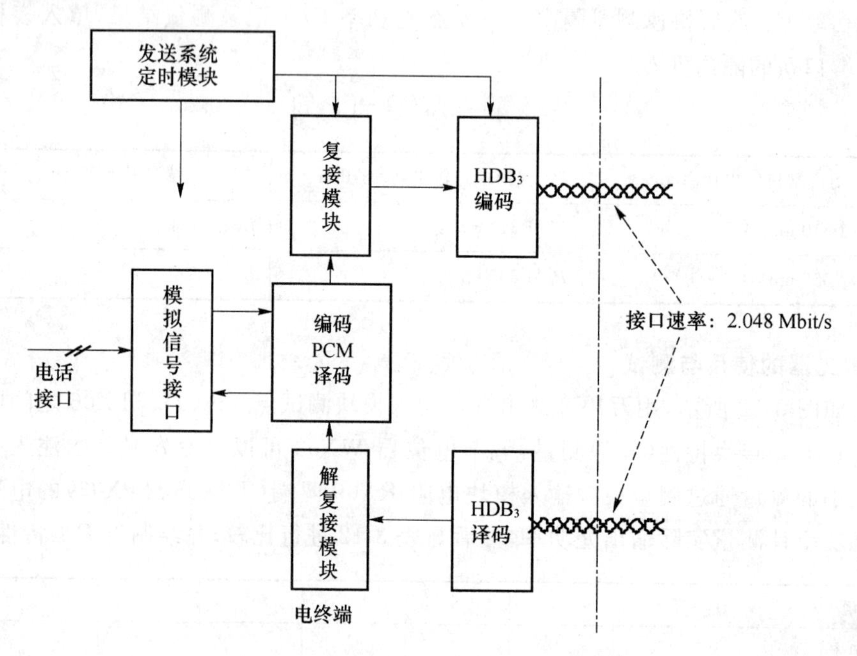

图 3-55　光纤通信电终端连接图

实训步骤

1. PCM 编译码系统

用函数信号发生器产生一频率为 1 kHz、电平为 2 V 的正弦波测试信号送入信号测试端口和地，用示波器观测抽样时钟信号和 PCM 编码输出数据信号，PCM 译码恢复出的模拟信号和正弦波测试信号波形。

2. E1 帧信号形成观测

观测帧内话音信号经 E1 帧复接电路、解复接电路后信号变化过程。

3. HDB_3 编译码系统

观测帧内话音信号 HDB_3 编码输入数据和 HDB_3 译码输出信号波形。

4. 话音信号在光纤通信系统电终端中的传输

对话音信号在光纤通信系统电终端中的传输进行分析与测试，画出相应测试点波形，并解释各测试点在系统中的位置、名称和意义。

实训报告

(1) 整理实验数据，画出话音输入信号、PCM 发送数字信号、复接输入信号、HDB_3 编码输入数据、HDB_3 译码输出数据、解复接输出信号、PCM 接收数字信号、接收话音信号波形。

(2) 分别说明以上各测试波形在光纤通信系统电终端电路图中位置、名称、意义。

二、光纤通信系统光终端分析与测试

实训目的

(1) 熟悉扰码的基本原理，了解扰码0状态的消除；

(2) 熟悉5B6B线路码型的特点及适用场合；

(3) 掌握5B6B线路码型的编译码的基本原理；

(4) 掌握光终端机重要指标测量方法。

实训设备

(1) 光纤通信实验系统

(2) 20 MHz双踪示波器

(3) 函数信号发生器

(4) 光功率计

实训电路图

实训电路图如图3-28所示。

实训原理

1. 扰码与解扰码电路

在数字通信中，如果数据信息连"0"码或连"1"码过长，将会影响接收端位定时恢复质量，造成抽样判决时刻发生变化，对系统误码率产生影响。也就是说，数字通信系统的性能变化与数据源的统计特性有关。实际中，常使用扰码器将数据源变换成近似于白噪声的数据序列，消除信息模式对系统误码的影响。

在通信中，扰码技术的采用保证了对信息的透明性，即在发端加入扰码，在接收端可以从加扰的码流中恢复出原始的数据流，而对输入信息的模式无特殊要求。常用扰码器的实现可采用m序列进行。

扰码器是在发端使用移位寄存器产生m序列，然后将信息序列与m序列作模二加，其输出即为加扰的随机序列。一般扰码器的结构图3-56所示。

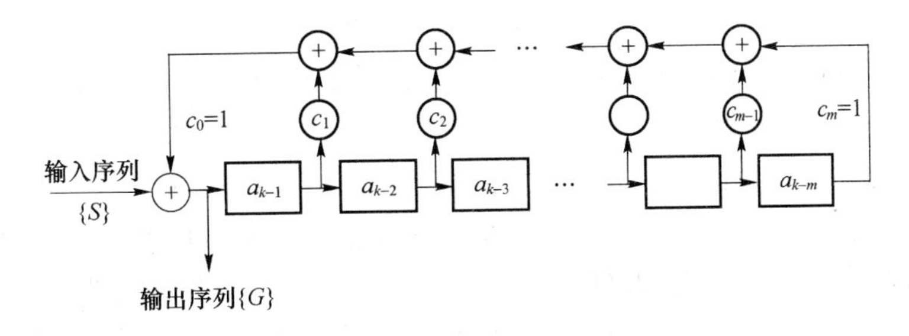

图3-56　扰码器组成结构图

解扰器是在接收机端使用相同的扰码序列与收到的被扰信息模二加，恢复原信息。其结构如图 3-57 所示。

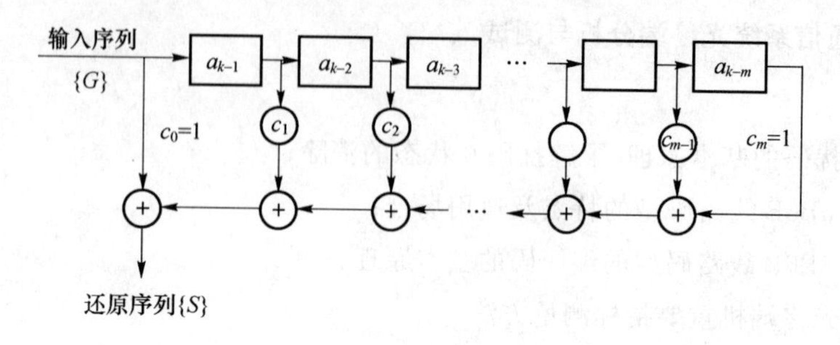

图 3-57 去扰码器组成结构图

本电路的 m 序列本征多项式 $G(x)=x^7+x^4+1$。在实际光纤通信设备中，为避免 m 序列发生器处于"闭锁"状态，即当输入序列为全"0"码时，移位寄存器各级的起始状态也恰好是"0"，使输出序列也变成全"0"；或当输入序列为全"1"码时，移位寄存器各级的起始状态也恰好是"1"，使输出序列也变成全"1"。因此，在扰码器中加入有各级移位寄存器状态监视电路。当发生特殊状态时，能自动补入一个"1"或一个"0"码，改变这种状态。当然，在解扰码器电路中也应通过电路扣除这个补入码。

图 3-58 是加扰模块的组成原理框图。

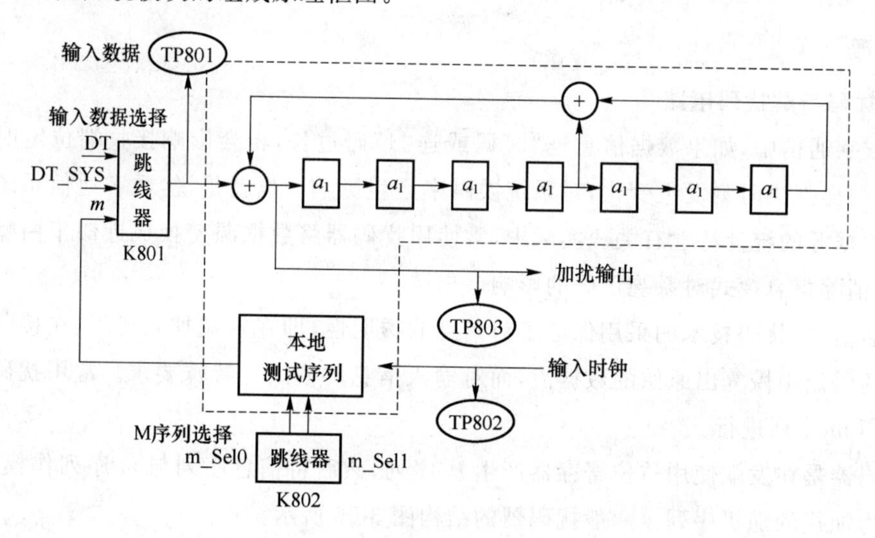

图 3-58 加扰模块电路

"加扰模块"的功能实现采用用一片 CPLD 器件来完成。同时，为便于实验的测量和开设，CPLD 器件还提供了一个测试码序列发生器。模块中输入数据选择跳线开关 K801 用于选择需扰码的输入信号：当 K801 设置在 DT 位置时，输入信号来自"信道 HDB_3 编译码模块"输出数据(2.048 Mbit/s)；当 K801 设置在 DT_SYS 位置时，输入信号来自"数据接口模块"输出的发送数据(2.048 Mbit/s)；当 K801 设置在 m 位置时，输入信号来自本地的特殊测试码序列。该测试码序列用于对加扰器的性能测量，其测试码序列格式受 m 序列选择跳线开关 K802 的 m_Sel0、m_Sel1 控制，跳线器状态与输出的测试码序列如表 3-13 所示。

表 3-13　跳线器 K802 与产生输出数据信号

选项	K802 设置状态			
Hm_Sel0	□ □	□—□	□ □	□—□
Hm_Sel1	□ □	□ □	□—□	□—□
输出序列	全 1 码	0/1 码	00/11 码	1110010

图 3-59 是解扰模块的组成原理框图。“解扰模块”的功能实现同样采用用一片 CPLD 器件来完成。模块中输入数据选择跳线开关 K803 用于选择需解扰码的输入信号：当 K803 设置在 CMI 位置时(上端)，输入信号来自“CMI 译码模块”输出数据(2.048 Mbit/s)；当 K803 设置在 5B6B 位置时(中间)，输入信号来自“5B6B 译码模块”输出的发送数据(2.048 Mbit/s)；当 K803设置在 DT 位置时(下端)，输入信号直接来自发端的“扰码模块”输出的发送数据(2.048 Mbit/s)，此时电路模块构成自环工作方式。

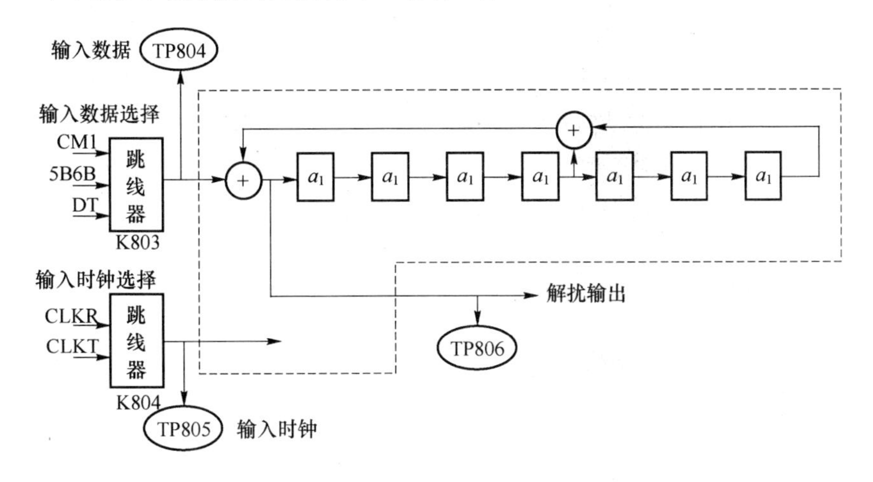

图 3-59　解扰模块电路

“加扰模块”内各测试点的安排如下：

TP801：输入数据(2.048 Mbit/s)

TP802：输入时钟(2.048 MHz)

TP803：加扰输出(2.048 Mbit/s)

“解扰模块“内各测试点的安排如下：

TP804：输入数据(2.048 Mbit/s)

TP805：输入时钟(2.048 MHz)

TP806：解扰输出(2.048 Mbit/s)

2. 5B6B 编解码电路

5B6B 线路码型是 CCITT 推荐的一种国际通用光纤通信系统中采用的线路码型，也是光纤数字传输系统中最常用的线路码型。5B6B 线路码型有很多优点，码率提高的不多、便于在不中断业务情况下进行误码监测、码型变换电路简单。它是我国及世界各国四次、五次群光纤数字传输系统最常采用的一种码型。采用 5B6B 线路码型的光纤通信系统中，设置在发端的 5B6B 编码器，将要传输的二进制数字信号码流变换为 5B6B 编码格式的信号码流;设置在收端的 5B6B 译码器,将接收到的 5B6B 线路码型信号还原成原二进制数字信号。

(1) 编码规则及码表选择

5B6B 线路码型编码是将二进制数据流每 5 bit 划分为一个字组,然后在相同时间段内按一个确定的规律编码为 6 bit 码组代替原 5 bit 码组输出。原 5 bit 二进制码组有 2^5 共 32 种不同组合,而 6 bit 二进制码组有 2^6 共 64 种不同组合。6 bit 码组的 64 种组合中码组数字和 d 值分布情况如下:

$d=0$ 的码组有 $C_6^3=20$ 个。

$d=\pm 2$ 的码组有 $C_6^2+C_6^4=30$ 个。

$d=\pm 4$ 的码组有 $C_6^1+C_6^5=12$ 个。

$d=\pm 6$ 的码组有 $C_6^0+C_6^6=2$ 个。

选择 6 bit 码组的原则是使线路码型的功率谱密度中无直流分量,最大相同码元的连码和小,定时信息丰富,编码器、译码器和判决电路简单且造价低廉等。据此原则选择 6 bit 码组的方法如下。

$d=\pm 4$、$d=\pm 6$ 的 6 bit 码组舍去(共 14 种),作为禁止码组(或称"禁字")处理。$d=0$、$d=\pm 2$ 的六位码组都有取舍,并取两种编码模式:一种模式是 $d=0$、$+2$,称为模式 I;另一种模式是 $d=0$、-2,称为模式 II。当采用模式 I 编码时,遇到 $d=+2$ 的码组后,后面编码就自动转换到模式 II;在模式 II 编码中,遇到 $d=-2$ 的码组时,编码又自动转到模式 I。

把上述码组进行编码能产生多种 5B6B 编码表。一般常用的编码表是 5B6B-1、5B6B-2、5B6B-3、5B6B-4、5B6B-5 和 5B6B-6 共 6 种,如表 3-14、表 3-15 和表 3-16 所示。

表 3-14 5B6B-1 和 5B6B-2 编码表

序号	输入二元码组(5 bit)	输出二元码组(6 bit)				序号	输入二元码组(5 bit)	输出二元码组(6 bit)			
		5B6B-1 (00)		5B6B-2 (01)				5B6B-1 (00)		5B6B-2 (01)	
		模式 1	模式 2	模式 1	模式 2			模式 1	模式 2	模式 1	模式 2
0	00000	000111	000111	010111	101000	16	10000	001011	001011	011101	100010
1	00001	011100	011100	100111	011000	17	10001	011101	100010	100011	100011
2	00010	110001	110001	011011	100100	18	10010	011011	100100	100101	100101
3	00011	101001	101001	000111	000111	19	10011	110101	001010	100110	100110
4	00100	011010	011010	101011	010100	20	10100	110110	001001	101001	101001
5	00101	010011	010011	001011	001011	21	10101	111010	000101	101010	101010
6	00110	101100	101100	001101	001101	22	10110	101010	101010	101100	101100
7	00111	111001	000110	001110	001110	23	10111	011001	011001	110101	001010
8	01000	100110	100110	110011	001100	24	11000	101101	010010	110001	110001
9	01001	010101	010101	010011	010011	25	11001	001101	001101	110010	110010
10	01010	010111	101000	010101	010101	26	11010	110010	110010	110100	110100
11	01011	100111	011000	010110	010110	27	11011	010110	010110	111001	000110
12	01100	101011	010100	011001	011001	28	11100	100101	100101	111000	111000
13	01101	011110	100001	011010	011010	29	11101	100011	100011	101110	010001
14	01110	101110	010001	011100	011100	30	11110	001110	001110	110110	001001
15	01111	110100	110100	101101	010010	31	11111	111000	111000	111010	000101

表 3-15　5B6B-3 和 5B6B-4 编码表

序号	输入二元码组(5 bit)	输出二元码组(6 bit)				序号	输入二元码组(5 bit)	输出二元码组(6 bit)			
		5B6B-3　(10)		5B6B-4　(11)				5B6B-3　(10)		5B6B-4　(11)	
		模式 1	模式 2	模式 1	模式 2			模式 1	模式 2	模式 1	模式 2
0	00000	101011	010100	100010	101011	16	10000	001011	001011	100011	100011
1	00001	011100	011100	101010	101010	17	10001	011101	100010	000101	110101
2	00010	110001	110001	101001	101001	18	10010	011011	100100	001001	111001
3	00011	101001	101001	101000	111000	19	10011	111000	001100	001101	001101
4	00100	011010	011010	110010	110010	20	10100	110110	001001	010001	110011
5	00101	010011	010011	001010	111010	21	10101	111010	000101	010101	010101
6	00110	101100	101100	001011	001011	22	10110	101010	101010	110001	110001
7	00111	111001	000110	011010	011010	23	10111	011001	011001	011000	011101
8	01000	100110	100110	100110	100110	24	11000	101101	010010	100001	100111
9	01001	010101	010101	100100	101110	25	11001	001101	001101	100101	100101
10	01010	010111	101000	101100	101100	26	11010	110010	110010	011001	011001
11	01011	100111	011000	110100	110100	27	11011	010110	010110	001100	101101
12	01100	110011	000111	000110	110110	28	11100	100101	100101	010011	010011
13	01101	011110	100001	001110	001110	29	11101	100011	100011	000111	010111
14	01110	101110	010001	010110	010110	30	11110	001110	001110	010010	011011
15	01111	110100	110100	010100	011110	31	11111	110101	001010	011100	011100

表 3-16　5B6B-5 和 5B6B-6 编码表

序号	输入二元码组(5 bit)	输出二元码组(6 bit)				序号	输入二元码组(5 bit)	输出二元码组(6 bit)			
		5B6B-5		5B6B-6				5B6B-5		5B6B-6	
		模式 1	模式 2	模式 1	模式 2			模式 1	模式 2	模式 1	模式 2
0	00000	110010	110010	110101	100010	16	10000	110001	110001	111001	100001
1	00001	110011	100001	100111	000011	17	10001	111001	010001	100011	100011
2	00010	110110	100010	101101	000101	18	10010	111010	010010	100101	100101
3	00011	100011	100011	001111	000111	19	10011	010011	010011	100110	100110
4	00100	110101	100100	011011	001001	20	10100	110100	110100	101001	101001
5	00101	100101	100101	001011	001011	21	10101	010101	010101	101010	101010
6	00110	100110	100110	001101	001101	22	10110	010110	010110	101100	101100
7	00111	100111	000111	001110	001110	23	10111	010111	010100	101110	101000
8	01000	101011	101000	010111	010001	24	11000	111000	011000	110001	110001
9	01001	101001	101001	010011	010011	25	11001	011001	011001	110010	110010
10	01010	101010	101010	010101	010101	26	11010	011010	011010	110100	110100
11	01011	001011	001011	010110	010110	27	11011	011011	001010	110110	100100
12	01100	101100	101100	011001	011001	28	11100	011100	011100	111000	110000
13	01101	101101	000101	011010	011010	29	11101	011101	001001	111010	010010
14	01110	101110	000110	011100	011100	30	11110	011110	001100	111100	011000
15	01111	001110	001110	011110	000110	31	11111	001101	001101	011101	001010

(2)编码器电路

5B6B 编码器电路主要由信号输入电路、码型变换电路、时序控制电路和输出电路组成。编码器电路原理组成框图如图 3-60 所示。

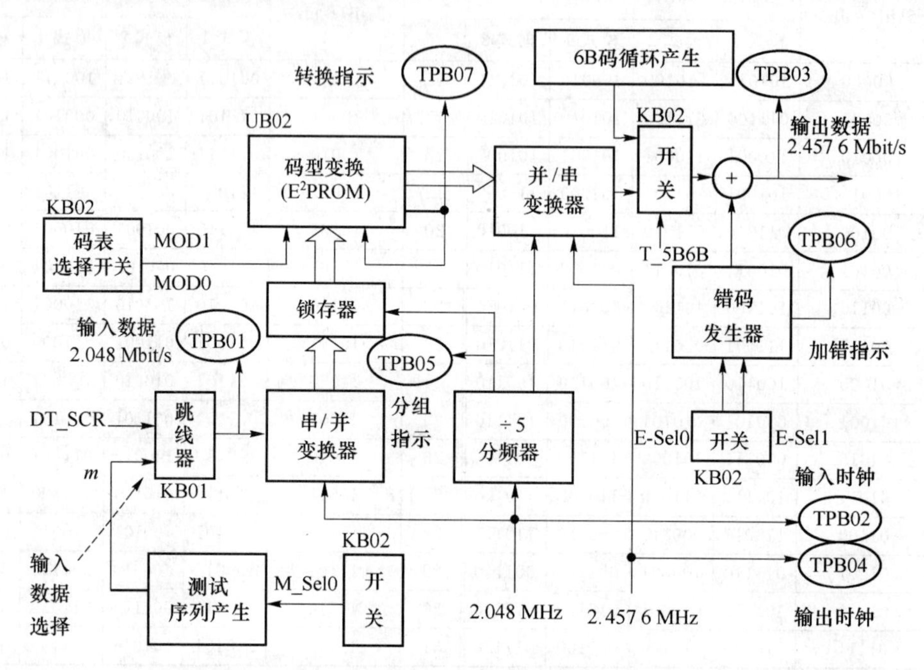

图 3-60　5B6B 编码器电路原理组成框图

编码器电路工作原理描述如下。

① 输入信号选择开关。开关 KB01 用于选择不同的输入数据。当 KB01 设置在 DT_SCR 位置时,则输入信号来自加扰模块的扰码输出数据码流;当 KB01 设置在 m 位置时,则输入信号来本模块的测试序列产生器输出的各种测试数据码流。输出数据送入后续的串/并变换器电路。

② 输入串/并变换器。由五位移位寄存器组成,实现串/并变换。其功能是将来自外部(扰码器模块或本地的 m 序列)的 2.048 Mbit/s 二进制串行发送数据码流,变换为五位并行信号输出,完成数据码流的分组。五位并行信号并行进入锁存器,输出进入发端码型变换电路。2.048 MHz 的时钟信号来自发时钟模块单元,通过÷5 分频器产生 409.6 kHz 时钟用于对串/并变换器转换输出数据的锁存,该信号同时控制输出时钟在发端码型变换电路中对编码输出数据的同步读取,并作为编码"分组指示"输出,供测量使用。

③ 发端码型变换电路。码型变换电路是编、译码器的核心,在时序控制电路的控制下实现 5B 与 6B 码型间的变换。在电路实现上码型变换可以采用多种方法,如码表存储法、组合逻辑法、缓冲存储法等。本实验箱使用码表存储法,其过程是将要变换的 6 bit 码型的码表预先写入可编程只读存储器(E^2PROM)UB02 中,将待变换的 5 bit 码型作为存储器的读出地址($A_0 \sim A_4$),这样即可由存储器读出要变换的码型,实现 5B6B 编码。

应说明的是,在实际工程中,码表在系统设计中只采用一种。但在本系统上为获得实验效果,只读存储器(EEPROM)上编程有 5B6B-1、5B6B-2、5B6B-3 和 5B6B-4 共 4 种码表。采用哪种码表由选择开关 KB02 中的码表模式选择跳线开关确定,具体如表 3-17 所示("0"表示跳线开关拔下、"1"表示跳线开关插入)。

表 3-17　码表选择

Mode1　Mode0	0 0	0 1	1 0	1 1
模式	5B6B-1	5B6B-2	5B6B-3	5B6B-4

表 3-18　输出数据序列选择

状态	m-Sel0	
	0	1
输出序列	0/1 码	2^4-1 PN 码

④ 测试序列发生器。该模块用于完成教学实验的辅助测量。通过跳线开关可以输出特殊码型的数据序列信号，供学生验证或观测 5B6B 的编码规则。输出数据序列受选择开关 KB02 中的 *m*-Sel0 开关控制，其设置如表 3-18 所示。

5B6B 编码模块各测试点定义如下。

TPB01：输入数据（速率：2.048 Mbit/s；波形：非归零）

TPB02：输入时钟（频率：2.048 MHz；方波）

TPB03：输出数据（线路码型：5B6B；速率：2.457 6 Mbit/s；波形：非归零）

TPB04：输出时钟（频率：2.457 6 MHz；方波）

TPB05：分组指示

TPB06：加错指示

TPB07：转换指示

(3) 5B6B 码型译码器

5B6B 译码器电路主要由信号输入电路、码型变换电路、时序控制电路、误码识别电路、误码计数器和输出电路组成。译码器电路原理组成框图如图 3-61 所示。译码器电路工作原理描述如下。

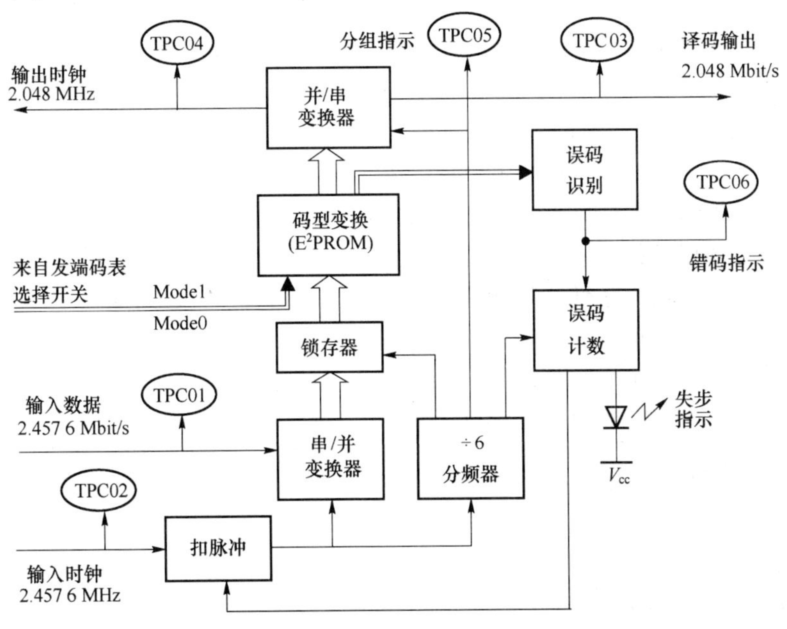

图 3-61　5B6B 译码器电路原理组成框图

① 输入串/并变换器。由六位移位寄存器组成，实现串/并变换。其功能是将来自外部的码率为 2.4576 Mbit/s 的 5B6B 线路码型的数字信号经串/并联变换电路，变换为六位并行数据信号输出，然后六位并行信号并行进入锁存器，输出进入收端码型变换电路。2.457 6 MHz的时钟信号来自收时钟模块单元，通过÷6 分频器产生 409.6 kHz 时钟用于对串/并变换器转换输出数据的锁存，该信号同时控制输出时钟在收端码型变换电路中对译码输出数据的同步读取，并作为编码“分组指示”输出，供测量使用。

② 收端码型变换电路。码型变换电路是编、译码器的核心，在时序控制电路的控制下实现 6B 与 5B 码型间的变换。在电路实现上码型变换仍采用码表存储法，其过程是将要变换的 5 bit 码型的码表预先写入 E^2PROM UC02 中，将待变换的 6 bit 码型作为存储器的读出地址（$A_0 \sim A_5$），这样即可以由六为码组从存储器读出要变换的五位对应码组的内容，然后经并/串变换电路转换为串行二进制数据流，实现 5B6B 译码工作。

③ 码组同步电路。该电路的功能是实现收发端线路码型之间的码组同步，即促使在收端对线路码进行六位码组的分组与发端编码器输出的编码分组一致，即应实现编、译码器字同步。当编译码器未同步时，将有大量误码出现，无法正确译码。

④ 误码识别电路。该电路担负着对线路误码监测，可以在不中断业务的情况下对运行的系统进行检测。误码识别的机理是依据禁止码组的出现及检验模式转换规律异常来判断误码的产生。在收端码型变换电路的 E^2PROM 中的输出数据 D5、D6 中写有表示“禁字”、和模式 I/模式 II 的符号，一旦出现了“禁字”即肯定出现误码；同样，当发现 $d=+2$ 码组经译码后没有转换到模式 II，或当发现 $d=-2$ 码组译码后未能转换到模式 I，同样也认为发生了误码。有误码时，将在测试点 TPC06 给出一个误码标志脉冲，这个脉冲信号送入误码计数器进行计数。

⑤ 误码计数电路。根据建议规定，当连续 315 个码组中部有 15 个码元或 15 个以上码组出现误码时，认定码组失步。在这部分电路中设计有两组计数器：一个是÷315 计数器，计数脉冲来自于分组指示信号；另一个是÷15 计数器，计数脉冲来自误码识别电路输出的误码标志。

⑥ 扣脉冲电路。每个同步调整脉冲进入扣脉冲电路将对时钟脉冲扣掉一个，其等效为将 6 bit 码组划分界线向后移动一个码元，这样最多经过 5 次“扣脉冲”调整即可实现接收码组对发送端码组的同步。

5B6B 译码模块各测试点定义如下。

TPC01：输入数据（线路码型：5B6B；速率：2.457 6 Mbit/s；波形：非归零）

TPC02：输入时钟（频率：2.457 6 MHz；方波）

TPC03：输出数据（速率：2.048 Mbit/s；波形：非归零）

TPC04：输出时钟（频率：2.048 MHz；方波）

TPC05：分组指示

TPC06：错码指示

实训步骤

1. 扰码与解扰序列测试

首先将“加扰模块”中输入数据选择跳线开关 K801 设置在 m 位置，使输入信号来自本地的特殊测试码序列；将 m 序列选择跳线开关 K802 的 m_Sel0、m_Sel1 拔掉，产生全“1”码数据输出。

用示波器同时测量输入数据和加扰数据测试点 TP801、TP803 的波形，读取并画下测量波形。

将 m_Sel0、m_Sel1 设置在不同状态，观测并分析测试结果是否满足扰码关系。输入全 1 数据信号和全 0 数据信号，经加扰码电路，观测加扰后数据输出波形。

将"解扰模块"中输入数据选择跳线开关 K803 设置在"自环"位置，输入信号直接来自发端的"加扰模块"输出的发送数据(2.048 Mbit/s)；输入时钟选择 K804 对应设置在"自环"位置，该时钟来自发送端电路。此时"加扰模块"和"解扰模块"构成自环工作方式。

用示波器同时测量"加扰模块"输入数据和"解扰模块"解扰输出数据测试点 TP801、TP806 的波形。

将 m_Sel0、m_Sel1 设置在不同状态，观测加扰和解扰电路是否正常工作。

2. 5B6B 码的编译码

首先，将系统模式选择开关 KE01、KJ02 设置在 5B6B 位置；将"解扰模块"输入数据选择开关 K803 设置在 5B6B 位置；将"接收定时模块"信号输入选择开关 KD03 设置在 DT 位置，建立自环信道。将 5B6B 编码模块输入信号选择跳线开关 KB01 设置在 m 位置，使输入信号为本地的 m 序列信号；将选择开关 KB02 中误码插入开关 E0、E1 拔下，不插入误码，光时域反射仪(OTDR)选择开关拔下，选择正常数据序列输出。

(1) 分组指示信号测量

将选择开关 KB02 中的序列选择跳线开关 m_0 拔下，使产生 0/1 码信号输出。用示波器同时测量 5B6B 编码输入数据(TPB01)和发送分组指示(TPB05)信号，测量时选用 TPB01 信号作为示波器同步触发信号，仔细调整示波器，使其两路波形能同步稳定地显示。观测并分析观测结果。

(2) 5B6B 线路码型编码规则测试

保持步骤(1)设置条件，将 5B6B 线路码型模式选择开关(KB02)中的 Mode0、Mode1 拔下，选择编码码表为 5B6B-1 模式。

用示波器同时测量 5B6B 编码输入数据(TPB01)和编码输出数据(TPB03)信号，仔细调整示波器，使其两路波形能同步稳定地显示，记录并描绘下测量波形。

保持测试 TPB01 点信号波形不变，取下测量输出数据(TPB03)信号的示波器探头去测量发送分组指示(TPB05)信号，确定信号分组位置。在上述测量结果波形下绘出新的测量波形，分析编码输出数据是否符合编码关系。

(3) 5B6B 线路码型译码数据测量

保持发送端设置条件不变，将"光纤收发模块"输入信号选择跳线开关 KE01 设置在 5B6B 线路码型位置；将"接收定时模块"的输入信号选择跳线开关 KD03 设置在 DT 位置，构成自环状态。

用示波器同时测量 5B6B 编码输入数据(TPB01)和接收译码输出数据(TPC03)信号，仔细调整示波器，使其两路波形能同步稳定地显示。观测译码波形是否正确，记录测量结果。

根据测量结果，分析 5B6B 编译码器的时延参数。

3. 接收定时恢复电路测试

将实验设备工作设置在 5B6B 方式：工作模式选择开关 KE01、KJ02 设置在 5B6B 位置，将“加扰模块”输入数据选择开关 K801 设置在 m 位置；将“5B6B 编码模块”输入数据选择开关 KB01 设置在 DT_SRC 位置，码表模式任意，不插入误码。

将“接收定时模块”中的输入信号选择开关 KD01 设置在 N 位置，鉴相输出开关 KD02 设置在 2_3 位置，输入信号选择开关 KD03 设置在 DR 位置，压控振荡器(VCO)的误差控制信号输入选择跳线开关 KD04 设置在锁相环(PLL)位置。

(1) VCO 自由振荡频率测量

将 VCO 的误差控制信号输入选择跳线开关 KD04 设置在“手动”位置，把函数信号发生器方式设置为记数，闸门时间放在 100 ms 或 1 s，测量 TPD05 监测点的 VCO 输出振荡频率 f_0。记录闸门每次闪动的频率读数。求出 VCO 在频率为 12.288 MHz 时的短期频率稳定度($\Delta f/f_0$)。

(2) VCO 压控特性曲线测量

在步骤(1)测量条件下，用频率计检测 TPD05 监测点 VCO 输出的振荡频率 f_0；用示波器或数字万用表监测跳线开关 KD04 中心点的直流电压。

调整 VCO 输入电压调整电位器 WD02，测量 KD04 中心点的直流电压和 VCO 输出的振荡频率 f_0，将测量结果填入下表。

序号	VCO 输入电压/V	VCO 输出频率/MHz	序号	VCO 输入电压/V	VCO 输出频率/MHz
1			9		
2			10		
3			11		
4			12		
5			13		
6			14		
7			15		
8			16		

画出压控特性曲线。

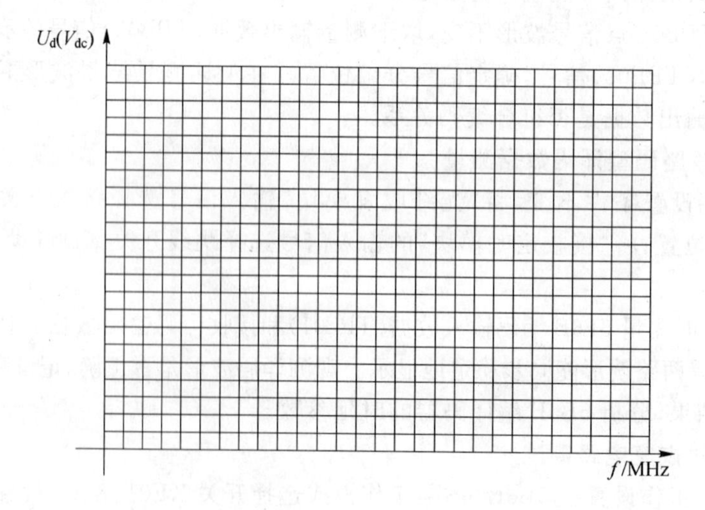

(3) 压控频率范围测量

利用 VCO 压控特性曲线测量结果直接计算获得。VCO 压控频率范围为 $f_{max}-f_{min}$ MHz。

(4) 输入数据与恢复时钟比较

用示波器同时观测"5B6B 译码模块"的输入数据 TPC01 点的波形和"接收定时模块"的接收恢复时钟 TPD06 点的波形,观测时用 TPD06 点的波形作为示波器同步触发信号。注意观测恢复时钟相对于接收数据的关系。

(5) 发送平均光功率测试

用一根 SC/SC 光纤跳线的一端连接到光纤收发一体化模块 UE02 上,光纤跳线的另一端连接光功率计。记录测量到的发送光功率。

实训报告

(1) 根据光纤通信实验系统,画出话音在光纤通信系统中传输连接示意图,说明各部分电路的功能。

(2) 根据光纤通信实验系统,画其布局图,简述正常通话状态,话音信号在发射机(甲机)和接收机(乙机)信号的信号流程。

(3) 分析、总结光终端机的光输出功率的测量结果。

(4) 整理实验数据,画出主要测量点波形,分别说明各测试波形在电路图中位置、名称、意义。

模块四　现代通信网

内容提要

前面所述的话音在数字通信系统中传输和话音在光纤通信系统中传输只能实现两个用户间的单向通信，要实现双向通信还需要另一个通信系统完成反方向的信息传送工作。而要实现多用户间的通信，则需要将多个通信系统有机地组成一个系统，使它们能协同工作，即形成通信网。本模块学习现代通信网概念、组成、性能及分类。了解通信网各种交换技术原理。熟悉通信网两种体系结构。学习几种现代通信网的结构、组成和应用。

本章重点

1. 现代通信网的基本概念及构成：通信网的基本模型，通信网的定义和构成，通信网的类型，通信网的物理拓扑结构，通信网的业务，通信系统与通信网。

2. 通信网的交换技术：电路交换、分组交换、帧中继、ATM。

3. 通信网的体系结构：OSI参考模型，TCP/IP协议体系结构。

4. 通信网的发展史。

5. 主要网络简介：电话网，数据网，接入网，综合业务数字网(ISDN)。

课程名称	通信与网络技术	课程代码	EC043H
任务名称	现代通信网	学时	12

学习内容：

学习现代通信网概念、组成、性能及分类。了解通信网各种交换技术原理。熟悉通信网两种体系结构。学习几种现代通信网的结构、组成和应用。

能力目标：

1. 能使用测试设备测试所给通信网。
2. 能根据所给的现代通信网的拓扑结构图，正确选择设备并熟练搭建通信网，并实现通话。
3. 认识SDH光传输系统，熟悉各组成部分的功能。能使用测试设备测试SDH光传输系统。
4. 在给定的光传输网络结构，能完成SDH光传输设备简单组网，并实现公务电话测试。
5. 在SDH光传输平台接入PSTN，实现通话业务。

教学组织：

1. 采用“教学做一体化”教学模式，在通信实验/实训室上课。
2. 理论学习结合实训内容来理解，使学习者能将实际系统与理论模型对应起来。
3. 教学场地配有搭建好的现代通信网、常用电子测量仪器。
4. 重视现代通信网络的拓扑结构，并实现通话业务。

4.1　现代通信网的基本概念及构成

4.1.1　通信网的基本模型

1. 点到点的通信系统

通信网是通信系统的一种形式。本书中通信系统特指使用光信号或电信号传递信息的通信系统。为了更好地理解通信网，从点到点的通信系统开始介绍。克服时间、空间的障碍，有效而可靠地传递信息是所有通信系统的基本任务。实际应用中存在各种类型的通信系统，它们在具体的功能和结构上各不相同，然而都可以抽象成如图 4-1 所示的模型，其基本组成包括信源、发送器、信道、接收器和信宿 5 部分。

(1) 信源：产生各种信息的信息源，它可以是人或机器(如计算机等)。

(2) 发送器：负责将信源发出的信息转换成适合在传输系统中传输的信号。对应不同的信源和传输系统，发送器有不同的组成和信号变换功能，一般包含编码、调制、放大和加密等。

(3) 信道：信号的传输媒介，负责在发送器和接收器之间传输信号。通常按传输媒介的种类可分为有线信道和无线信道；按传输信号的形式则可分为模拟信道和数字信道。

(4) 接收器：负责将从传输系统中收到的信号转换成信宿可以接收的信息形式。其作用与发送器正好相反。主要功能包括信号的解码、解调、放大、均衡和解密等。

(5) 信宿：负责接收信息。上述通信系统只是一个点到点的通信模型，要实现多用户间的通信，则需要一个合理的拓扑结构将多个用户有机地连接在一起，并定义标准的通信协议，以使它们能协同工作，这样就形成了一个通信网。

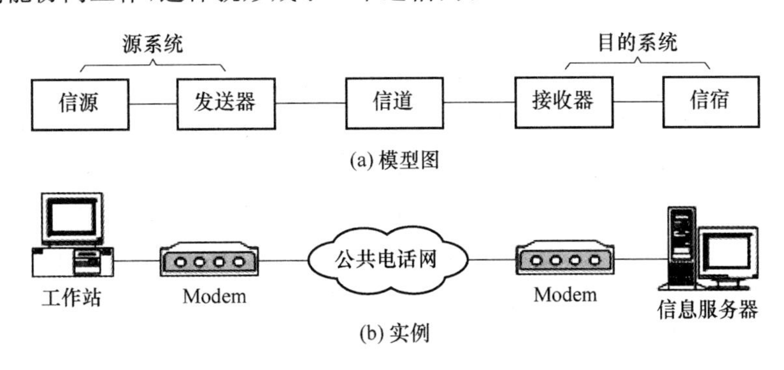

图 4-1　简单通信系统模型

通信网要解决的是任意两个用户间的通信问题，由于用户数目众多、地理位置分散，并且需要将采用不同技术体制的各类网络互连在一起，因此通信网必然涉及到寻址、选路、控制、管理、接口标准、网络成本、可扩充性、服务质量保证等一系列在点到点模型系统中原本不是问题的问题，这些因素增加了设计一个实际可用的网络的复杂度。

2. 交换式网络

要实现一个通信网，最简单直观的方案就是在任意两个用户之间提供点到点的连接，从而构成一个网状网的结构，如图 4-2 (a)所示。该方法中每对用户之间都需要独占一个永久的通信线路，通信线路使用的物理媒介可以是铜线、光纤或无线信道。然而该方法并不适用于构建大型广域通信网，其主要原因如下。

(1) 用户数目众多时，构建网状网成本太高，任意一个用户到其他 $N-1$ 个用户都要有一个直达线路，技术上也不可行。

(2) 每对用户之间独占一个永久的通信线路，信道资源无法共享，会造成巨大的资源浪费。

(3) 这样的网络结构难以实施集中的控制和管理。为了解决上述问题，广域通信网采用了交换技术，即在网络中引入交换节点，组建交换式网络，如图 4-2(b)所示。在交换式网络中，用户终端都通过用户线与交换节点相连，交换节点之间通过中继线相连，任何两个用户之间的通信都要通过交换节点进行转接交换。在网络中，交换节点负责用户的接入、业务量的集中、用户通信连接的创建、信道资源的分配、用户信息的转发，以及必要的网络管理与控制功能的实现。

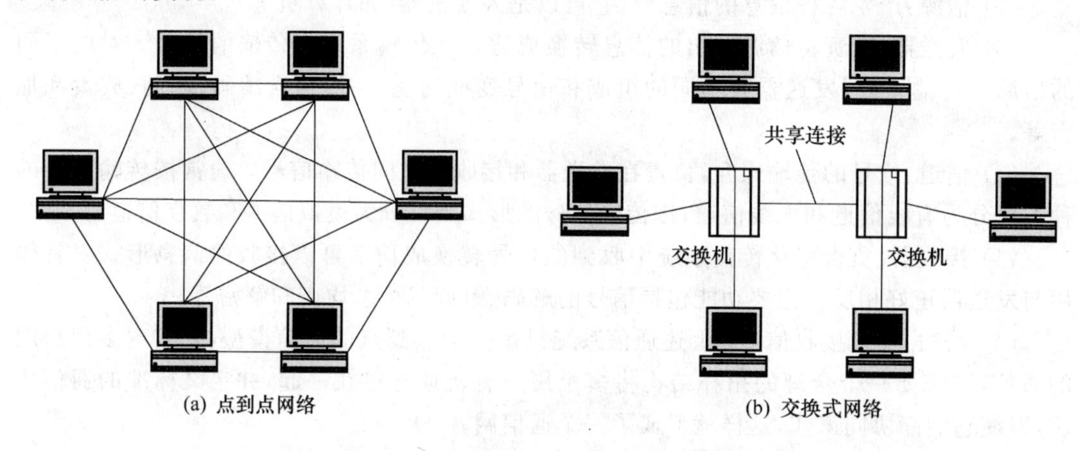

图 4-2 点到点的网络与交换式网络

“交换”概念背后的思想是：让网络根据用户实际的需求为其分配通信所需的网络资源，即用户有通信需求时，网络为其分配资源，通信结束后，网络再回收分配给用户的资源，供其他用户使用，从而达到共享网络资源、降低通信成本的目的。其中，网络负责管理和分配的最重要资源就是通信线路上的带宽资源，而网络为此付出的代价是，需要一套复杂的控制机制来实现这种“按需分配”。因此，从资源分配的角度来看，不同的网络技术之间的差异主要体现在分配、管理网络资源策略上的差异，它们直接决定了网络中交换、传输、控制等具体技术的实现方式。一般来讲，简单的控制策略，通常资源利用率不高；若要提高资源利用率，则需要以提高网络控制复杂度为代价。现有的各类交换技术，都根据实际业务的需求，在资源利用率和控制复杂度之间做了某种程度的折中。

在交换式网络中，用户终端至交换节点可以使用有线接入方式，也可以采用无线接入方式；可以采用点到点的接入方式，也可以采用共享介质的接入方式。传统有线电话网中使用有线、点到点的接入方式，即每个用户使用一条单独的双绞线接入交换节点。如果多个用户采用共享介质方式接入交换节点，则需解决多址接入的问题。目前常用的多址接入方式有频分多址接入(FDMA)、时分多址接入(TDMA)、码分多址接入(CDMA)、随机多址接入等。例如，CDMA 移动通信网中，就采用了无线、共享介质、码分多址接入方式；在宽带接入网中，也多采用了共享介质方式接入。

另外，为了提高中继线路的利用率，降低通信成本，现代通信网采用复用技术，即将一条物理线路的全部带宽资源分成多个逻辑信道，让多个用户共享一条物理线路。实际上，在广域通信网上，任意用户间的通信，通常占用的都是一个逻辑信道，极少有独占一条物理线路的情况。

复用技术大致可分为静态复用和动态复用(又称统计复用)两大类。静态复用技术包括频分多路复用和同步时分复用两类；动态复用主要指动态时分复用(统计时分复用)技术。实际上，在多址接入时也涉及复用问题，相关的内容将在后续的章节中详细介绍。

交换式网络主要有如下优点。

(1) 大量的用户可以通过交换节点连到骨干通信网上，由于大多数用户并不是全天候需要通信服务，因此骨干网上交换节点间可以用少量的中继线路以共享的方式为大量用户服务，这样大大降低了骨干网的建设成本。

(2) 交换节点的引入也增加了网络扩容的方便性，便于网络的控制与管理。实际中的大型交换网络都是由多级复合型网络构成的，为用户建立的通信连接往往涉及多段线路、多个交换节点。

4.1.2　通信网的定义和构成

1. 定义

什么是通信网？对于这样一个复杂的大系统，站在不同的角度，应该有不同的观点。从用户的角度来看，通信网是一个信息服务设施，甚至是一个娱乐服务设施，用户可以使用它获取信息、发送信息、娱乐等；而从工程师的角度来看，通信网则是由各种软硬件设施按照一定的规则互连在一起，完成信息传递任务的系统。工程师希望这个系统应该可测、可控，便于管理和扩充。

为通信网下一个通俗的定义：通信网是由一定数量的节点(包括终端节点、交换节点)和连接这些节点的传输系统有机地组织在一起的，按约定的信令或协议完成任意用户间信息交换的通信体系。用户使用它可以克服空间、时间等障碍来进行有效的信息交换。

在通信网上，信息的交换可以在两个用户间进行，在两个计算机进程间进行，还可以在一个用户和一个设备间进行。交换的信息包括用户信息(如话音、数据、图像等)、控制信息(如信令信息、路由信息等)和网络管理信息 3 类。由于信息在网上通常以电或光信号的形式进行传输，因而现代通信网又称电信网。

应该强调的是，网络不是目的，只是手段。网络只是实现大规模、远距离通信系统的一种手段。与简单的点到点通信系统相比，它的基本任务并未改变，通信的有效性和可靠性仍然是网络设计时要解决的两个基本问题，只是由于用户规模、业务量、服务区域的扩大，因此使解决这两个基本问题的手段变得复杂了。例如，网络的体系结构、管理、监控、信令、路由、计费、服务质量保证等都是由此而派生出来的。

2. 通信网的构成要素

实际的通信网是由软件和硬件按特定方式构成的一个通信系统，每次通信都需要软硬件设施的协调配合来完成。从硬件构成来看，通信网由终端节点、交换节点、业务节点和传输系统构成。它们完成通信网的基本功能为接入、交换和传输。软件设施则包括信令、协议、控制、管理、计费等，它们主要完成通信网的控制、管理、运营和维护，实现通信网的智能化。这里重点介绍通信网的硬件构成。

(1) 终端节点

最常见的终端节点有电话机、传真机、计算机、视频终端和专用交换机(PBX)等，它们是通信网上信息的产生者，同时也是通信网上信息的使用者。其主要功能如下。

① 用户信息的处理：主要包括用户信息的发送和接收，将用户信息转换成适合传输系统传输的信号及相应的反变换。

② 信令信息的处理：主要包括产生和识别连接建立、业务管理等所需的控制信息。

(2) 交换节点

交换节点是通信网的核心设备，最常见的有电话交换机、分组交换机、路由器、转发器等。交换节点负责集中、转发终端节点产生的用户信息，但它自己并不产生和使用这些信息。其主要功能如下。

① 用户业务的集中和接入功能。通常由各类用户接口和中继接口组成。

② 交换功能。通常由交换矩阵完成任意入线到出线的数据交换。

③ 信令功能。负责呼叫控制和连接的建立、监视、释放等。

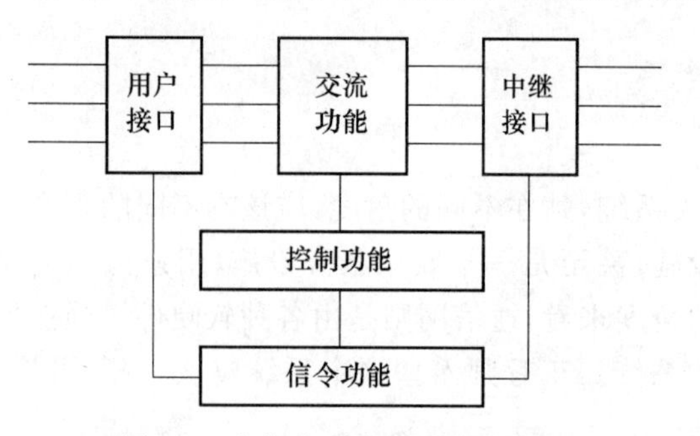

图 4-3 交换节点的基本功能结构

④ 其他控制功能。路由信息的更新和维护、计费、话务统计、维护管理等。图 4-3 描述了一般交换节点的基本功能结构。

(3) 业务节点

最常见的业务节点有智能网中的业务控制节点(SCP)、智能外设、语音信箱系统，以及 Internet 上的各种信息服务器等。它们通常由连接到通信网络边缘的计算机系统、数据库系统组成。其主要功能如下。

① 实现独立于交换节点的业务的执行和控制。

② 实现对交换节点呼叫建立的控制。

③ 为用户提供智能化、个性化、有差异的服务。目前，基本电信业务的呼叫建立、执行控制等由于历史原因仍然在交换节点中实现，但很多新的电信业务则将其转移到业务节点中。

(4) 传输系统

传输系统为信息的传输提供传输信道，并将网络节点连接在一起。通常传输系统的硬件组成应包括线路接口设备、传输媒介、交叉连接设备等。传输系统一个主要的设计目标就是提高物理线路的使用效率，因此通常传输系统都采用了多路复用技术，如频分复用、时分复用、波分复用等。另外，为保证交换节点能正确接收和识别传输系统的数据流，交换节点必须与传输系统协调一致，这包括保持帧同步和位同步、遵守相同的传输体制（如 PDH、SDH 等）等。

3. 通信网的基本结构

在日常的工作和生活中，经常接触和使用各种类型的通信网，如电话网、计算机网络等。电话网是目前人们最熟悉和最普及的通信网，主要用来传送用户的话音信息；计算机网络则是办公场所最为常见的一种网络，主要用于信息发布、程序和数据的共享、设备共享等（如打印机、绘图仪、扫描仪等）。Internet 是计算机的互联网络，它将全球绝大多数的计算机网络互连在一起，以实现更为广泛的信息资源共享，目前 Internet 已成为电子商务和娱乐的一个基础支撑平台。

上述网络虽然在传送信息的类型、传送的方式、所提供服务的种类等方面各不相同，但是它们在网络结构、基本功能、实现原理上都是相似的，它们都实现了以下 4 个主要的网络功能。

① 信息传送。它是通信网的基本任务，传送的信息主要分为三大类：用户信息、信令信息和管理信息。信息传输主要由交换节点和传输系统完成。

② 信息处理。网络对信息的处理方式对最终用户是不可见的，主要目的是增强通信的有效性、可靠性和安全性，信息最终的语义解释一般由终端应用来完成。

③ 信令机制。它是通信网上任意两个通信实体之间为实现某一通信任务，进行控制信息交换的机制，如电话网上的 No. 7 信令、Internet 上的各种路由信息协议、TCP 连接建立协议等均属此范畴。

④ 网络管理。它负责网络的运营管理、维护管理、资源管理，以保证网络在正常和故障情况下的服务质量。它是整个通信网中最具智能的部分。已形成的网络管理标准有电信管理网标准（TMN）系列、计算机网络管理标准（SNMP）等。

因此，从功能的角度看，一个完整的现代通信网可分为相互依存的 3 部分：业务网、传送网和支撑网，如图 4-4 所示。

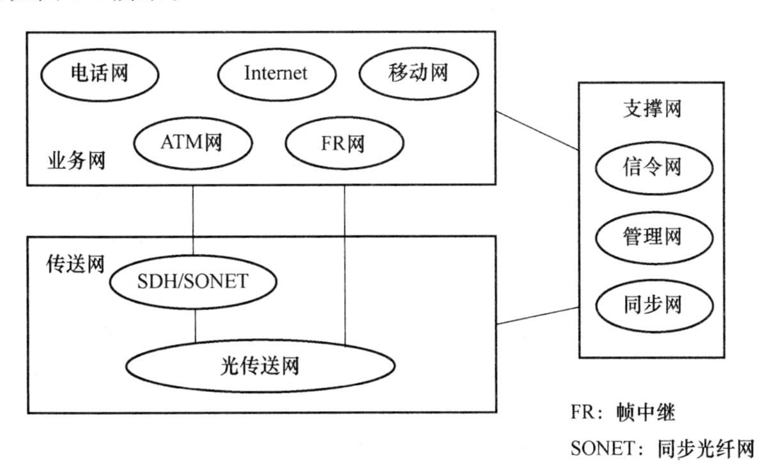

图 4-4　现代通信网的功能结构

（1）业务网

业务网负责向用户提供各种通信业务，如基本话音、数据、多媒体、租用线、虚拟专用网

(VPN)等，采用不同交换技术的交换节点设备通过传送网互连在一起就形成了不同类型的业务网。构成一个业务网的主要技术要素有网络拓扑结构、交换节点技术、编号计划、信令技术、路由选择、业务类型、计费方式、服务性能保证机制等，其中交换节点设备是构成业务网的核心要素。各种交换技术的异同将在 4.2 节介绍。根据所提供的业务类型的不同，目前主要的业务网类型如表 4-1 所示。

表 4-1　主要业务网的类型

业务网	基本业务	交换节点设备	交换技术
公共电话网	普通电话业务	数字程控交换机	电路交换
移动通信网	移动话音、数据	移动交换机	电路/分组交换
智能网(IN)	以普通电话业务为基础的增值业务和智能业务	业务交换节点、业务控制节点	电路交换
分组交换网(X.25)	低速数据业务(≤64 kbit/s)	分组交换机	分组交换
帧中继网	局域网互连(≥2 Mbit/s)	帧中继交换机	帧交换
数字数据网(DDN)	数据专线业务	DXC 和复用设备	电路交换
计算机局域网	本地高速数据(≥10 Mbit/s)	集线器(Hub)、网桥、交换机	共享介质、随机竞争式
Internet	Web、数据业务	路由器、服务器	分组交换
ATM 网	综合业务	ATM 交换机	信元交换

(2) 传送网

传送网是随着光传输技术的发展，在传统传输系统的基础上引入管理和交换智能后形成的。传送网独立于具体业务网，负责按需为交换节点/业务节点之间的互连分配电路，在这些节点之间提供信息的透明传输通道，它还包含相应的管理功能，如电路调度、网络性能监视、故障切换等。构成传送网的主要技术要素有传输介质、复用体制、传送网节点技术等，其中传送网节点主要有分插复用设备(ADM)和交叉连接设备(DXC)两种类型，它们是构成传送网的核心要素。

传送网节点与业务网的交换节点相似之处在于，传送网节点也具有交换功能。不同之处在于，业务网交换节点的基本交换单位本质上是面向终端业务的，粒度很小，如一个时隙、一个虚连接；而传送网节点的基本交换单位本质上是面向一个中继方向的，因此粒度很大。例如，SDH 中基本的交换单位是一个虚容器(最小是 2 Mbit/s)，而在光传送网中基本的交换单位则是一个波长(目前骨干网上至少是 2.5 Gbit/s)。另一个不同之处在于，业务网交换节点的连接是在信令系统的控制下建立和释放的，而光传送网节点之间的连接则主要是通过管理层面来指配建立或释放的，每个连接需要长期化维持和相对固定。

目前主要的传送网有 SDH/SONET 和光传送网(OTN)两种类型。

(3) 支撑网

支撑网负责提供业务网正常运行所必需的信令、同步、网络管理、业务管理、运营管理等功能，以提供用户满意的服务质量。支撑网包含如下 3 部分。

① 同步网。它处于数字通信网的最底层，负责实现网络节点设备之间和节点设备与传输设备之间信号的时钟同步、帧同步及全网的网同步，保证地理位置分散的物理设备之间数字信号的正确接收和发送。

② 信令网。对于采用公共信道信令体制的通信网，存在一个逻辑上独立于业务网的信令网，它负责在网络节点之间传送业务相关或无关的控制信息流。

③ 管理网。管理网的主要目标是通过实时和近实时来监视业务网的运行情况，并相应地采取各种控制和管理手段，以达到在各种情况下充分利用网络资源，保证通信的服务质量。

另外，从网络的物理位置分布来分，通信网还可以分成用户驻地网（CPN）、接入网和核心网3部分。其中，用户驻地网是业务网在用户端的自然延伸；接入网也可看作传送网在核心网之外的延伸；而核心网则包含业务、传送、支撑等网络功能要素。

4.1.3 通信网的类型

可以根据通信网提供的业务类型，采用的交换技术、传输技术、服务范围、运营方式、拓扑结构等方面来对其进行各种分类。这里给出几种常见的分类方式。

1. 按业务类型分

按业务类型，可以将通信网分为电话通信网（如PSTN、移动通信网等）、数据通信网（如X.25、Internet、帧中继网等）、广播电视网等。

2. 按空间距离分

按空间距离，可以将通信网分为广域网（WAN，Wide Area Network）、城域网（MAN，Metropolitan Area Network）和局域网（LAN，Local Area Network）。

3. 按信号传输方式分

按信号传输方式，可以将通信网分为模拟通信网和数字通信网。

4. 按运营方式分

按运营方式，可以将通信网分为公用通信网和专用通信网。

需要注意的是，从管理和工程的角度看，网络之间本质的区别在于所采用的实现技术不同，其主要包括3方面：交换技术、控制技术及业务实现方式。而决定采用何种技术实现网络的主要因素则有用户的业务流量特征、用户要求的服务性能、网络服务的物理范围、网络的规模、当前可用的软硬件技术的信息处理能力等。

4.1.4 通信网的物理拓扑结构

从点线组成网的物理结构，即从硬件设施去分析当前组成通信网的基本结构，主要有5种基本网结构，由它可复合组成若干种网。

1. 星形网

星形网如同星状，以一中心点向四周辐射，也可称为辐射网。它是以中心节点分别与周围各辐射点用线相连，点线之间的关系为，有 N 个点即有 $N-1$ 条线，其结构如图4-5所示。现在的程控交换局或数据集点机与其所在的各电话用户及数据用户间的连接（一般双绞线：同轴线或光纤）就属于这种结构。

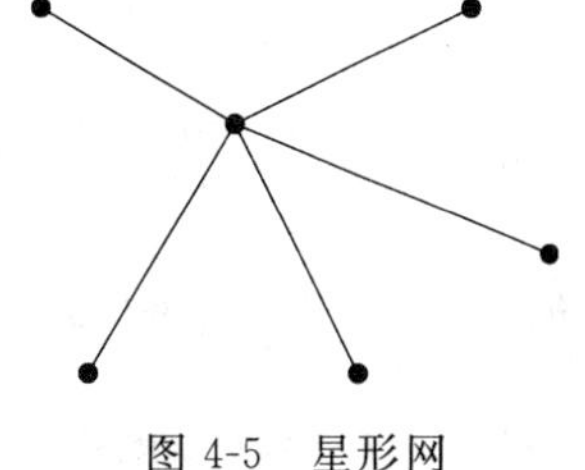

图4-5　星形网

2. 网形网

任意节点间都有线相连接，其 N 个节点与线的关系为

1/2 $N(N-1)$,如图 4-6 所示。以上连接属于全连通方式,在实际的组网中根据实际情况从经济效益考虑,可组成不全连通方式而形成网孔型网,如图 4-7 所示。这种网在实际通信组网中的大区一级干线网及市话网中大量采用。

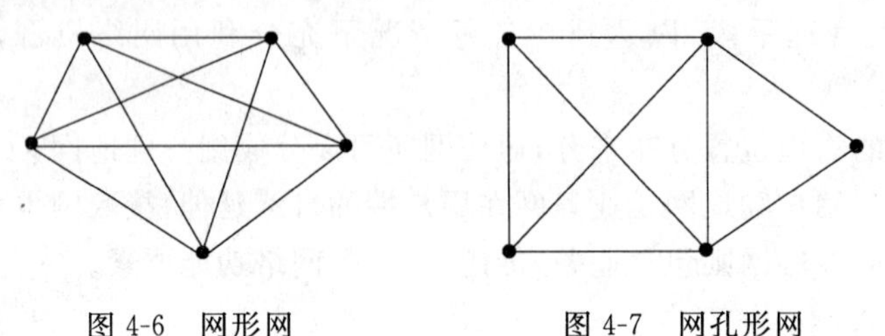

图 4-6　网形网　　　　图 4-7　网孔形网

3. 环形网

这是一种首尾相接的闭合网络,其 N 个节点与线的关系为 $N:N$,有 N 个节点就有 N 条线相连,如图 4-8 所示。这种网结构简单,而且有自愈功能,现在的 SDH 光传输系统组网中经常采用,组成自愈保护环网,其稳定性较高。在组成本地网时,常采用此种结构。

4. 总线型网

总线型网是节点都连接到一条共有的传输线上,这条传输线常称为总线,因此称为总线型网。这是一种并联的网络(如电灯网络),在信息传输中计算机网络也较常用,此种网络增减节点很方便,设置的传输链路少,其结构如图 4-9 所示。

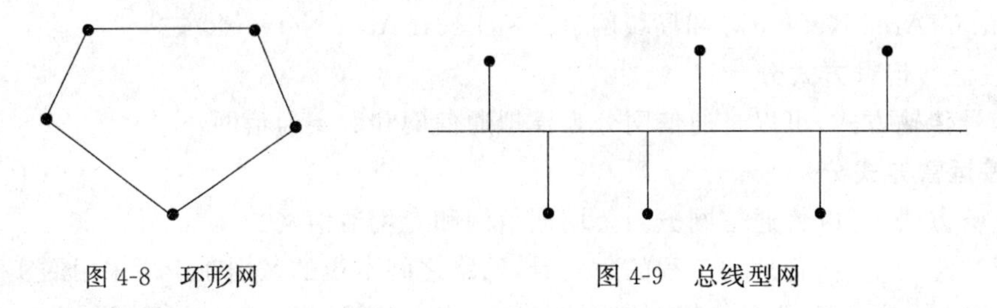

图 4-8　环形网　　　　图 4-9　总线型网

5. 复合型网

现在的实际组网是以上网组合而成,称为复合型网,如网形网与星形网的组合构成当前的市话网,如图 4-10 所示。又如星形网扩展组成树形网,如图 4-11 所示。

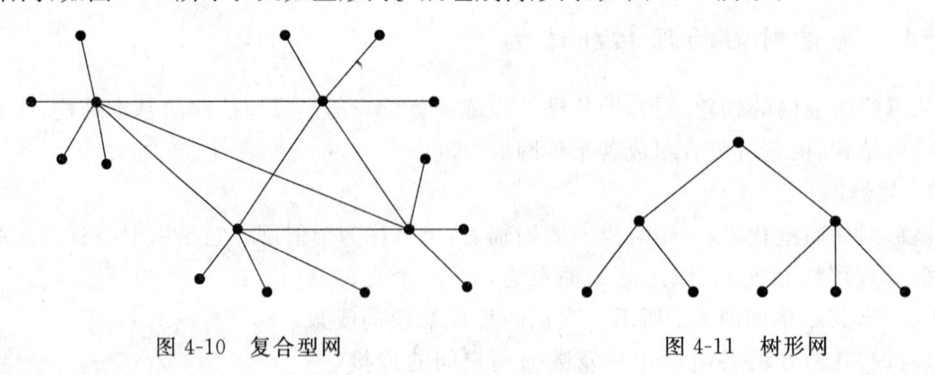

图 4-10　复合型网　　　　图 4-11　树形网

4.1.5　通信网的业务

目前各种网络为用户提供了大量的不同业务,业务的分类并无统一的方式,一般会受到实现技术和运营商经营策略的影响。业务应根据所依赖的技术、业务提供的信息类型、用户的业务量特性、对网络资源的需求特征等方面分类，如图 4-12 所示。好的业务分类有助于运营商进行网络规划和运营管理（如对商业用户和个人用户制定不同的价格策略和资源分配策略）。

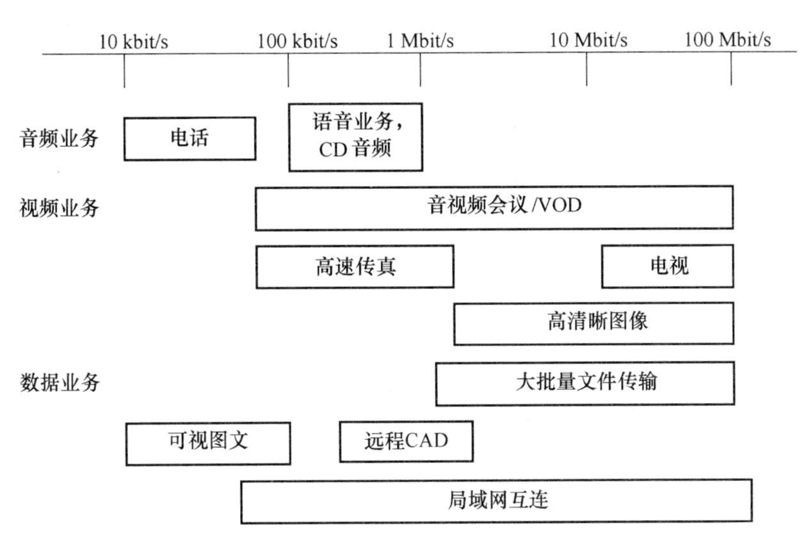

图 4-12　通信业务的带宽需求

这里借鉴传统 ITU-T 建议的方式，根据信息类型的不同将业务分为 4 类：话音业务、数据业务、图像业务、视频和多媒体业务。

1. 电话业务

目前通信网提供固定电话业务、移动电话业务、VoIP、会议电话业务和电话语音信息服务业务等。该类业务不需要复杂的终端设备，所需带宽小于 64 kbit/s，采用电路或分组方式承载。

2. 数据业务

低速数据业务主要包括电报、电子邮件、数据检索、Web 浏览等。该类业务主要通过分组网络承载，所需带宽小于 64 kbit/s。高速数据业务包括局域网互连、文件传输、面向事务的数据处理业务，所需带宽均大于 64 kbit/s，采用电路或分组方式承载。

3. 图像业务

图像业务主要包括传真、计算机辅助设计与制造（CAD/CAM）图像传送等。该类业务所需带宽差别较大，G4 类传真需要 2.4～64 kbit/s 的带宽，而 CAD/CAM 则需要 64 kbit/s～34 Mbit/s 的带宽。

4. 视频和多媒体业务

视频和多媒体业务包括可视电话、视频会议、视频点播、普通电视、高清晰度电视等。该类业务所需的带宽差别很大。例如，会议电视需要 64 kbit/s～2 Mbit/s；而高清晰度电视需要 140 Mbit/s 左右。目前，通信网业务存在的主要问题是，大多数业务都是基于旧的技术和现存的网络结构来实现的，因此除了基本的话音和低速数据业务外，大多数业务的服务性能都与用户实际的要求存在不小的差距。

5. 承载业务与终端业务

目前,还有另一种广泛使用的业务分类方式,即按照网络提供业务的方式,将业务分为3类:承载业务、用户终端业务和补充业务。

(1) 承载业务。网络提供的单纯的信息传送业务,具体地说,是在用户网络接口处提供的。网络用电路或分组交换方式将信息从一个用户网络接口透明地传送到另一个用户网络接口,而不对信息作任何处理和解释,它与终端类型无关。一个承载业务通常用承载方式(分组还是电路交换)、承载速率、承载能力(语音、数据、多媒体)来定义。

(2) 用户终端业务。所有各种面向用户的业务,它在人与终端的接口上提供。它既反映了网络的信息传递能力,又包含了终端设备的能力,终端业务包括电话、电报、传真、数据、多媒体等。一般来讲,用户终端业务都是在承载业务的基础上增加了高层功能而形成的。

(3) 补充业务。又称附加业务,是由网络提供的,在承载业务和用户终端业务的基础上附加的业务性能。补充业务不能单独存在,它必须与基本业务一起提供。常见的补充业务有主叫号码显示、呼叫转移、三方通话、闭合用户群等。承载业务和用户终端业务的实现位置如图 4-13 所示。

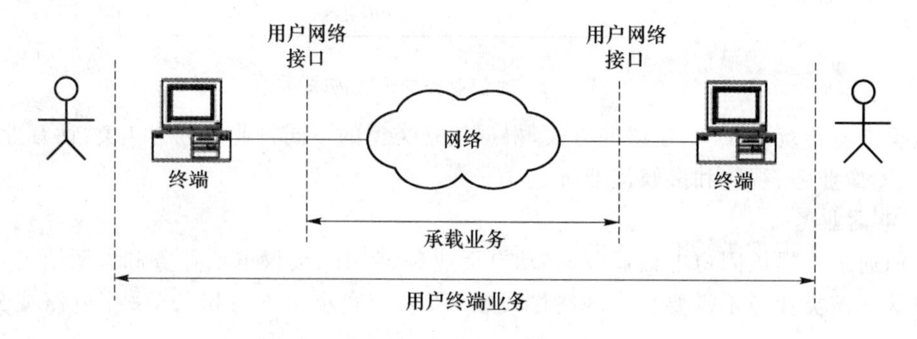

图 4-13 承载业务和用户终端业务

未来通信网提供的业务应呈现以下特征:移动性,包括终端移动性、个人移动性;带宽按需分配;多媒体性;交互性。

4.1.6 通信系统与通信网

1. 通信系统

通信系统可解释为从信息源节点(信源)到信息终节点(信宿)之间完成信息传送的全过程的机、线设备的总体,包括通信终端设备及连接设备之间的传输线所构成的有机体系。

综合前几章讲述的光纤通信系统,数字通信系统可清楚地对以上概念进行解释。例如,光纤通信系统属于有线通信系统,它的端机均由 SDH 或 PDH 的数字设备,加上光调制设备(光端机)及连接光端机的传输(光缆)构成。

综上所述,通信系统是利用信道连接收、发两端设备而完成信息传递和交流的全过程,是由两端节点与信道构成的通信系统。具有共同的规律性,逻辑上这种规律即为普通的点线连接,两点间连接即为线,点、线的这种连接是构成各种网的基础。没有线构不成网,点、线是构成网的必要条件。也可以说，通信系统是构成各种通信网的基础。通信网构成示意图如图 4-14 所示。

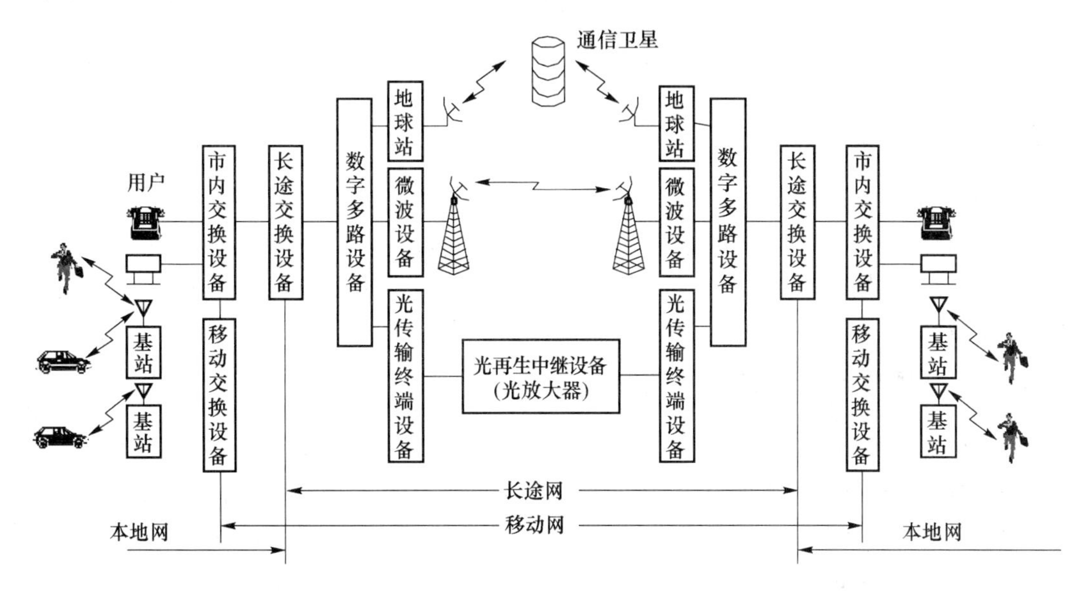

图 4-14　通信网构成示意图

2. 通信系统与通信网

从以上通信系统和通信网的描述中，已经明显地突出了两种概念及其之间的密切关系。用通信系统来构架，通信网即为通信系统的集，或者各种通信系统的综合，通信网是各种通信系统综合应用的产物。

通信网源于通信系统，又高于通信系统。但是不论网的种类、功能、技术如何复杂，从物理上的硬件设施分析，通信系统是各种网不可缺少的物质基础，这是一种自然发展规律，没有线即不能成网。因此，通信网是通信系统发展的必然结果。通信系统可以独立地存在，然而一个通信网是通信系统的扩充，是多节点各通信系统的综合，通信网不能离开系统而单独存在。前面所述的几大常用的通信系统就可构成各种各样的通信网。

3. 现代通信系统与现代通信网

上述通信系统与通信网的基本概念是从物理结构及硬件设施方面理解和定义的，然而现在的通信网、通信系统已经融入了计算机技术。

前面介绍现代通信时已讲述，现代通信就是数字通信与计算机技术的结合。这里，同样对现代通信系统与现代通信网作如下定义。在数字通信系统中融合了计算机硬、软件技术，这样的系统即为现代通信系统，如 SDH 光同步传输系统出现后，在光纤传输设备中有 CPU 进行数据运算处理，并引进了管理用计算机进行监控与管理，就构成了所谓的现代通信系统。现在的通信网已实现了数字化，并引入了大量的计算机硬、软件技术，使通信网越来越综合化、智能化，把通信网推向一个新时代，即现代通信网。它产生了更多、更广的功能，适用范围更广，为不断满足人们日益增长的物质文化生活的需要提供了服务平台。人们现在经常谈到的通信网、电话网、数据网、计算机网、移动通信网等都属于现代通信网，也可简称通信网。

4.2 通信网的交换技术

4.2.1 交换技术概述

1. 面向连接和无连接

根据网络传递用户信息时是否预先建立源端到目的端的连接，将网络使用的交换技术分为两类：面向连接型和无连接型。使用相应交换技术的网络也依次称为面向连接型网络和无连接型网络。

在面向连接型的网络中，两个通信节点间典型的一次数据交换过程包含3个阶段：连接建立、数据传输和连接释放。其中，连接建立和连接释放阶段传递的是控制信息，用户信息则在数据传输阶段传输。3个阶段中最复杂和最重要的阶段是连接建立，该阶段需要确定从源端到目的端的连接应走的路由，并在沿途的交换节点中保存该连接的状态信息，这些连接状态信息说明了属于该连接的信息在交换节点应被如何处理和转发。连接建立创建的连接可以是物理连接，也可以是逻辑连接，但用户并不关心这种区别，它本身也不是影响服务质量的主要因素。数据传输完毕后，网络负责释放连接。

在无连接型的网络中，数据传输前，不需要在源端和目的端之间先建立通信连接，就可以直接通信。不管是否来自同一数据源，交换节点将分组看成互不依赖的基本单元，独立地处理每个分组，并为其寻找最佳转发路由，因而来自同一数据源的不同分组可以通过不同的路径到达目的地。

两种方式各有优缺点，面向连接方式适用于大批量、可靠的数据传输业务，但网络控制机制复杂；无连接方式控制机制简单，适用于突发性强、数据量少的数据传输业务。

2. 交换节点的功能结构

交换式网络总是以交换节点为核心来组建的。一个交换节点要完成任意入线的信息到指定出线的交换功能，基本前提是网络中的每个交换节点都必须拥有当前网络的拓扑结构的信息。为便于叙述，将交换节点中存储的到每个目的地的路由信息的数据结构称为路由表。路由表可以简单地理解为一张网络地图，交换节点依靠它来进行寻址选路。

无连接型网络和面向连接型网络中交换节点的交换实现有较大差别，图4-15描述了它们的功能结构。在面向连接型的网络中，连接建立阶段传递的控制数据中包含目的地址和连接标识，沿途交换节点以目的地址为关键字，查找路由表，就可以确定目的地，相应入端口的信息应该交换到哪个出端口，交换节点同时将该信息保存到一张转发表中，在用户数据传输阶段，用户数据无需携带目的地址，只需携带一个短的连接标识，交换节点根据连接标识和转发表就可实现快速的数据交换。实际上，转发表记录的是一个交换节点当前维持的所有连接状态信息，这些信息指明了一个连接上的用户信息在交换节点上应该如何转发，根据交换实现技术的不同，该表的内容和物理形式也不相同。

在无连接型的网络中，由于无需建立连接，交换节点也就不需要呼叫处理功能和记录连接状态信息的转发表。但要求每个分组都携带目的地址，交换节点只需根据路由表就可以完成从入端口到出端口的交换。

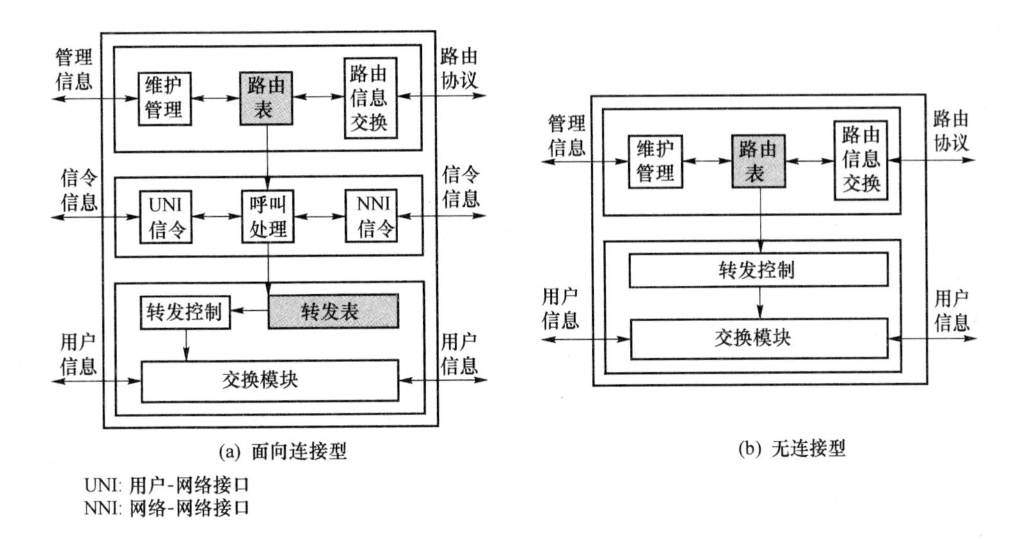

图 4-15　交换节点中交换功能的实现

相比较而言,面向连接型的交换节点设备比无连接型的复杂。

4.2.2　主要的交换技术

目前,在广域通信网上使用的交换技术主要有电路交换、分组交换、帧中继、ATM 技术。其中,电路交换和分组交换是通信网中最基本的交换技术,后来发展起来的帧中继、ATM 以及近来的各种 IP 交换技术和多协议标签交换(MPLS)技术都是基于这两种技术综合或改进的,本节将不介绍 MPLS 技术,相关的内容在后续章节有详细介绍。图 4-16 描述了目前的各种交换技术。

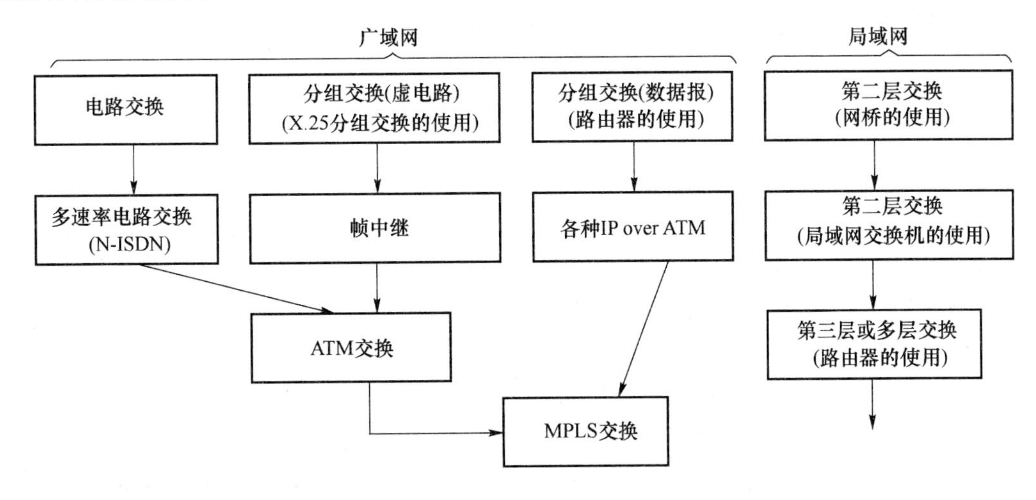

图 4-16　通信网的主要交换技术

需要说明的是,图 4-16 省略了报文交换,它在 1970 年以前曾广泛用于数据通信,然而很快就被性能更好、更灵活的分组交换技术所取代。分组交换又形成了两个分支:在传统电信领域以 X. 25 协议和分组交换机组网,采用面向连接的虚电路技术;在计算机领域则以 TCP/IP 协议和路由器组网,使用无连接的数据报技术,并最终形成了目前的 Internet。也可以看到，传统电信网和计算机网最终将基于分组交换技术汇聚在一起。总的来说，交换技术的发展趋势是，信道利用率越来越高，支持可变速率和多媒体业务，并且有复杂的协议体系来保证服务质量。

1. 电路交换

电路交换方式主要用于目前的电话通信网，它是一种面向连接的技术，一次通信过程分为连接建立、数据传输和连接释放 3 个阶段。在连接建立阶段，网络要完成两项工作：第一，确定本次通信从源端到目的端，用户业务信息应走的路由；第二，在该路由途经的交换节点进行全程的资源预留，预留的资源包括交换节点中从入端口到出端口的内部通道和交换节点间中继线路上的带宽资源，以这种方式建立一条端到端的专用通信连接，这个连接通常占用固定的带宽或时隙，有固定的传输速率。在整个通信期间，不管实际有无数据传输，沿途的交换节点负责保持、监视该连接，直到用户明确地发出通信结束的信号，网络才释放被占用的资源，撤销该连接。电路交换在连接建立时，预先分配固定带宽资源的方式称为静态复用方式。

电路交换的主要特点是，在连接建立阶段，为用户静态地分配通信所需的全部网络资源；在通信期间，资源将始终保持为该连接专用；在数据传输阶段，交换节点只是简单将用户信息在预先建立的连接上进行转发，节点处理时延可忽略不计，效率极高。电路交换很适合实时性要求高的通信业务，传统电话通信网就采用这种方式，它很好地解决了实时话音通信问题。它的主要缺点是信道资源的利用率低。

2. 分组交换

分组交换方式主要用于计算机间的数据通信业务，它的出现晚于电路交换。采用分组交换而不是电路交换来实现数据通信，主要基于以下原因。

① 数据业务有很强的突发性，采用电路交换方式，信道利用率太低。

② 电路交换只支持固定速率的数据传输，要求收发严格同步，不适应数据通信网中终端间异步、可变速率的通信要求。

③ 话音传输对时延敏感、对差错不敏感，而数据传输则恰好相反，用户对一定的时延可以忍受，但关键数据细微的错误都可能造成灾难性后果。

④ 分组交换是针对数据通信而设计的，主要特点是：数据以分组为单位进行传输，分组长度一般在 1 000～2 000 字节左右；每个分组由用户信息部分和控制部分组成，控制部分包含差错控制信息，可以用于对差错的检测和校正；交换节点以“存储-转发”方式工作，可以方便地支持终端间异步、可变速率的通信要求；为解决电路交换方式信道资源利用率低的缺点，分组交换引入了统计时分复用技术。

根据网络处理分组方式的不同，分组交换分为两种类型，即数据报和虚电路。

(1) 数据报

数据报属于无连接方式，主要的优点是协议简单，无需建立连接，无需为每次通信预留带宽资源，电路交换中带宽利用率低的问题自然也就解决了。同时由于每一分组在网上都独立寻路，因而抵抗网络故障的能力很强，特别适合于突发性强、数据量小的通信业务。实际上，数据报方式最先是在冷战时期美国军方的计算机通信网 ARPANet 上实现的，是现代 Internet 的前身。

数据报的主要缺点是，由于没有为通信建立相应的连接，并预留所需的带宽资源，因此分组在网络上传输时，需要携带全局有效的网络地址，在每个交换节点都要经历一次存储、选路、排队等待线路空闲，再被转发的过程，因而传输时延大，并存在时延抖动问题。可见，数据报不适用于大数据量、实时性要求高的业务。目前，通信网上该方式主要用于信令、控制管理信息和短消息等（如 7 号信令系统(SS7)、简单网络管理协议(SNMP)、短消息业务(SMS)等）的传递，Internet 的 IP 技术也属于此类。

（2）虚电路

虚电路是一种面向连接的分组交换方式，其设计目标是将数据报和电路交换这两种技术的优点结合起来，以达到最佳的数据传输效果。

采用虚电路技术，用户之间在通信之前需要在源端和目的端先建立一条连接，分组交换中把它称为虚电路。虚电路一旦建立，所有的用户分组都将在这一虚电路上传送。建立连接是它与电路交换的相同之处，也是它与数据报的不同之处。

虚电路的一次通信过程也分为 3 个阶段：虚电路建立、数据传输和虚电路释放。与电路交换不同之处在于，虚电路建立阶段，网络完成的工作只是确定两个终端之间用户分组传输应走的路由，并不进行静态的带宽资源预留，沿途的交换节点只是将属于该连接的分组应如何进行转发的信息填写到转发表中。换句话说，虚电路建立成功后，假如源端没有分组传输，虚电路不占用网络带宽资源，因为开始就没有为虚电路预留带宽；当源端有分组要发送时，交换节点一般先对收到的分组进行必要的协议处理，然后根据虚电路建立阶段填好的转发表将分组转发至输出端口排队等待，一旦信道空闲，就将其发送出去，因而这样一个连接被加上“虚拟”两字。分组交换中，这种对物理线路带宽资源的分配使用方式，称为统计时分复用。相应地，电路交换中对物理线路带宽资源的分配使用方式称为静态时分复用。

相对于电路交换，分组交换提供了更加灵活的网络能力，但同时也要求网络设备和终端设备具备更强的处理能力。

3. 帧中继

帧中继技术主要用于局域网高速互连业务。以 X.25 为代表的分组交换技术出现在 20 世纪 70 年代，当时长途数据传输还有很高的差错率，为保证可靠的服务质量，分组协议采用了逐段的差错控制和流量控制，这使得分组交换网交换时延大，无法为用户提供更高的速率。例如，X.25 网典型的用户接入速率是 64 kbit/s。

20 世纪 80 年代后期，光纤和数字传输技术的广泛使用，使得数据传输的差错率大大降低。另外，微电子技术的进步使得终端的计算能力每 18 个月提高 1 倍，而成本却大大下降。为充分利用当代网络高速度、低差错和终端计算成本低的特点，提出帧中继技术，其主要设计思想如下。

（1）将原来由网络节点承担的非常耗时的逐段差错控制功能和流量控制功能删除，网络只进行差错的检测，发现差错就简单地丢弃分组，纠错工作和流量控制由终端来完成，使网络节点专注于高速的数据交换和传输，通过简化网络功能来提高网络的传输速度。

（2）保留 X.25 中统计复用和面向连接的思想，但将虚电路的复用和交换从原来的第三层移至第二层来完成，通过减少协议的处理层数来提高网络的传输速率。

（3）呼叫控制分组和用户信息分组在各自独立的虚电路上传递。

经过这样的改进，帧中继的速率可以比传统的分组网提高一个数量级，典型接入速率可达 2 Mbit/s。目前帧中继主要用于局域网间的高速互连，VPN 的组建，远程高品质视频、图像信息的传递，帧中继曾被认为是从窄带到宽带 ISDN 的首选过渡技术。

4. ATM

ATM 的主要设计目标是在一个网络平台上用分组交换技术来实现话音、数据、图像等业务的综合传送交换。

传统的分组交换和帧中继技术均是面向单业务来优化设计的，完全照搬它们的体制难以实现综合业务的目标，这是因为不同类型的业务在实时性要求、服务质量、差错敏感度等诸多方面差异很大，甚至完全相反。对业务类型不加区分地采用统一的处理方式显然是不行的。

为达到对综合业务优化的设计目标，在技术上，ATM 采用了以下设计策略。

(1) 固定长分组策略。ATM 与传统分组交换、帧中继、IP 等最显著的区别就是采用了固定长分组，并把固定长分组称为信元。采用固定长分组后，节点缓冲区的管理策略简单了，定长分组也便于用硬件实现高速信元交换。

(2) 继承了传统分组交换的统计复用和虚电路技术，但 ATM 又对传统分组交换使用的纯统计复用技术作了改进。这是因为分组交换和帧中继主要承载非实时数据业务，而 ATM 网络对实时、非实时两类业务均需承载，为保证实时业务的服务质量，ATM 允许在建立一条新的虚连接时，同时向网络提交详细的服务质量要求说明，这一说明实际是一个资源预留请求，而 ATM 网络一旦接纳该连接，只要用户业务量遵守事先的约定，网络将提供有保证的服务质量。

(3) ATM 也继承了帧中继中不在核心网中进行逐段的流量控制和差错控制的思想，相应的工作都在网络边缘的终端设备上完成，网络只对信元中的控制字段进行必要的差错处理。

(4) 引入 ATM 适配层(AAL 层)，与特定类型业务相关的功能均在该层实现，以此来支持区分服务的能力，这对综合业务目标的实现来说至关重要，也是 ATM 与其他面向单业务优化设计的网络间的重要区别。广域通信网上使用的交换技术都有自己的特点，主要广域网交换技术的特点比较如表 4-2 所示。

表 4-2　主要广域网交换技术的特点比较

	电路交换	分组交换		帧中继	ATM
		数据报	虚电路		
连接方式	面向连接	无连接	面向连接	面向连接	面向连接
比特率	固定	可变	可变	可变	可变
差错控制	不具备	具备	具备	只检错，不纠错	只对控制信息差错控制
信道资源使用方式	静态复用，利用率低	统计复用，利用率高	统计复用，利用率高	统计复用，利用率高	统计复用，利用率高
流量控制	无	较好	好	无	好
实时性	很好	差	较好	好	好
终端间的同步关系	要求同步	异步	异步	异步	异步
最佳应用	实时话音业务	小批量，不可靠的数据业务	大批量、可靠的数据业务	局域网互连	综合业务

4.3 通信网的体系结构

目前，在通信领域影响最大的分层体系结构有两个，即 TCP/IP 协议族和开放系统互连(OSI)参考模型。它们已成为设计可互操作的通信标准的基础。TCP/IP 体系结构以网络互连为基础，提供了一个建立不同计算机网络间通信的标准框架。目前，几乎所有的计算机设备和操作系统都支持该体系结构，它已经成为通信网的工业标准。OSI 则是一个标准化了的体系结构，常用于描述通信功能，但实际中很少实施。它首先提出的分层结构、接口和服务分离的思想，已成为网络系统设计的基本指导原则，通信领域通常采用 OSI 的标准术语来描述系统的通信功能。

4.3.1 OSI 参考模型

OSI 参考模型是 ISO 在 1977 年提出的开发网络互连协议的标准框架。这里“开放”的含义是指任何两个遵守 OSI 标准的系统均可进行互连。如图 4-17 所示，OSI 参考模型分为 7 层。其中，1～3 层一般称为通信子网，只负责在网上任意两个节点之间传送信息，而不负责解释信息的具体语义；5～7 层称为资源子网，负责进行信息的处理、信息的语义解释等。第 4 层为运输层，它是下 3 层与上 3 层之间的隔离层，负责解决高层应用需求与下 3 层通信子网提供的服务之间的不匹配问题。例如，通信子网不能提供可靠传输服务，而当应用层又有需要时，运输层必须负责提供该机制；反之，如果通信子网功能强大，运输层作用则变弱。下面介绍是各层的具体功能。

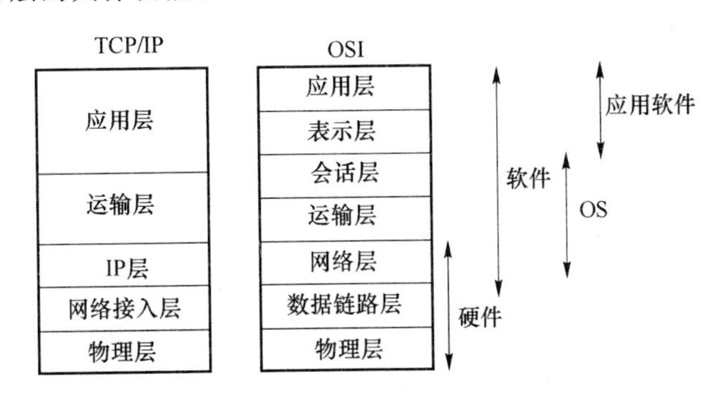

图 4-17 OSI 与 TCP/IP 协议分层结构

(1) 应用层：为用户提供到 OSI 环境的接入和分布式信息服务。

(2) 表示层：将应用进程与不同的数据表示方法独立开来。

(3) 会话层：为应用间的通信提供控制结构，包括建立、管理、终止应用之间的会话。

(4) 运输层：为两个端点之间提供可靠的、透明的数据传输，以及端到端的差错恢复和流量控制能力。

(5) 网络层：使高层与连接建立所使用的数据传输和交换技术独立开来，并负责建立、保持、终止一个连接。

(6) 数据链路层：发送带有必需的同步、差错控制和流量控制信息的数据块(帧)，保证物理链路上数据传输的可靠性。

(7) 物理层:负责物理介质上无结构的比特流传输,定义接入物理介质的机械的、电气的、功能的特性。

OSI 的目标是用这一模型取代各种不同的互连通信协议,不过以 OSI 为背景虽已经开发了很多协议,但 7 层模型实际上并未被接受。相反,TCP/IP 却成为通信网络的工业标准。其中,一个原因是 OSI 过于复杂,它用 7 层实现的功能,TCP/IP 用很少的层就实现了;另一个原因是,当市场迫切需要异构网络的互连技术时,只有 TCP/IP 是经过了实际网络检验的成熟技术。

4.3.2 TCP/IP 协议体系结构

TCP/IP 是美国国防部高级研究计划署(DARPA)资助的 ARPANet 实验项目的研究成果之一,开始于 20 世纪 60 年代的 ARPANet 项目主要目的就是研究不同计算机之间的互连性,但项目开始进展得并不顺利。直到 1974 年,V. Cerf 与 R. Kahn 联手重写了 TCP/IP 协议,并最终成为了 Internet 的基础。

TCP/IP 与 OSI 模型不同,并没有什么组织为 TCP/IP 协议族定义一个正式的分层模型,然而根据分层体系结构的概念,TCP/IP 可以被很自然地组织成相关联的 5 个独立层次,如图 4-17 所示。各层的具体功能如下。

(1) 应用层:包含支持不同的用户应用的应用逻辑。每种不同的应用层需要一个与之相对应的独立模块来支持。

(2) 运输层:为应用层提供可靠的数据传输机制。对每个应用,运输层保证所有数据都能到达目的地应用,并且保证数据按照其发送时的顺序到达。

(3) IP:该层执行在不同网络之间 IP 分组的转发和路由的选择。其中使用 IP 协议执行转发,使用路由信息协议(RIP)、开放式最短路径优先(OSPF)、边界网关协议(BGP)等协议来发现和维护路由,人们习惯上将该层简称为 IP 层。

(4) 网络接入层:负责一个端系统和它所在网络之间的数据交换。

(5) 物理层:定义数据传输设备与物理介质或它所连接的网络之间的物理接口。

可以说,Internet 今天的成功主要归功于 TCP/IP 协议的简单性和开放性。从技术上看,TCP/IP 的主要贡献在于,明确了异构网络之间应基于网络层实现互连的思想。实践中可以看到,一个独立于任何物理网络的逻辑网络层的存在,使得上层应用与物理网络分离开来,网络层在解决互连问题时无需考虑应用问题,而应用层也无需考虑与计算机相连的具体物理网络是什么,从而使网络的互连和扩展变得容易了。

4.4 通信网的发展史

制约和影响网络技术发展的因素很多,其中主要有 4 方面的约束:技术、市场需求、成本和政策。

通信网作为一个物理实体,首先,其发展不能超越基本的物理学定律和当时软硬件技术条件的限制,如量子力学、麦克斯韦电磁场理论、广义相对论等,它们构成了当代微电子、集成电路技术的理论基础,信息的传播速度也不可能超过光速;其次,通信网作为一个国家的关键基础设施和面向运营的服务设施，其发展必然也会受到市场需求、成本、政策等因素的制约。但有限的网络资源和不断增长的用户需求之间的矛盾始终是通信网技术发展的根本动力。下面简单介绍骨干通信网在技术方面的发展演变。

如果以 1878 年第一台交换机投入使用作为现代通信网的开端，那么它已经过了 120 多年的发展。这期间由于交换技术、信令技术、传输技术、业务实现方式的发展，通信网大致经历了 3 个发展阶段。

1. 第一阶段

第一阶段大约在 1880—1970 年之间，是典型的模拟通信网时代，网络的主要特征是模拟化、单业务单技术。这一时期电话通信网占统治地位，电话业务也是网络运营商主要的业务和收入来源，因此整个通信网都是面向话音业务来优化设计的，其主要的技术特点如下。

(1) 交换技术。由于话音业务量相当稳定，且所需带宽不高，因此网络采用控制技术相对简单的电路交换技术，为用户业务静态分配固定的带宽资源，虽然有带宽资源利用率不高的缺点，但它并不是这一时期网络的主要矛盾。

(2) 信令技术。网络采用模拟的随路信令系统。其优点是信令设备简单，缺点是功能太弱，只支持简单的业务类型。

(3) 传输技术。终端设备、交换设备和传输设备基本是模拟设备，传输系统采用 FDM 技术、铜线介质，网络上传输的是模拟信号。

(4) 业务实现方式。网络通常只提供单一电话业务，且业务逻辑和控制系统是在交换节点中用硬件逻辑电路实现的，网络几乎不提供任何新业务。由于通信网主要由模拟设备组成，存在的主要问题是成本高、可靠性差、远距离通信的服务质量差。另外，在这一时期，数据通信技术还未成熟，基本处于试验阶段。

2. 第二阶段

第二阶段大约在 1970—1994 年，是骨干通信网由模拟网向数字网转变的阶段。这一时期数字技术和计算机技术在网络中被广泛使用，除传统公共电话交换网(PSTN)外，还出现了多种不同的业务网。网络的主要特征是数模混合、多业务多技术并存，这一阶段业界主要是通过数字计算机技术的引入来解决话音、数据业务的服务质量。这一时期网络技术主要的变化有以下方面。

(1) 数字传输技术。基于 PCM 技术的数字传输设备逐步取代了模拟传输设备，彻底解决了长途信号传输质量差的问题，降低了传输成本。

(2) 数字交换技术。数字交换设备取代了模拟交换设备，极大地提高了交换的速度和可靠性。

(3) 公共信道信令技术。公共信道信令系统取代了原来的随路信令系统，实现了话路系统与信令系统之间的分离，提高了整个网络控制的灵活性。

(4) 业务实现方式。在数字交换设备中，业务逻辑采用软件方式来实现，使得在不改变交换设备硬件的前提下，提供新业务成为可能。在这一时期，电话业务仍然是网络运营商主要的业务和收入来源，骨干通信网仍是面向话音业务来优化设计的，因此电路交换技术仍然占主导地位。

另外，基于分组交换的数据通信网技术在这一时期发展已成熟，TCP/IP、X. 25、帧中继等都是在这期间出现并发展成熟的，但数据业务量与话音业务量相比，所占份额还很小，因此实际运行的数据通信网大多是构建在电话网的基础设施之上的。光纤技术、移动通信技术、智能网(IN)技术也是在此期间出现的。

在这一时期，形成了以 PSTN 为基础，Internet、移动通信网等多种业务网络交叠并存的结构。

这种结构主要的缺点是，对用户而言，要获得多种电信业务就需要多种接入手段，这增加了用户的成本和接入的复杂性；对网络运营商而言，不同的业务网都需要独立配置各自的网络管理和后台运营支撑系统，也增加了运营商的成本，同时由于不同业务网所采用的技术、标准和协议各不相同，使得网络之间的资源和业务很难共享和互通。因此在 20 世纪 80 年代末，在主要的电信运营商和设备制造商的主导下，开始研究如何实现一个多业务、单技术的综合业务网，其主要的成果是 N-ISDN、B-ISDN 和 ATM 技术。

总的来看，这一时期是现代通信网最重要的一个发展阶段，它几乎奠定了未来通信网发展的所有技术基础，如数字技术、分组交换技术。这些技术奠定了未来网络实现综合业务的基础；公共信道信令和计算机软硬件技术的使用奠定了未来网络智能和业务智能的基础；光纤技术奠定了宽带网络的物理基础。

3. 当前阶段

从 1995 年至今，可以说是信息通信技术发展的黄金时期，是新技术、新业务产生最多的时期。在这一阶段，骨干通信网实现了全数字化，骨干传输网实现了光纤化，同时数据通信业务增长迅速，独立于业务网的传送网也已形成。由于电信政策的改变，电信市场由垄断转向全面的开放和竞争。在技术方面，对网络结构产生重大影响的主要有以下 3 方面。

(1) 计算机技术

硬件方面，计算成本下降，计算能力大大提高；软件方面，面向对象(OO)技术、分布处理技术、数据库技术已发展成熟，极大地提高了大型信息处理系统的处理能力，降低了其开发成本。其影响是个人电脑(PC)得以普及，智能网、电信管理网得以实现，为下一步的网络智能及业务智能奠定了基础。另外，终端智能化使得许多原来由网络执行的控制和处理功能可以转移到终端来完成，骨干网的功能可由此而简化，这有利于提高其稳定性和信息吞吐能力。

(2) 光传输技术

大容量光传输技术的成熟和成本的下降，使得基于光纤的传输系统在骨干网中迅速普及并取代了铜线技术。实现宽带多媒体业务，在网络带宽上已不存在问题了。

(3) Internet

1995 年后，基于 IP 技术的 Internet 的发展和迅速普及，使得数据业务的增长速率远远超过电话业务。在主要的工业化国家，数据业务的年增长率为 800%，而电话业务的增长率只有 4%左右。近几年，数据业务将全面超越电话业务，成为运营商的主营业务和主要收入来源。这使得继续在以话音业务为主进行优化设计的电路交换网络上运行数据业务，不但效率低下、价格昂贵，而且严重影响了传统电话业务服务的稳定性。重组网络结构，实现综合业务网成为这一时期最迫切的问题。

政策因素对通信网结构的影响也是非常巨大的，新的电信法一方面增强了市场的开放和竞争，另一方面也促进了电信市场的分工合作(如接入服务商、服务提供商、基础网络运营商等)，它本质上要求一个开放的电信网络环境。另外，从竞争、成本和管理的角度来看，实现一个开放的综合业务网也是必然的选择。然而，考察现有的各种技术，传统电路交换网是针对话音业务来优化设计的，传统的分组交换网技术(如 IP、X.25、帧中继等)则又是针对数据业务来优化设计的，它们都不能满足现代网络通信向综合业务发展的需求，因此需要一种新的技术来构建宽带综合业务网，以实现对所有业务的最优综合。

在1995以前，SDH和ATM还被认为是宽带综合数字业务网(B-ISDN)的基本技术，在1995年以后，ATM已受到了宽带IP网挑战。宽带IP网的基础是先进的密集波分复用(DWDM)光纤技术和MPLS技术。

目前，在通信产业界，基于IP实现多业务汇聚，骨干网采用MPLS技术和WDM技术来构建已成为共识。随着相关的标准及技术的发展和成熟，下一代网络将是基于IP的宽带综合业务网。图4-18描述了目前电信网的概貌。

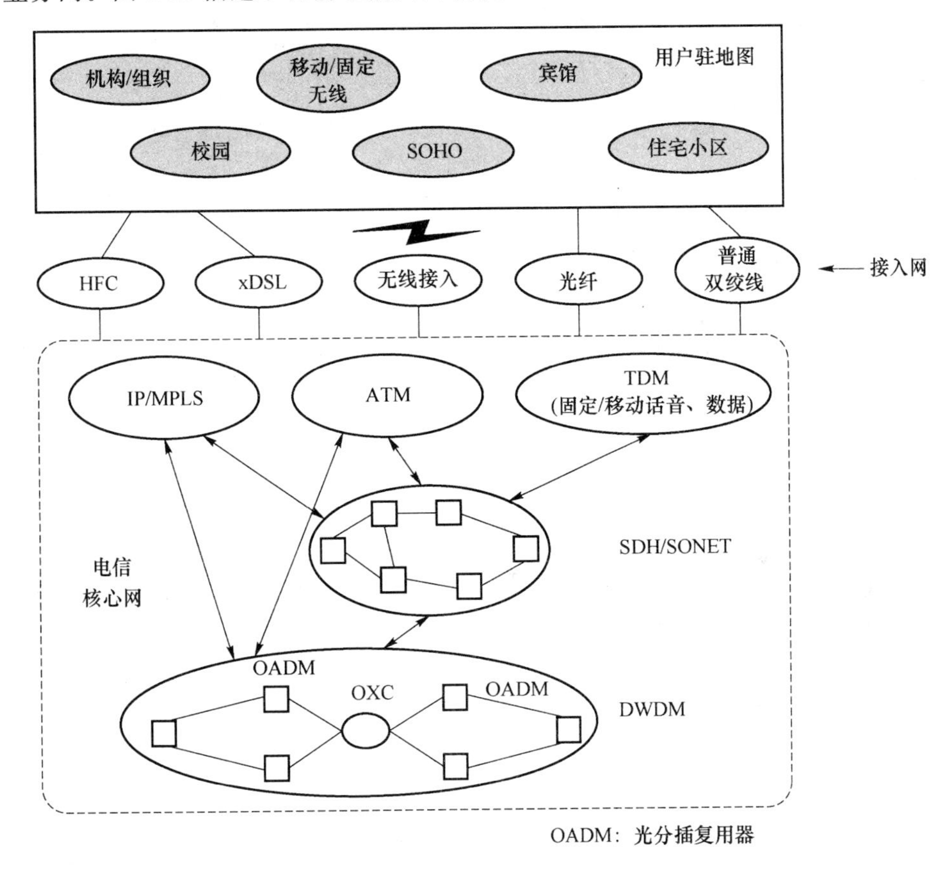

图4-18　当前电信网的概貌

4.5　主要网络简介

现代通信网的分类很多，按其功能、作用、性质及其服务范围等，可分为各种不同的网络。

按其完成功能作用分为电话网、数据网(计算机网)、图像网、移动网。

按服务范围分为长途网、本地网、接入网。

专用网的分类更多，例如，各个部门行业按其自身信息技术的需求而建设的网，如气象网、邮政综合计算机网，各银行组建的金融网，大型工矿企业控制网、监控网等。不管以上网络如何组成,都是基于以上几种通信系统的实际应用。例如,气象网主要由卫星通信系统、光纤通信系统等组成的。

金融网虽然终端为计算机,实质为计算机网络,其组成还是以上的通信系统。在交通方面,正在发展智能交通,其实质就是组成交通信息管理网,信息传输也是以上几大系统组合而成的,如图 4-19 所示。

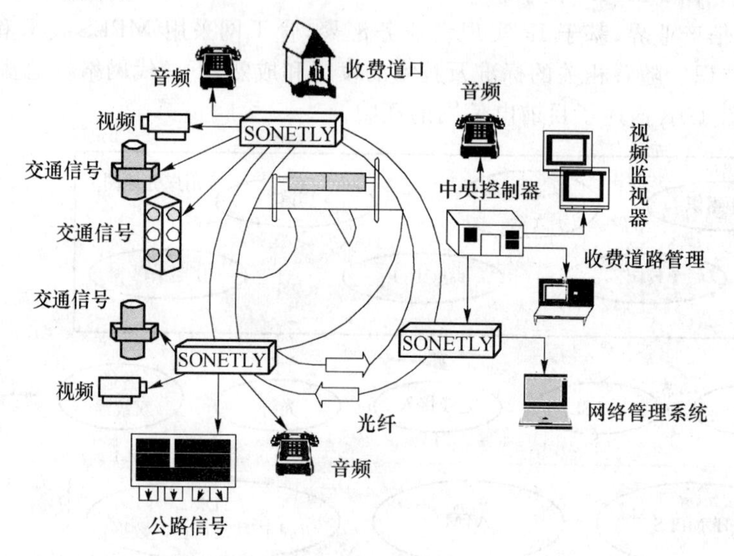

(a) 通信系统与交通信息网

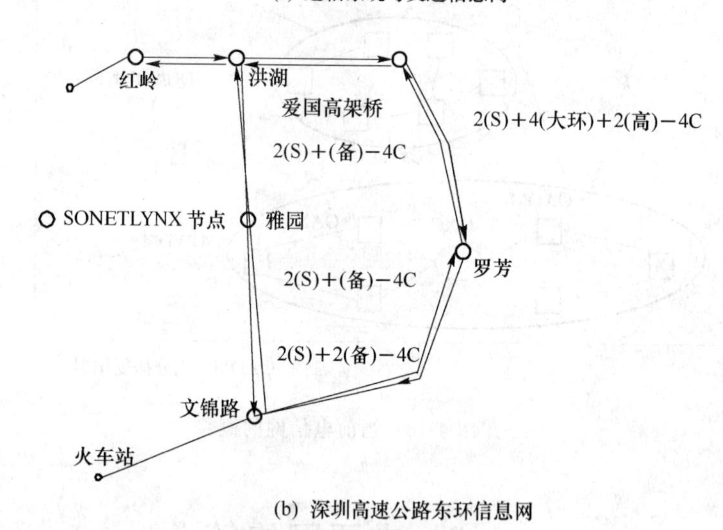

(b) 深圳高速公路东环信息网

图 4-19 两种智能交通网

4.5.1 电话网

电话网是传统网,是人们都比较熟悉的网络,其主要是为话音业务的传送、转接而设置的网络。

电话网在世界上一般主要采用 SDH 系统干线传输和中继传输为主,以数字程控交换机(交换局)为话音信号的转接点而设置等级结构。等级结构的设置与很多因素有关,如数字传输技术、服务质量、经济性与可行性等方面的考虑。我国的电话网可分为长途电话网、本地网、市话网和接入网。

1. 长途电话网

长途网为复合型结构，它以长途交换中心划分为一级交换中心、二级交换中心和三级交换中心组成的三级网络结构。

一级交换中心为国家的大型交换中心，又称为省间交换中心，现主要设置在我国的八大城市（北京，沈阳，西安，成都，武汉，南京，上海，广州）；二级交换中心是以省、市为交换中心，一般设在省会城市；三级交换中心设在地区交换中心。各交换中心之间都设置有传输链路，这些传输链路直接与长途汇接局相连，由传输链路组成为国家的一级干线、二级干线及长市中继线。三级长途网络如图 4-20 所示。

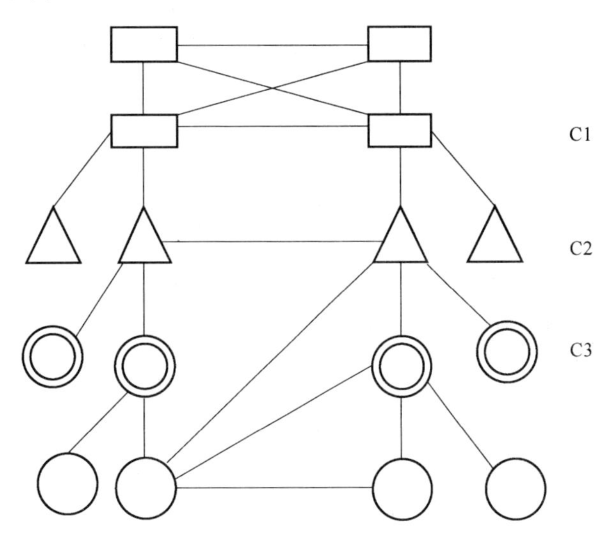

图 4-20　长途电话三级网结构

长途链路组织主要以 SDH 光传输来组建一级、二级干线，并辅助以卫星通信系统、微波通信系统构成信号传输不中断、服务质量保证的多重传输保护网络。

目前，我国长途网正向二级过渡，C1、C2 级长途交换中心合并为 DC1，构成长途两级网的高平面网（省际平面）；C3 称为 DC2，构成长途两级网的低平面网（省内平面），如图 4-21 所示。

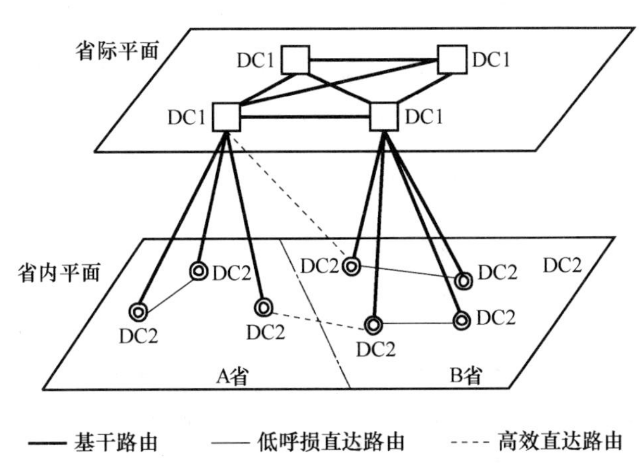

图 4-21　两级长途网的网路结构

长途网经二级网并逐步过渡到全国无级网和动态无级网。

2. 本地电话网

本地电话网又称本地网，指在同一编号区内由若干端局、汇接局及局间中继、用户线和话机终端组成的电话网。本地电话网又分为分区单汇接结构、分区双汇接局结构（来话汇接）及全覆盖网络结构。

本地网的全覆盖网络结构是在本地网内设置若干汇接局，这些汇接局均处于平等地位，均匀分担负荷，汇接局间以网状网相连，各端局与汇接局相连，如图 4-22 所示。

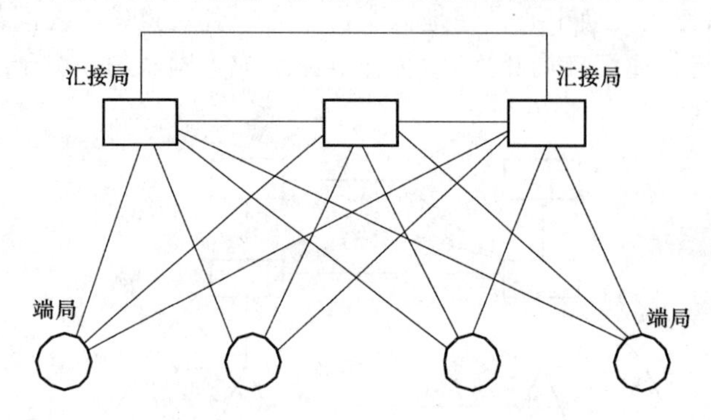

图 4-22　本地网的全覆盖网路结构

一般说来，在特大或大城市的本地网，其中心城市采用全覆盖结构或分区双汇接结构。

4.5.2　数据网

数据网为用于传输数据业务的通信网，它是以数据交换机（分组交换、帧中继交换、ATM 交换、高级路由器、IP 交换机等）为转接点而组成世界、国家及地区性的网络。它是以计算机硬件、软件技术为基础与现代传输技术综合应用的产物。

数据通信网发展很快，而且正逐步过渡到各种综合数据业务，宽带数据业务的通信网络。它以数据交换节点机为基础，可分为分组交换网、ATM 网、Internet、IP 网、局域网、城域网、广域网等。

4.5.3　接入网

综合上述传输系统，可以将接入网描述如下。用户与交换节点之间的传输系统（包括终端设备、传输设备及传输线）就构成其接入网。接入网在整个通信网中的位置如图 4-23 所示。

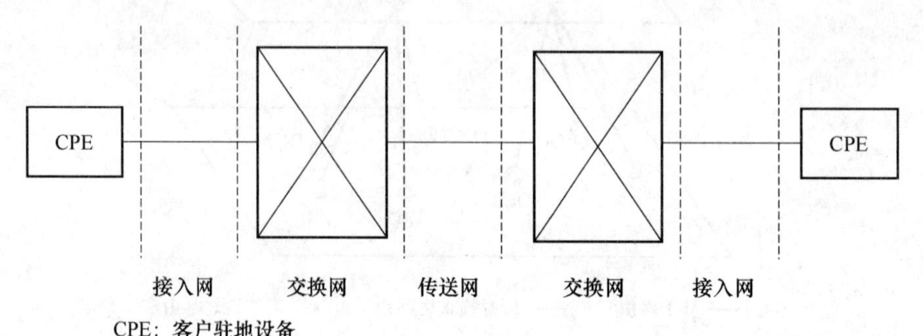

图 4-23　接入网在整个通信网中的位置

接入网可采用多种多样的信号传输方式、传输技术，前面所述的光纤、微波、卫星、移动等通信系统等都是接入网的主要方式。这些通信系统及用以架设的用户金属电缆等就组成了庞大的、结构复杂的接入网，如图 4-24 所示。

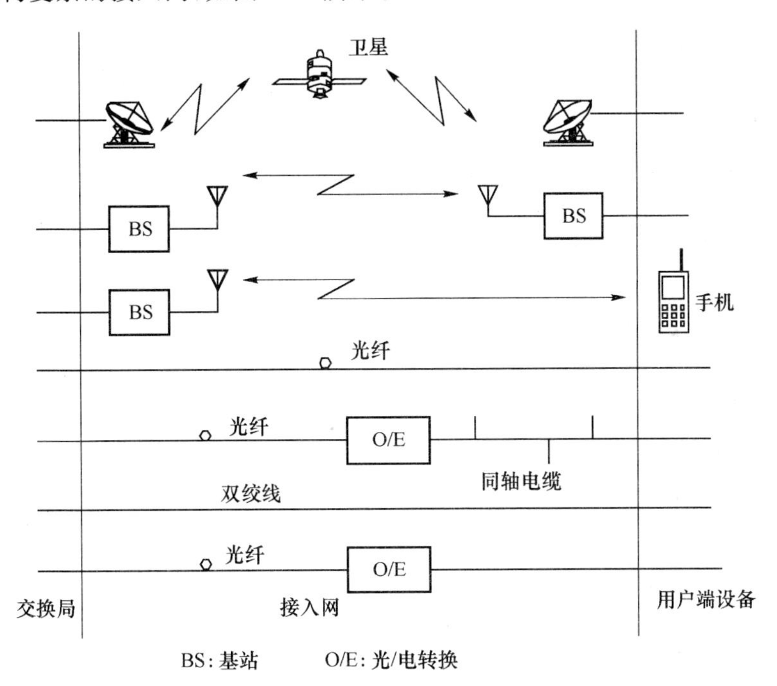

图 4-24　多种传输技术构成接入网示意图

接入网按其传输技术分类如图 4-25 所示。

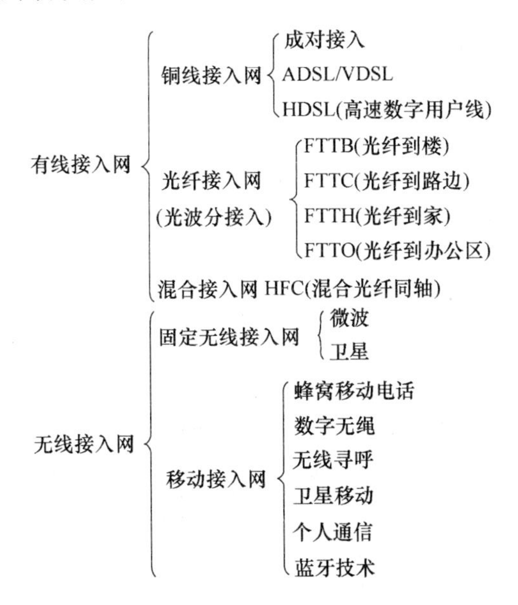

图 4-25　接入网分类

4.5.4 综合业务数字网

1. ISDN 基本概念

1980 年，CCITT 给综合业务数字网（ISDN）的定义解释为，它是综合数字电话网（IDN）的基础上，提供端对端的数字连接，用来支持话音、非话音在内的综合数字业务，并通过标准化多用途用户接入的网络，称为 ISDN。它分为窄带综合业务数字网（N-ISDN）和宽带综合业务数字网（B-ISDN）两类。

2. N-ISDN

N-ISDN 的用户传输速率小于 2 Mbit/s，是以现有的数字程控交换、分组交换为平台而构成的全数字化通信网。

它实现了用户终端全数字化的综合业务的接入，为用户提供端口速率，以标准 B、D、H 信道速率为基础。

其接口速率为如下。

B 信道：64 kbit/s

D 信道：16 kbit/s

H 信道：384 kbit/s（6×64 kbit/s）

H11 信道：1 536 kbit/s（23B+D）

H12 信道：1 920 kbit/s（30B+D）

基本接口速率：144 kbit/s（2B+D）

基群接口速率：2 048 kbit/s、1 544 kbit/s

3. B-ISDN

B-ISDN 的用户传输速率一般大于 2 Mbit/s，所谓宽带综合业务是指高比特率的、宽频带的视频信号业务，如可视电话、会议电视、监控图像、有线电视、高清晰度电视业务及高速数据业务等。

B-ISDN 是基于宽带 ATM 交换为基础构建的现代信息网络。现在大、中城市都已建立了 ATM 网，它实现端到端多媒体数字业务的传输与交换。其特点主要表现为，网络本身与业务无关，它可为不同业务分配不同的带宽，并可实现与其他网络互连互通。

知识小结

1. 通信网的基本结构主要有网形网、星形网、复合型网、总线型网、环形网、树形网等。通信网的构成要素是终端设备、传输链路和交换设备。

2. 通信网的交换方式有电路交换、分组交换。分组交换的概念是采用存储-转发交换方式。在分组交换机中，将接收到的用户数据分成固定长度的分组，并加以固定格式的分组标题，称为分组头，用以指明该分组的发端地址、收端地址及分组序号。电路交换方式主要用于目前的电话通信网，它是一种面向连接的技术，一次通信过程分为连接建立、数据传输和连接释放 3 个阶段。

3. 帧中继是分组交换的升级技术，它是在 OSI 第二层上用简化方法传送和交换数据单元的一种技术。帧中继完成 OSI 物理层和链路层核心层的功能，大大减缓简化了节点机之间的协议，缩短了传输时延，提高了传输效率。

4. 在通信领域影响最大的分层体系结构有两个，即 TCP/IP 协议族和 OSI 参考模型。它们已成为设计可互操作的通信标准的基础。TCP/IP 体系结构以网络互连为基础，提供了一个建立不同计算机网络间通信的标准框架。OSI 则是一个标准化了的体系结构，通信领域通常采用 OSI 的标准术语来描述系统的通信功能。

5. 通信网的分类很多，按其完成功能分为电话网、数据网(计算机网)、图像网、移动网；按服务范围分为长途网、本地网、接入网。

思 考 题

4-1　试画图说明通信网的基本模型，并举例。

4-2　什么是通信网？由什么构成？

4-3　通信网的物理拓扑结构有哪些？各有什么特点？

4-4　通信网的业务有哪些？

4-5　现代通信网的是如何分类的？

4-6　试简述主要交换技术。

4-7　试列举出你所知道的通信网体系结构。目前 Internet 采用什么体系结构？

4-8　电话网基本结构是什么？我国电话网的分类是什么？

4-9　接入网的定义是什么？画出接入网在整个通信网中的位置。

实训项目 4　现代通信网结构体系认识

任务一　SDH 光传输系统的认识

实训目的

(1) 熟悉 SDH 硬件设备：RSM-155C、RSM-155 SB；

(2) 了解 EasySDHTM 网络管理系统；

(3) 掌握 SDH 光传输设备简单组网方法与公务电话测试。

实训设备

(1) SDH 硬件设备：RSM-155C、RSM-155SB

(2) EasySDHTM 网络管理系统

实训原理

RSM-155 是完整的 STM-1 级产品系列，包括多种型号，表 4-3 简要介绍了 RSM-155 系列两种产品的功能特点。

表 4-3　RSM-155 系列产品

编　号	型　号	功能说明
1	RSM-155SB	单板型 SDH 光传输系统，提供 24 路 E1 复用
2	RSM-155C	集中式 SDH 光传输系统

1. RSM-155C

(1) 功能

RSM-155C 是 STM-1 级别的 SDH 光传输系统，技术性能完全符合 ITU-T 和 ETSI 标准。本系统具有多个 155 Mbit/s 的群路光接口，完整的同步定时功能，强大的无阻塞交叉连接矩阵，可用于组建点对点、链形、星形、环形网络，具备子网连接保护(SNC/P)功能，服务于电信、交通、能源等部门。

(2) 系统结构

RSM-155C 型光传输系统由一个主体机框、一块系统背板和若干块插盘组成。主体机框的规格完全遵循 ETSI 标准，系统结构见表 4-4。

表 4-4　RSM-ISSC 系统结构

编　号	板卡型号		功能说明
1	主体机框		设备的机箱
2	系统背板		用于所有插卡之间信号的互连和电源接入
3	群路光口盘(DO1)		处理两路 STM-1 光接口信号的收发
4	支路接口盘	2MM8	最多可以上下 8 路 E1 业务
4	支路接口盘	2MM21	最多可上下 21 路 E1 业务
4	支路接口盘	ETM2	最多可以提供 8 路 10 M 以太网业务
4	支路接口盘	ET8C	最多可以提供 4 路 100 M 以太网业务
4	支路接口盘	ETM45	以太网共享环，2 路 100 M 以太网业务
5	管理单元盘(DMU)		网络管理、定时、交叉、公务等功能

(3) 设备主体

RSM-155C 型光传输系统由一个主体机框、一块系统背板和若干块插盘组成。主体机框的规格完全遵循 ETSI 标准，高度为 6U，能容纳 14 块插盘，可以方便地安装在 19 英寸宽的 ETSI 机架之上。图 4-26 是主体机框外形。

RSM-155C 前部用于各类插盘的安装。各种群路信号、控制和辅助信号的接口，从各自的前面板引出，各盘的工作状态也通过自己的面板指示灯显示。

RSM-155C 后部用于支路信号的走线和电源接入，如图 4-27 所示。

图 4-26　RSM-155C 主体机框

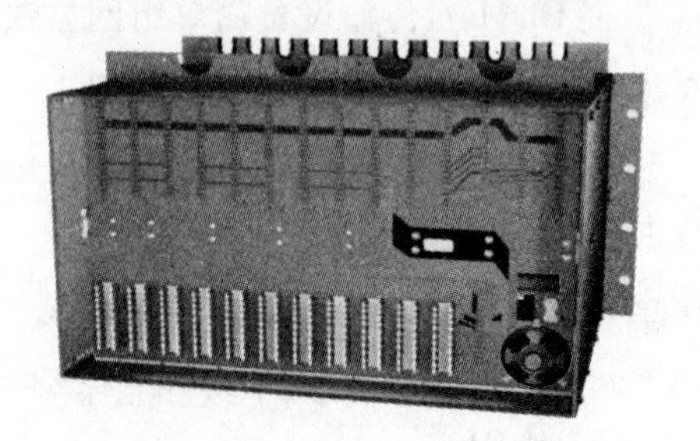

图 4-27　RSM-155C 后面

电源 RSM-155C 采用－48VDC 供电，由设备外部的电源模块提供。

（4）系统背板

总线背板位于机框内部，用于所有插卡之间信号的互连和电源接入，如图 4-28 所示。

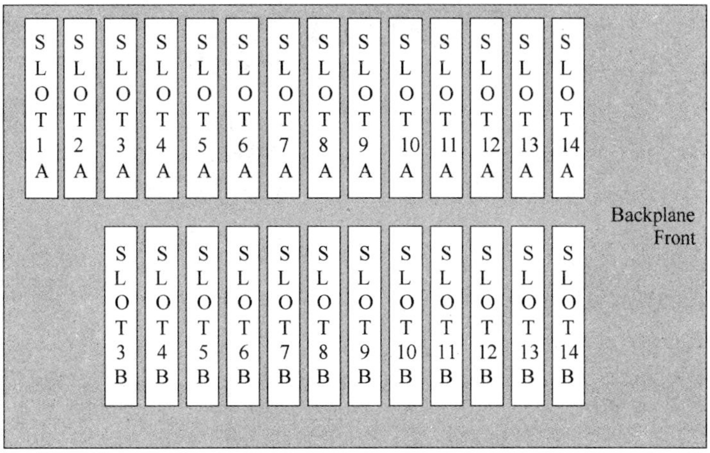

图 4-28　系统背板前侧

系统背板前侧共有 14 列高密度插座，编号为 SLOT1～SLOT14，其中，SLOT1、SLOT2 固定安装群路接口盘；SLOT3 固定安装管理单元盘；SLOT4 既可安装群路接口盘，也可安装支路接口盘；SLOT5～14 固定安装支路接口盘（或者网桥、V.35 业务接口盘）。

背板的后侧下部有 12 列高密度接插件，编号为 SLOT4C～SLOT14C。用于连接支路信号（E1），如图 4-29 所示。

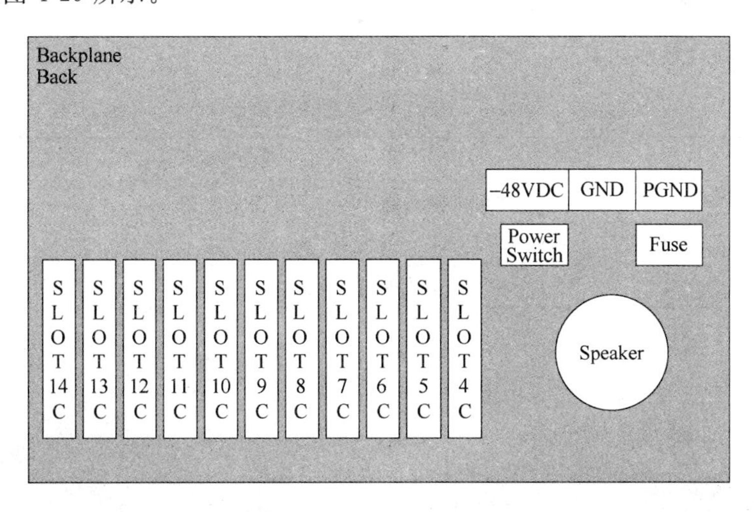

图 4-29　系统背板后面

（5）群路光口盘

群路光口盘型号为 DO1，如图 4-30 所示。DO1 处理两路 STM-1 光接口信号的收发，完成段开销处理、高阶通道开销处理和指针解释等功能，可为同步定时单元提供同步定时源。在 RSM-155C 系统中，DO1 最多可以插 3 块，即提供 6 个 STM-1 光接口。

图 4-30　群路接口盘(DO1)

LOSA,A 光口信号消失告警指示灯,红色,出现告警时亮。

A-OUT,A 光口信号输出。

A-IN,A 光口信号输入。

LOSB,B 光口信号消失告警指示灯,红色,出现告警时亮。

B-OUT,B 光口信号输出。

B-IN,B 光口信号输入。

ALM,总告警指示灯,红色,LOSA、LOSB 任一生效时亮。

RUN,运行指示灯,绿色,系统运行时闪亮。

(6) 支路接口盘

支路接口盘有两类(见表 4-5、图 4-31),E1 映射盘和以太网桥盘,其中 E1 映射盘包括两种型号:8×E1 的 2MM8;21×E1 的 2MM21。以太网桥盘 ETM2(见图 4-32)提供 8 路 10 M 接口。支路盘最多可以插 11 块。

表 4-5　RSM-155C 支路接口盘

编号	名称	功能说明
1	2MM8	提供 8×E1 的映射盘
2	2MM21	提供 21×E1 的映射盘
3	ETM2	提供 8×10 M 以太网的网桥盘

图 4-31　支路接口盘(2MM8)

图 4-32　以太网桥盘(ETM2)

ALM，总告警指示灯，红色，出现告警时亮。

RUN，运行指示灯，绿色，系统运行时亮。

E1 映射盘支持 ITU-T G.703 定义的 2 Mbits/s(E1)异步映射方式。设备处理 VC-12 通道开销，可对每条业务通道进行配置、告警和性能监测；若利用线路环回和终端环回，可以对 2M 业务质量进行测试或故障定位；对于 E1 业务保护，具有 1+1 通道保护等方式；支路接口还为同步定时源提供参考定时源。

ET1～ET8，本板第 1～8 路以太网 RJ-45 接口。

ALM，总告警指示灯，红色，出现告警时亮。

RUN，运行指示灯，绿色，系统运行时亮。

(7) 管理单元盘

管理单元盘(DMU)是综合了网络管理、定时、交叉、公务和辅助通道的综合功能模块，是 RSM-155C 最核心的部分，如图 4-33 所示。管理盘只能插 1 块。

图 4-33 管理单元盘

BUSY，复位指示灯。

EOW，公务电话接口(P1)。

232，串行网管和串行数据接口(P2)。

ETS，定时信号输入/输出接口(P3)。

EX，扩展网管接口(P4)。

EMU，以太网网管接口(以太网)(P5)。

ADDR-MSB，站址拨码开关高 4 位。

ADDR-LSB，站址拨码开关低 4 位。

ALARM，告警音屏蔽按钮释放。

MUTE，告警音屏蔽按钮按下。

ALMR，总告警指示灯。

RUN，运行指示灯。

RSM-155C 型光传输系统指示灯紧急告警对照表如表 4-6 所示。

表 4-6 系统紧急告警项目

编号	缩写	释义
1	LOS	光信号消失
2	LOF	光信号帧失步
3	MS_EXC	复用段过量误码
4	AU_LOP	AU 指针丢失
5	LOM	复帧丢失
6	HP_PLM	高阶信号标记失配
7	HP_TIM	高阶踪迹失配
8	HP_EXC	高阶过量误码
9	TLOS	支路消失

2. RSM-155SB

RSM-155SB 前面板结构如图 4-34 所示。

RSM-155SB 是 STM-1 级别的单板型 SDH 光传输系统，基于专用集成电路（ASIC，Application Specific Integrated Circuit）研发，技术性能完全符合 ITU-T 和国内 SDH 规范。本系统具有集成度高、构造精巧、组网灵活、网络适应能力强等优点。RSM-155SB 提供 A、B 两个 155.52 Mbit/s 的群路光接口，支持 24 个 E1 的复用和传输；具备 ITU-T G.813 标准的网元定时功能，VC-12 全交叉连接和通道保护功能。可作为上下电路复用器（ADM，Add-Drop-Multiplexer）或终端复用器（TM，Terminal Multiplexer），用于组建点对点、链形和环形传输网络。

（1）前面板

RSM-155SB 前面板结构如图 4-34 所示。

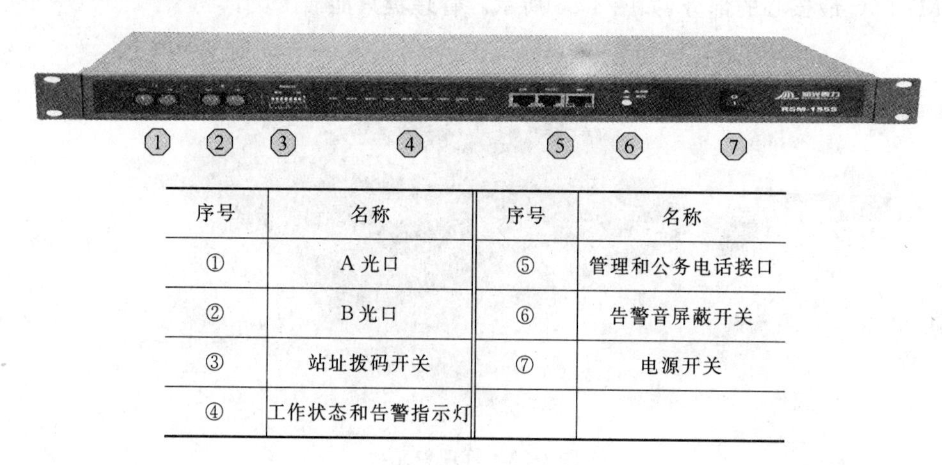

序号	名称	序号	名称
①	A 光口	⑤	管理和公务电话接口
②	B 光口	⑥	告警音屏蔽开关
③	站址拨码开关	⑦	电源开关
④	工作状态和告警指示灯		

图 4-34　RSM-155SB 前面板结构

（2）前面板指示灯

RSM-155SB 前面板指示灯示意图如图 4-35 所示。

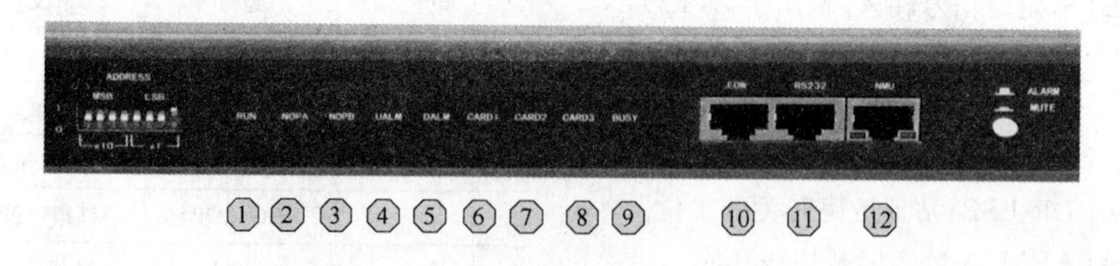

图 4-35　RSM-155SB 前面板指示灯示意图

- RUN，工作指示（绿色闪亮表示正常工作）。
- NOPA，光口 A 收无光指示（红色），长亮为收无光。
- NOPB，光口 B 收无光指示（红色），长亮为收无光。
- UALM，紧急告警指示灯（红色）。
- DALM，非紧急告警指示灯（黄色）。

- CARD1,CARD1 状态,绿色表示 CARD1 工作正常;红色表示有紧急告警;黄色表示非紧急告警;熄灭表示 CARD1 板卡不存在。
- CARD2,CARD2 状态,同 CARD1。
- CARD3,CARD3 状态,同 CARD1。
- BUSY,公务电话呼叫指示(绿色)。
- EOW,公务电话接口。
- RS232,串行网管和用户透明通道接口。
- NMU,以太网管理接口。

(3) 后面板

RSM-155SB 后面板示意图如图 4-36 所示。

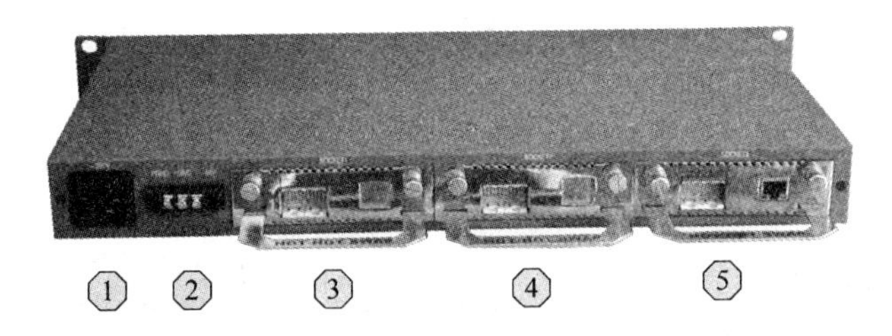

图 4-36　RSM-155SB 后面板示意图

① AC 220 V 交流电源接口

② DC-48 V 直流电源接口

③ 业务卡插槽 Socket1

④ 业务卡插槽 Socket2

⑤ 业务卡插槽 Socket3

(4) 业务卡

板卡系列名称	板卡型号	板卡描述
E1 业务卡	X5	具有 5 个 E1 通道
	X5CD	具有 5 个 E1 通道+外同步+DCC 卡
	X8	具有 8 个 E1 通道
以太网业务卡	X5ET2CD	具有 5 个 E1 通道+1 路单 E1 以太网网桥+外同步+DCC 卡
	ET8B	具有 1 路 4E1 以太网网桥
	ET2B	具有 1 路单 E1 以太网网桥
	ET45B	45M 共享环以太网

实训报告

(1) 简述 155CSDH 光传输设备硬件组成和各部分作用。

(2) 画出 155C 前面板的单板配置,画出 155SB 的前面板结构。

(3) 简述 RSM-155SB 功能、特点和应用。

（4）画出 RSM-155SB 前、后面板示意图，说明指示灯作用。

任务二　SDH 光传输设备简单组网

实训目的

（1）熟悉 SDH 硬件设备：RSM-155C、RSM-155 SB；

（2）掌握 SDH 光传输设备简单组网方法与公务电话测试。

实训设备

（1）SDH 硬件设备：RSM-155C、RSM-155SB

（2）测试电话

实训步骤

1. SDH 光传输设备简单组网

对 RSM-155SB SDH 传输设备进行点对点传输组网，如图 4-37 所示。

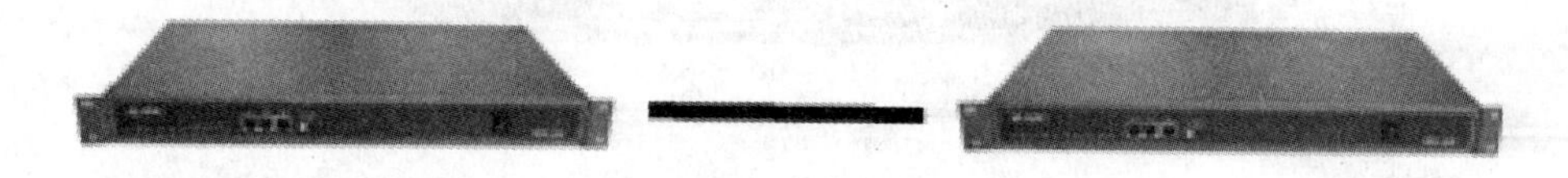

图 4-37　点对点传输组网

2. 设备站址如何确定

RSM-155SB 设备网元地址由前面板的 ADDRESS 拨码开关设定，如图 4-38 所示，MSB 与 LSB 用二进制数编码的十进制代码 BCD 编码方式分别设置十位数字和个位数字，站址数值范围是 0～98。此值也是该设备的公务电话拨号号码。

图 4-38　点对点传输组网设备站址

3. 测试公务联络系统(EOW)公务电话

各站加电完毕后，可首先拨打公务电话，若各站公务通信正常，则说明光路连接正确，且设备已初步判定正常。EOW 单元主要功能是在已建立的公务通道上完成选址呼叫，群呼，会议电话等任务。通过利用 SDH 的 E1 或 E2(取其一)开销实现子网公务电话功能。

注意，网络上的设备上电完毕会出现所有站公务都处于占用状态，应按“#”强行拆线。

4. 选址呼叫

主叫方摘机，听到拨号音，同时线路上其他站处于忙状态。主叫方拨号，若号码有效则此时被叫方振铃，主叫方听到回铃音。若号码无效，则没有声音。被叫方摘机后，双方进入通话状态。主叫方挂机，则被叫方听到忙音，被叫方挂机后进入空闲状态，如果 80 s 不挂机则发出摧挂音。被叫方挂机，主叫方则没有声音。选址呼叫功能的使用，如图 4-39 所示。

步骤1：主叫发起呼叫，应拨正确的号码，被叫振铃，否则主叫听不到回铃音。

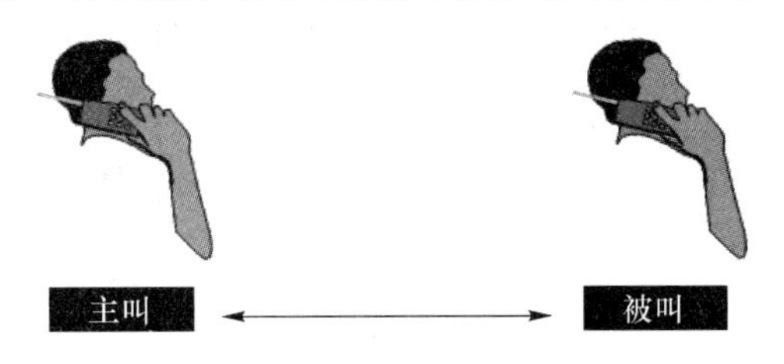

步骤2：被叫摘机，双方开始通话。

步骤3：主叫挂机，被叫听不到忙音，80 s后未挂机将听到催挂音。

图 4-39　选址拨号过程

实训报告

（1）画出点对点的网络结构，简述 SDH 光传输设备传输组网及公务电话测试方法。

（2）公务电话测试采用的开销是什么？简要说明该开销。

任务三　SDH 光传输平台接入 PSTN 实训

实训目的

（1）了解 SDH 光传输平台数据配置的方法；

（2）熟悉 SDH 光传输接入 PSTN 的基本原理。

实训设备

（1）程控交换机一套

（2）DDF 架

（3）电话机

（4）SDH 光传输 155SB 设备 2 台

实训步骤

通过现场实物讲解，让学生了解 CC08 交换机出入中继用光传输的基本连接。

（1）程控交换机 C&C08 局间光传输示意图如图 4-40 所示。

（2）观察 01 局或 02 局局内用户基本通话流程。

（3）观察 SDH 到 SDH 光纤连接过程。

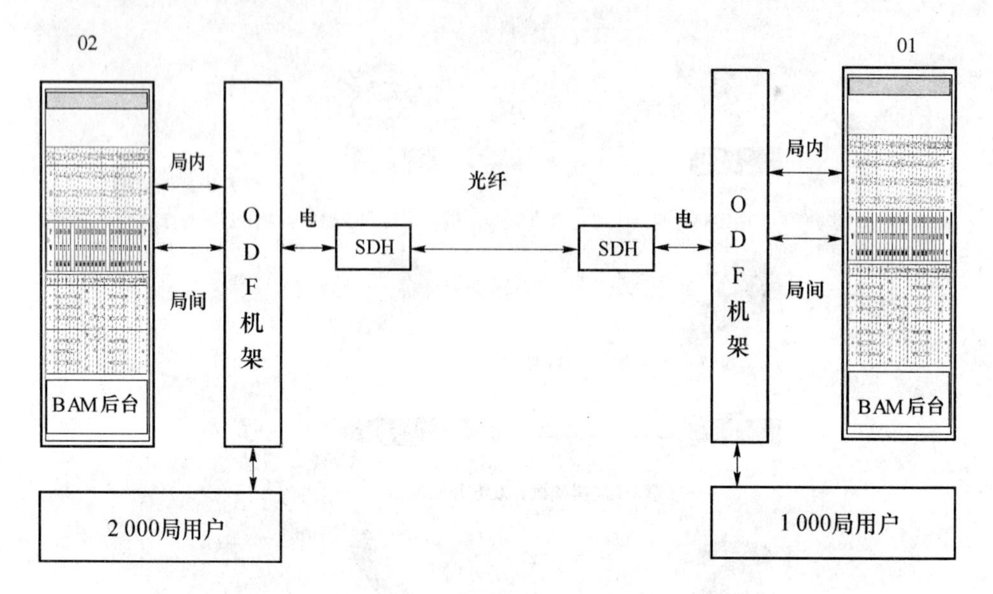

图 4-40　程控交换机 C&C08 局间光传输示意图

（4）观察程控交换机与 SDH 的连接过成。

实训报告

（1）画出程控交换机 C&C08 局间光传输示意图。

（2）简述 01 局到 02 局完成一次通话所用设备的连接过程。具体到所用设备的接口及主要单板。

参 考 文 献

[1] 龚佑红,周友兵. 数字通信技术及应用. 北京:电子工业出版社,2010

[2] 景晓军. 现代交换原理与应用. 北京:国防工业出版社,2005

[3] 中兴 NC 教育学院. 数字程控交换技术应用. 北京:中兴通讯股份有限公司,2006

[4] 商书明. 数字程控交换技术与应用. 北京:北京理工大学出版社,2008

[5] 陈建亚,余浩,王振凯. 现代交换原理. 北京:北京邮电大学出版社,2003

[6] 孙学康,张金菊. 光纤通信技术 北京:人民邮电出版社,2004

[7] 乔桂红. 光纤通信. 北京:人民邮电出版社,2005

[8] 刘连青. 数字通信技术.第 2 版. 北京:机械工业出版社,2010

[9] 张金菊,孙学康. 现代通信技术. 北京:人民邮电出版社,2002

[10] 顾生华. 光纤通信技术. 北京:北京邮电大学出版社,2004